SIEMENS

西门子 WinCC 从入门到精通

王前厚　等编著

化学工业出版社

·北京·

本书以西门子 WinCC V6.2 和 V7.3 SE 版本为例，介绍了 WinCC 组态软件的使用方法和应用技巧。本书共分入门、进阶及精通三大篇，按照读者对 WinCC 掌握的不同程度，将 WinCC 软件安装、WinCC 通信、WinCC 变量管理、WinCC 画面设计、WinCC 用户管理、WinCC 报警记录、WinCC 脚本编程等知识分配到各篇进行讲解，使读者学习起来更有针对性和侧重点。

本书内容丰富实用，循序渐进，图文并茂，通俗易懂，手把手带领读者一步步地实现想要的功能，同时为读者归纳总结过程中容易忽略或者出错的关键点及注意事项，使读者能够举一反三，学以致用。

本书非常适合 WinCC 初学者、自控领域的工程师学习使用，同时也可用作高等院校相关专业的教材及参考书。

图书在版编目（CIP）数据

西门子 WinCC 从入门到精通/王前厚等编著. —北京：化学工业出版社，2017.3（2023.4 重印）

ISBN 978-7-122-28650-5

Ⅰ. ①西… Ⅱ. ①王… Ⅲ. ①可编程序控制器 Ⅳ. ①TM571.6

中国版本图书馆 CIP 数据核字（2016）第 304888 号

责任编辑：耍利娜　　装帧设计：王晓宇
责任校对：王素芹

出版发行：化学工业出版社（北京市东城区青年湖南街 13 号　邮政编码 100011）
印　　装：北京盛通数码印刷有限公司
787mm×1092mm　1/16　印张 13　字数 312 千字　　2023 年 4 月北京第 1 版第 10 次印刷

购书咨询：010-64518888　　售后服务：010-64518899
网　　址：http://www.cip.com.cn
凡购买本书，如有缺损质量问题，本社销售中心负责调换。

定　　价：49.00 元

前言

FOREWORD

德国西门子公司是世界工业自动化领域的先驱、翘楚。行业间有一句话，叫做：“西门子博大精深”。

确实如此。体现在产品方面，产品线齐全，技术先进，性能可靠，功能强大。而具体到技术应用资料，则给人的普遍印象是深奥难懂，导致新手普遍反映很难入门。而一旦入门，再回过头看这些资料，又感觉越看越有道理，越看理解得越深。

本书针对 WinCC 软件最成功、用量最大的版本 V6.2 和较新版本 V7.3SE，一改官方技术资料常用的组织编撰方式，分入门、进阶和精通三个篇幅，分层次由浅及深地介绍软件的使用方法和应用技巧。

入门篇，通过图文解说的方式，手把手地带领读者从一个完全的新手，快速完成 WinCC 软件从安装到组态发布一个简单工业项目的完整过程，新入门读者 3 ~ 5 天时间即可初步掌握。

进阶篇，介绍了 WinCC 软件的高级功能和高级使用要点，有入门基础的读者可以从中了解到更全面的功能， 学会更快捷高效的设计调试工作流程。

精通篇，针对工业应用中的常见需求，结合作者自身多年工作经验，提出了解决方案。读者参与分享成果的同时，可以举一反三，领会到更多 WinCC 软件的精妙。

工业技术领域的发展，是一个逐步积累提高的过程，国家如此，个人也如此。 没有人可以完全从零起步直达成功，必须有所参考， 在前人的肩膀上才能站得更高，看得更远。作者从事工业自动化领域技术工作十几年， 积累了丰富的行业应用经验。这些经验，是在前人的指导和自己努力实践中逐渐积累的，希望能通过本书把自己的一些经验和心得分享给更多的工控同行的工程师们。

本书由王前厚（万泉河）主持编著，郭文辉编写了第 1、2、9、10 章，并负责对书中所采用的程序代码进行了验证，参与本书编写及资料整理等工作的还有韦光辉、成正圣、玉谨英、张连军、代文刚、冯海龙、逄淑一、 孙媛媛、潘昱凡、张建设、李岩、任新华、乔鹏、张秦、游捍民、纪德坤、程剑忠、宋琳、刘江涛、刘玉明、芮先明、郭亚斌、赵永志、祝万乾坤、黄燕平、刘睿等，在此表示衷心的感谢。

感谢西门子公司朱昱、朱震忠、雷鸣、朱飞翔、陈华、崔坚、葛鹏、高静、栾倩、栾娥、张亚蕾、陈都、魏笑、吕畅、扈春阳在本书编写过程中， 以及多年来在网站论坛和技术工作方面对本人的帮助和指导。

感谢西门子网站各位版主专家 ZANE、城外之人、zhangli0、慧星、KINKIN、lranbing、隐身人、kdrjl、yming、俱怀逸兴壮思飞、zcomin、lxm650 及广大网友多年来的相互扶持与坚守。

由于编著者知识和精力有限，书中难免有不妥之处，敬请广大读者批评指正。

编著者

前言

FOREWORD

德国西门子公司是世界工业自动化领域的先驱、翘楚。行业间有一句话，叫做："西门子博大精深"。

确实如此。体现在产品方面，产品线齐全，技术先进，性能可靠，功能强大。而具体到技术应用资料，则给人的普遍印象是杂乱难懂，导致新手普遍反映很难入门。而一旦入门，再回过头看这些资料，又感觉越看越有道理，越看理解得越深。

本书针对 WinCC 软件最成功、用量最大的版本 V6.2 和较新版本 V7.3SE，一改官方技术资料常用的组织编撰方式，分入门、进阶和精通三个篇幅，分层次由浅及深地介绍软件的使用方法和应用技巧。

入门篇，通过图文解说的方式，手把手地带领读者从一个完全的新手，快速完成 WinCC 软件从安装到组态发布一个简单工业项目的完整过程，新入门读者 3～5 天的时间即可初步掌握。

进阶篇，介绍了 WinCC 软件的高级功能和高级使用要点，有入门基础的读者可以从中了解到更全面的功能，学会更快捷高效的设计调试工作流程。

精通篇，针对工业应用中的常见需求，结合作者自身多年工作经验，提出了解决方案。读者参与分享成果的同时，可以举一反三，领会到更多 WinCC 软件的精妙。

工业技术领域的发展，是一个逐步积累提高的过程，国家如此，个人也如此。没有人可以完全从零起步直达成功，必须有所参考，在前人的肩膀上才能站得更高，看得更远。作者从事工业自动化领域技术工作十几年，积累了丰富的行业应用经验。这些经验，是在前人的指导和自己努力实践中逐渐积累的，希望能通过本书把自己的一些经验和心得分享给更多的工控同行的工程师们。

本书由王前厚（万泉河）主持编著，樊文娟编写了第 1、2、9、10 章，并负责对书中所采用的程序代码进行了验证。参与本书编写及资料整理等工作的还有韦兴辉、欧正添、王满英、张连军、代文刚、吕海龙、姜敏一、孙姨媛、潘昆凡、张建设、李浩、任新华、乔鹏、张涛、游辉良、纪德中、程剑忠、宋琳、刘红涛、刘玉明、芮光明、郭亚斌、赵永志、倪万乾坤、黄雁平、刘睿等，在此表示衷心的感谢。

感谢西门子公司宋昱、朱震忠、雷鸣、朱飞翔、陈华、崔坚、葛鹏、高静、李倩、宋斌、张亚莉、陈韶、魏巍、吕畅、扈春阳在本书编写过程中，以及多年来在网站论坛和技术工作方面对本人的帮助和指导。

感谢西门子网站各位版主专家 ZANE、城外之人、zhangl40、落尘、KINKIN、lrathing、隐身人、kdyl、ymmg、俱怀逸兴壮思飞、zcomin、lxm650 及广大网友多年来的相互扶持与坚守。

由于编著者知识和能力有限，书中难免有不妥之处，敬请广大读者批评指正。

编著者

目录

CONTENTS

入门篇

进 阶 篇

入门篇

入门篇

第 1 章

WinCC 软件安装

1.1 软件版本历史回顾

WinCC 的全称是 Windows Control Center，从名称可以看出来 WinCC 是 Windows 时代的产物。从历史来看，WinCC 软件的版本升级基本上是伴随着微软的 Windows 操作系统升级的。

在 DOS 年代整个工控行业用到的计算机还很少，SCADA 软件也没有现在（2016 年）如此普及的程度，西门子公司据说有个监控软件叫做 COROS，但基本上见到和用到的人都很少。所以本书不涉及。

1996 年伴随着 Windows 进入 Win95 时代，西门子开始发布了 Windows 系统下的 WinCC，虽然说起来 S7 系统稍微早一些，但现在回过头去看，基本上也是同步的。

在中国工业领域来说，以作者的亲身经历，最早见到的应用 WinCC 的版本是 WinCC V4.0，而后经历了 V5.0、V6.0、V6.2、V7.0、V7.2、V7.3 SE 以及最新的 V7.4 版本。

WinCC 软件和 Windows 软件一样，在发布之后总会被曝出这样那样的 bug，然后官方就会不停地有补丁出来，以我个人的经验以及与同行交流达成的对西门子的共同认识，通常来说，一个新版本出来之后，要打上两个较大的升级或者两个较小的补丁之后，这个版本的软件才会比较稳定好用。

一个不够成熟稳定的软件版本发布之后，因为很快就被发现了 bug，所以这个版本的存在周期通常比较短，最长不过半年到一年时间，就会被补丁版本替代，那些已经购买运行了发行版的用户，也会陆续升级到这个稳定的版本。而这个稳定成熟版本恰恰因为稳定，西门子就会保留它在市场上销售较长的时间，所以在市场的占有比例就特别高。

所以尽管历史上 WinCC 软件发布的各种版本以及补丁版本非常多，但实际情况是，我们到一个工厂，客户所能见到的大多是这些稳定版本，如表 1-1 所示。

在每一个版本后面还标注了当时相对应的常用的操作系统以及软件的流行时间。

而其实我们知道，在同一时期，操作系统的版本也有很多，有专业版，也有各种服务器的版本。对于一个复杂的控制系统，有多台 WinCC，并形成服务器/客户端架构的时候，所要求的操作系统也会是服务器版本的。

所以，西门子一直在提供一个软件兼容性列表，可以直接在网上搜索到（网址见附录中第 1 条），如图 1-1 所示。

表 1-1　版本历史

版本号	操作系统	流行年份
WinCC V4.0 SP2	Windows 98	2000
WinCC V5.0 SP2	Windows 2000 Professional	2002
WinCC V6.0 SP3	Windows XP Professional	2005
WinCC V6.2 SP2(SP3)	Windows XP Professional	2008
WinCC V7.0 SP2	Windows XP Pro/Windows7 Pro	2011
WinCC V7.2	Windows 7 Professional	2013
WinCC V7.3	Windows 7 Professional	2015

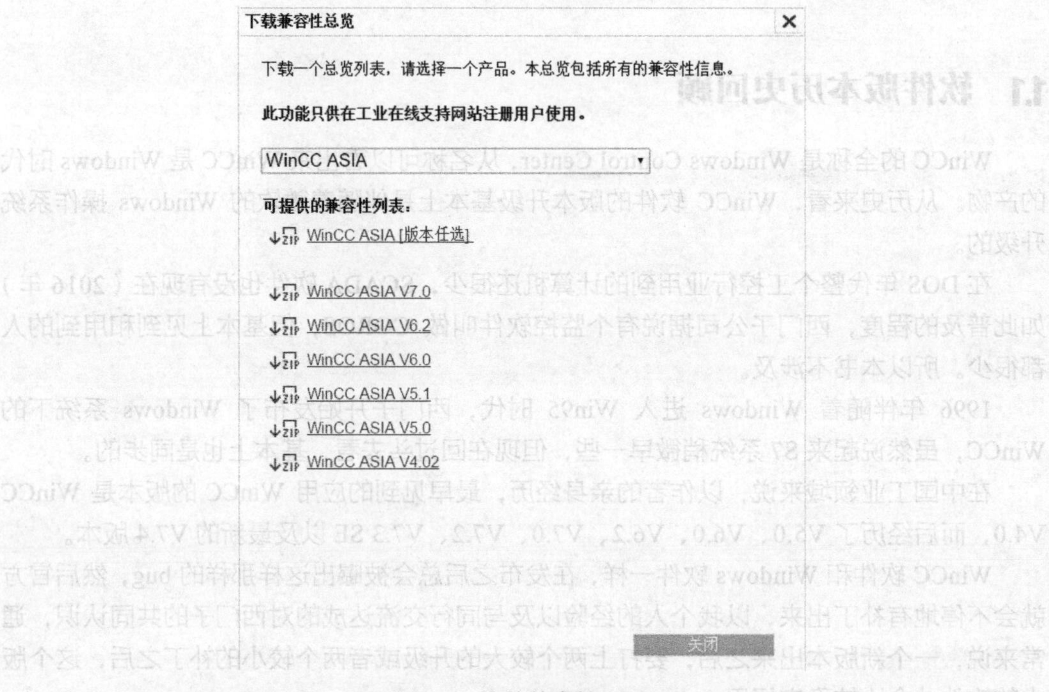

图 1-1　软件兼容性网页

这个兼容性列表中不仅仅包含了 WinCC 软件跟操作系统的对应版本，也包含与 STEP7 以及 SIMATIC NET 各种工业软件的相互兼容情况。

WinCC 软件在升级的过程中，一些新功能逐渐加入，导致其功能越来越完备，性能越来越强大。比如从 V6.0 开始数据库使用 MS SQL Server，从 V6.0 开始脚本编程语言除了 C 脚本，还增加了 VBS 语言；还比如从 V7.0 开始画面更绚丽；再比如 V7.2 支持直连 S7-1200 等。具体每一个新版本所增加的新功能，需要从官方的资料中仔细解读，并在实践中应用熟悉，此处不多解释。

在给出的历史版本的最后一列，还给出了流行的大致年份。给出这个年份的意义是，如果技术人员到了一个工厂做服务，看到它的监控设备所运行的软件的版本，可以大致评估出设备的上马时间，而反过来，如果有现场来电话咨询软件问题，也可以根据他们工厂的上马时间，大致先猜出他们使用的软件和操作系统的版本。

从历史的眼光看，技术一直在发展，工厂自动化应用领域越来越宽，使用 WinCC 的场合逐渐变多，所以新版本的用量比老旧版本的用量要大得多。另一方面更老旧的版本的应用场合，机械和电气设备寿命都较长了，很多经历了改造或者升级换代的过程，所以也都会更换成更新的电脑操作系统和软件。

从实际的应用情况看，绝大多数的工厂正在运行中的设备中，存量最大的版本是 WinXP+WinCC V6.2 SP2，而新上马的设备中大批量地在使用 Win7+WinCC V7.2/V7.3。而由于 WinXP 系统在中国用户中之众之广，一些恋旧的工程师，一些成熟的设备供应商，给工厂客户提供的设备中也仍然有不少份额的继续在使用 WinXP+WinCC V6.2 SP2/SP3。

下面的软件安装过程中，会把 V6.2 和 V7.3 两个版本的软件安装过程分别讲解。而在后续的章节中，通用的功能部分，主要在 V6.2 中演示，如果在 V7.2/V7.3 中有不同，会特别提示。而如果只有在 V7.2/7.3 拥有的新功能，则在 V7.3 中讲解。

【万泉河 TIPS】由于文件格式不同，WinCC 高版本的项目程序在低版本软件中不能打开，但同一版本的不同 SP 不受影响。比如 V6.2 SP2 可以打开 V6.2 SP3 创建的项目，但不能打开 V7.0 的项目（经西门子工程师审核提示，这一点并非适用于所有版本，有少数版本 SP 补丁也更改了项目格式定义，所以需要小心）。

【万泉河 TIPS】WinCC 高版本的软件可以打开并升级相邻的低版本所创建的项目，所以一个非常旧的 V4 版本的项目程序要升级到 V7.3，需要经历 V4→V5→V6→V7 的复杂过程。

【万泉河 TIPS】在西门子的软件系列中还有两类软件，比如 WinCC FLEXIBLE 2008 和 WinCC V13（TIA PORTAL），它们和这里讲解的 WinCC 不是同一个软件。前者是上一个时代的触摸屏的编程软件，后者是当前 PORTAL 时代的触摸屏编程软件和电脑监控软件。据传闻称 WinCC 整个软件系统早晚将被并入 PORTAL 中，但近几年内还没有时间表。

1.2 WinXP 系统安装 WinCC V6.2

WinCC V6.2 版本中最成熟最稳定的版本是 V6.2 SP2，后来过了很久才出来 SP3，但因为 SP2 存在的时间足够长，而 SP3 又没有什么显著的新功能，所以市场上大量见到的还是 SP2。我们的讲解就遵从习惯，只讲 SP2 了。

从上一节中讲到的网站地址下载 WinCC-ASIA V6.2 的兼容性列表文件：WinCC-ASIA_V6.2_compatibility-list_en_2015-04-27.xls，看一下它的内容，如表 1-2 所示。

从列表中可以看到，WinCC V6.2 对操作系统的支持有 Windows 2000，Windows SERVER 2003 和 Windows XP。

聚焦到对 XP 系统的兼容性，发现 V6.2 SP2 可以支持 WinXP SP2，但不支持 WinXP SP3；而 V6.3 SP3 则可以同时支持 WinXP SP2 和 SP3。其实我们可以从中了解到 SP3 的最大的新功能是支持了 WinXP SP3。

这里解释一下兼容性的含义，西门子在软件发布之前测试了所有可用的系统软件版本，然后做在了软件安装包里面，做了严格的系统版本检查，纵然有的操作系统补丁并不会影响西门子软件的运行，但只要当时未做过测试，就一概定义为不兼容。所以软件安装需要的操作系统的版本和补丁必须严格吻合，既不能高一点点，也不能低一点点。

表 1-2 WinCC ASIA V6.2 兼容性列表

		WinCC ASIA		
		V6.2	V6.2 SP2	V6.2 SP3
Microsoft Windows 2000 [1),2)]	Professional SP4	√	√	√
	Server SP4	√	√	√
Microsoft Windows Server [1),2)]	2003 R2 Standard Edition (32-Bit)	√		
	2003 R2 Standard Edition (32-Bit) SP2		√	√
	2003 Standard Edition (32-Bit) SP1	√		
	2003 Standard Edition (32-Bit) SP2		√	√
Microsoft Windows XP [1),2)]	Professional (32-Bit) SP2	√	√	√
	Professional (32-Bit) SP3			√
Microsoft Internet Explorer [3)]	V6.0 SP1	√	√	√
	V6.0 SP2	√	√	√
	V7.0		√	√
SIMATIC Logon	V1.4 SP1			√
SIMATIC NET PC Software [4),5)]	V6.4 (Edition 2006)	√	√	√
WinCC/Central Archive Server ASIA	V6.2	√		
	V6.2 SP2		√	
	V6.2 SP3			√
WinCC/Client Access License [6)]	-	√	√	√
WinCC/Connectivity Pack ASIA	V6.2	√		
	V6.2 SP2		√	
	V6.2 SP3			√
WinCC/Connectivity Station ASIA	V6.2	√		
	V6.2 SP2		√	
	V6.2 SP3			√
WinCC/DataMonitor ASIA	V6.2	√		
	V6.2 SP2		√	
	V6.2 SP3			√
WinCC/IndustrialX	V6.2			√
WinCC/ODK	V6.0 SP4			√
WinCC/ProAgent [7)]	V6.0 SP4			√
WinCC/Redundancy	V6.2	√	√	√
WinCC/Server	V6.2	√	√	√
WinCC/User Archives	V6.2	√	√	√
WinCC/Web Navigator ASIA	V6.2	√		
	V6.2 SP2		√	
	V6.2 SP3			√

这就是德国人的严谨，其实换个角度看就是死板。这也是新手普遍抱怨西门子软件难安装的原因，同时也是本书要花费重笔墨介绍软件安装过程的原因。其实不是什么高深的技术，只是一些应用经验和技巧而已。但这方面经验不足的用户，就会花费好几天甚至一

两个周的时间在软件安装上面，还仍然搞不定。然后就非常沮丧、挫败，甚至对自身的技术能力产生严重的怀疑……

回过头来再看 WinCC V6.2 对 WinXP 系统的支持。假设我们按照系统兼容性要求的，在 WinXP SP2 中安装了 WinCC V6.2 SP2。然后在使用过程中由于开启了系统自动更新，操作系统会自动更新各种补丁到 SP3。然后 WinCC 软件仍然可以正常运行，并没有因为操作系统升级补丁而崩溃。这个时候还敢说 V6.2 SP2 对 WinXP SP3 不支持不兼容吗？

由此可以证明，本质上来说软件其实是兼容的，只不过在安装环节 WinCC 做了一个严格审查，给挡住了而已！严格要求系统补丁既不低于 SP2，也不高于 SP2，非得要求你从一个新的没有 SP0 的操作系统装起，先安装操作系统的 SP2 补丁，再安装 WinCC V6.2 SP2，然后再安装操作系统的各种安全补丁直到 SP3，而后再安装各种后续的安全补丁。

那如果不想从头的 SP0 装软件，应该怎么办呢？网络呀，从网上搜索就能找到有高人早就给出了相应解决办法。思路是：WinCC 软件不是审查操作系统的版本吗？它又不可能完全彻底审查具体的补丁的功能，只会是读取系统的版本标号，然后只要从注册表中找到相应的位置，造个假象，能让 WinCC 软件顺利安装下去即可。

到西门子工业技术论坛，搜索“WinXP SP3，WinCC V6.2”，可以搜到如下一篇帖子（网址见附录第 2 条）。

主题：WinXP SP3 下 WinCC V6.2 的安装方法

内容：

在 WinXP SP3 下安装 WinCC V6.2 时，无法安装 KB319740 补丁，导致 WinCC 无法安装。今天在网上看到一篇文章可以解决这个问题，转载如下：

在 WinXP SP3 上安装 WinCC，主要是解决 KB319740 补丁无法安装的问题，方法是在注册表中添加如下：

```
[HKEY_LOCAL_MACHINE\SOFTWARE\Microsoft\Updates\Windows XP\SP3\KB319740]
"Des cription"="Hotfix for Windows XP (KB319740)"
"InstalledDate"="1/19/2007"
"InstalledBy"="YourName"
"UninstallCommand"="C:\\Windows\\$NtUninstallKB319740$\\spuninst\\spuninst.exe "
"Type"="Update"

[HKEY_LOCAL_MACHINE\SOFTWARE\Microsoft\Updates\Windows XP\SP3\KB319740\Filelist]

[HKEY_LOCAL_MACHINE\SOFTWARE\Microsoft\Updates\Windows XP\SP3\KB319740\Filelist\0]
"FileName"="uxtheme.dll"
"Version"="6.0.2900.2523"
"BuildDate"="Thu Sep 23 21:16:59 2004"
"BuildCheckSum"="412c0"
"Location"="C:\\Windows\\system32"

[HKEY_LOCAL_MACHINE\SOFTWARE\Microsoft\Updates\Windows XP\SP3\KB319740\Filelist\1]
"FileName"="uxtheme.dll"
```

```
"Version"="6.0.2900.2523"
"BuildDate"="Thu Sep 23 21:16:59 2004"
"BuildCheckSum"="412c0"
"Location"="C:\\Windows\\system32\\DllCache"
```

经实验采用以上方法后，的确可以实现 WinCC V6.2 在 WinXP SP3 下的正常安装。

把上述代码整理制作为一个名为 KB319740.reg 的注册表文件备用。如果是从 SP0 开始新安装的 WinXP 系统，还需要 KB319740 的补丁安装文件，从微软网站上下载备用，加上 WinCC 软件自带的两个光盘，烧制成虚拟光驱文件后，所有安装需要的文件齐备了。如图 1-2 所示。

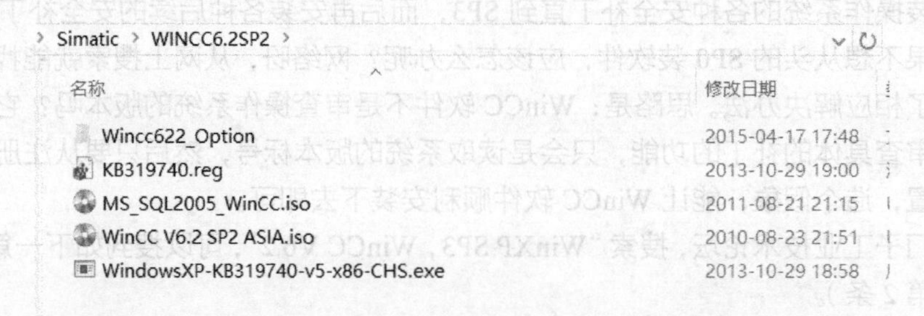

图 1-2　所有安装文件

然后开始安装过程。

第一步，更改电脑名。因为 WinCC 软件对电脑名敏感，安装之后不可以修改电脑名，如果要修改电脑名，必须先卸载部分模块，比较麻烦。而且将来的工程项目中也是与电脑名字相关的，所以如果原本电脑名字过长，或者统一有计划的电脑名，则提前改好。如果没有特别约定，建议改电脑名字为 ES，便于以后使用。

第二步，直接插入 WinCC V6.2 SP2 ASIA 的光盘，进入安装 SIMATIC WinCC，见图 1-3。

图 1-3　SIMATIC WinCC 界面

其实这里安装不会成功，主要是检查下需要的安装条件。

安装程序会提示已满足以及不满足的条件，通常每个人的电脑情况不一样，所提示的内容也不一样。凡是有感叹号的项目，请先满足它。这里演示的情况有两条不满足项，见图 1-4。

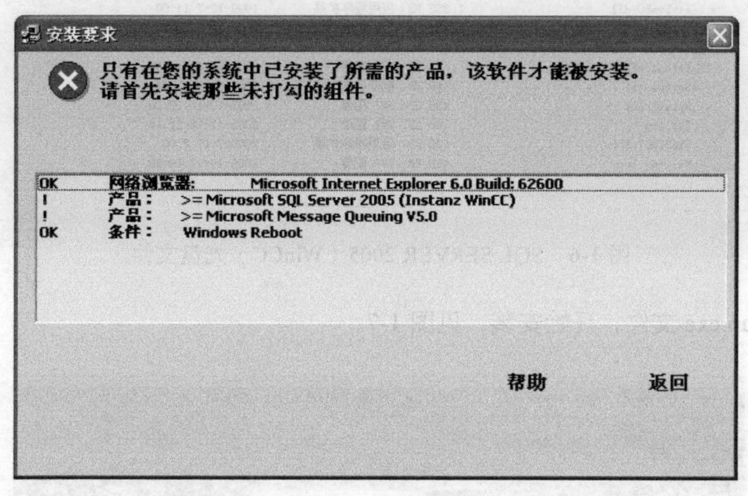

图 1-4　不满足项

返回，按需要安装 Microsoft Message Queuing V5.0。这是 Windows 系统的一个组件，打开控制面板，添加/删除程序，添加/删除 Windows 组件，见图 1-5。

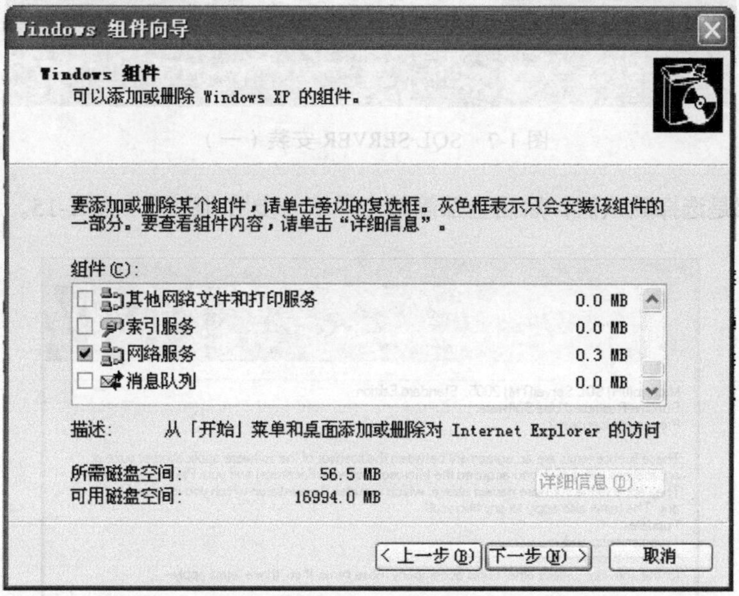

图 1-5　Microsoft Message Queuing V5.0 的安装

滚动条到最后一项，找到“消息队列”，勾选后，点击“下一步”，即可进行安装。

第三步，插入 SQL SERVER 2005 (WinCC)的光盘。 这个软件必须是与 WinCC 软件一起得到的，不是标准的微软的数据库 SQL SERVER 软件，见图 1-6。

名称	大小	类型	修改日期
02_IS		文件夹	2006-11-21 15:04
04_MSI		文件夹	2006-11-21 15:04
08_DotNetFramework__V1.1		文件夹	2006-11-21 15:04
09_DataAccess__V2.8SP1		文件夹	2006-11-21 15:04
20_SQL2005		文件夹	2006-11-21 15:08
50_Package		文件夹	2006-11-21 15:11
AUTORUN.INF	1 KB	安装信息	1996-12-12 1:06
Licenseb.txt	26 KB	文本文档	2006-11-6 22:32
msvbvm60.dll	1,352 KB	应用程序扩展	1999-12-7 11:00
Setup.ex_	2,708 KB	EX_ 文件	2006-7-12 20:36
Setup.exe	150 KB	应用程序	2005-4-18 16:48
Setups.cfg	1 KB	CFG 文件	2004-10-27 19:43
Setups.ini	10 KB	配置设置	2006-9-29 21:44
Splash.bmp	435 KB	BMP 图像	2005-10-17 19:38
Top.bmp	86 KB	BMP 图像	2005-11-18 21:18
VB6STKIT.DLL	100 KB	应用程序扩展	2000-7-15 7:00
Welcome.bmp	458 KB	BMP 图像	2005-10-17 19:48

图 1-6　SQL SERVER 2005（WinCC）光盘文件

双击 Setup.exe 文件，开始安装，见图 1-7。

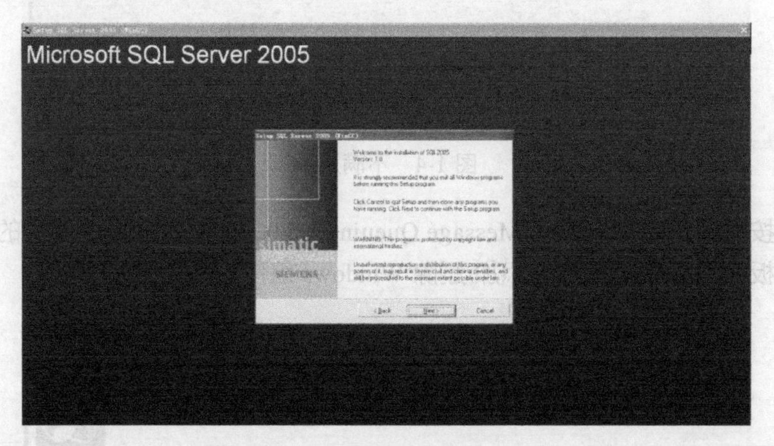

图 1-7　SQL SERVER 安装（一）

过程中都是选择默认值，然后全部简单点“下一步”，图 1-8 ~ 图 1-15。

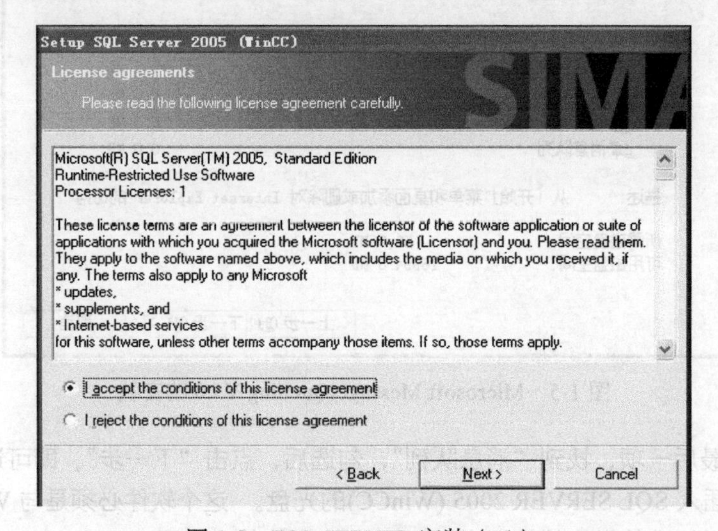

图 1-8　SQL SERVER 安装（二）

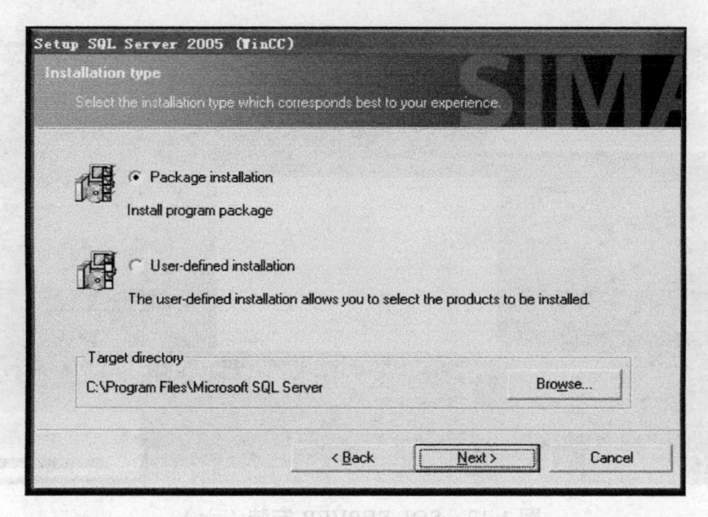

图 1-9　SQL SERVER 安装（三）

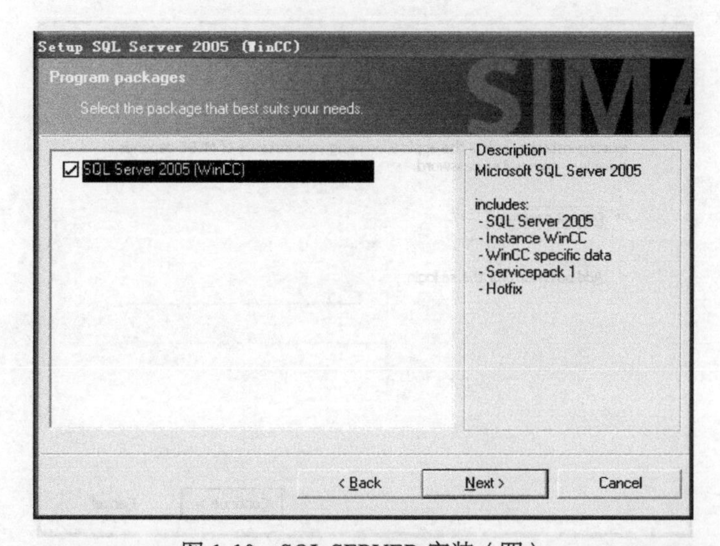

图 1-10　SQL SERVER 安装（四）

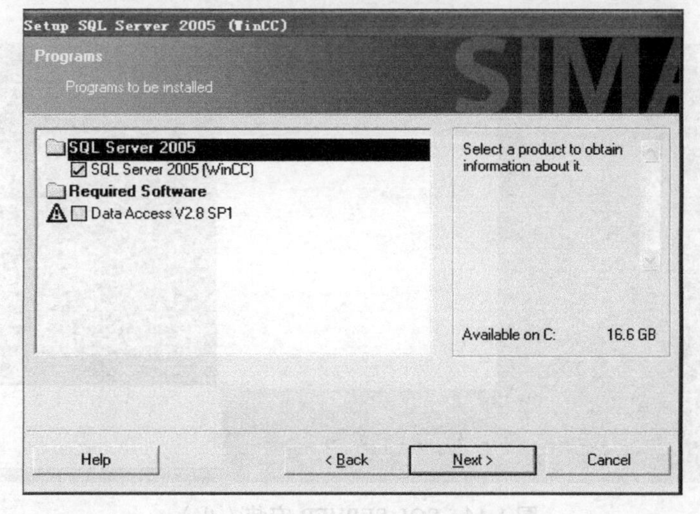

图 1-11　SQL SERVER 安装（五）

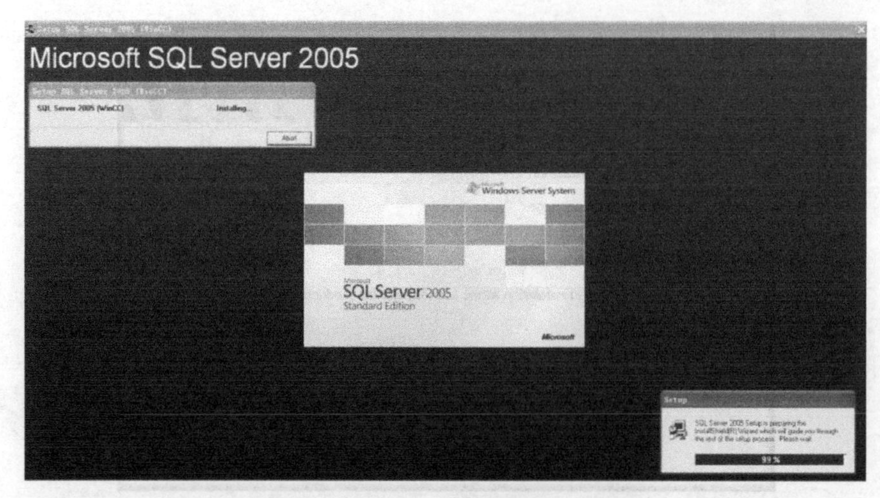

图 1-12　SQL SERVER 安装（六）

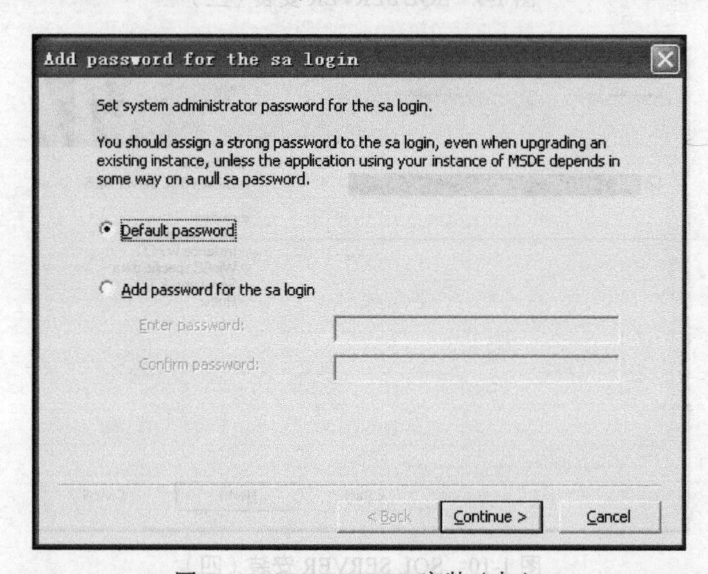

图 1-13　SQL SERVER 安装（七）

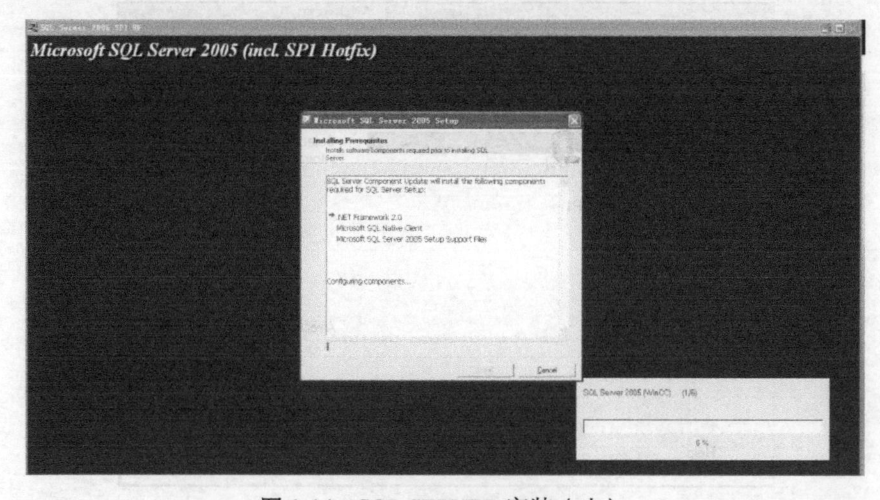

图 1-14　SQL SERVER 安装（八）

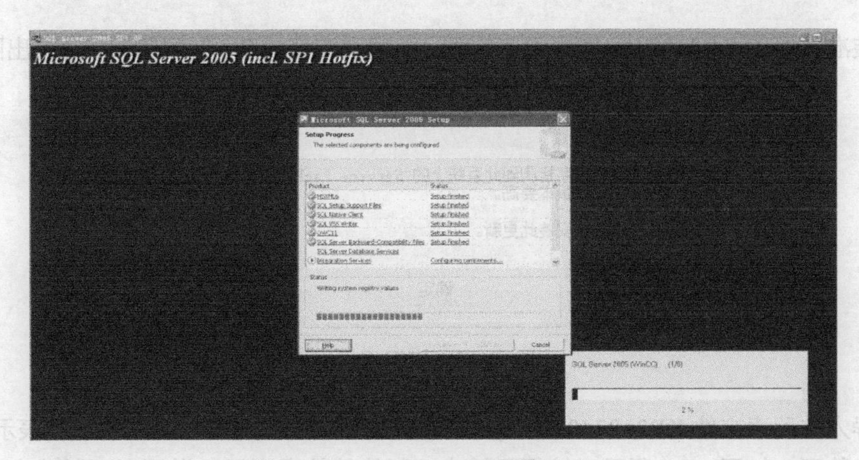

图 1-15　SQL SERVER 安装（九）

大约需要 30 分钟，可以完成 SQL SERVER 2005 (WinCC) 的安装，见图 1-16。

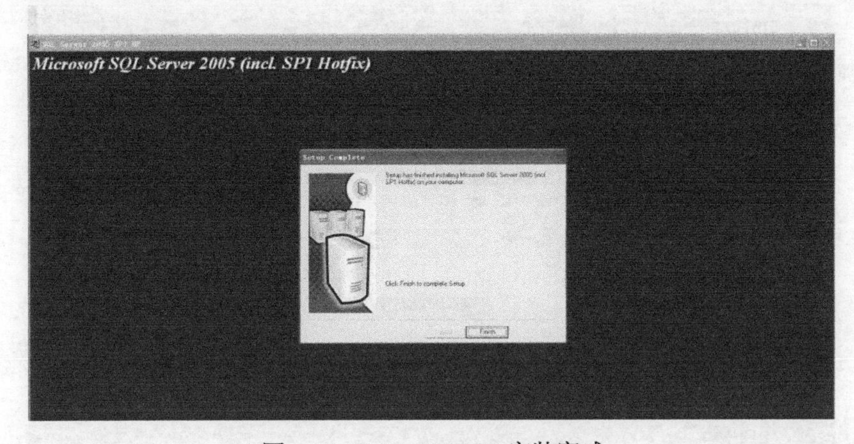

图 1-16　SQL SERVER 安装完成

第四步，再次换入 WinCC 光盘，进入安装，如果刚才的安装条件检测有提示需要重启动电脑，则重启后再安装，出现提示如图 1-17 所示提示。

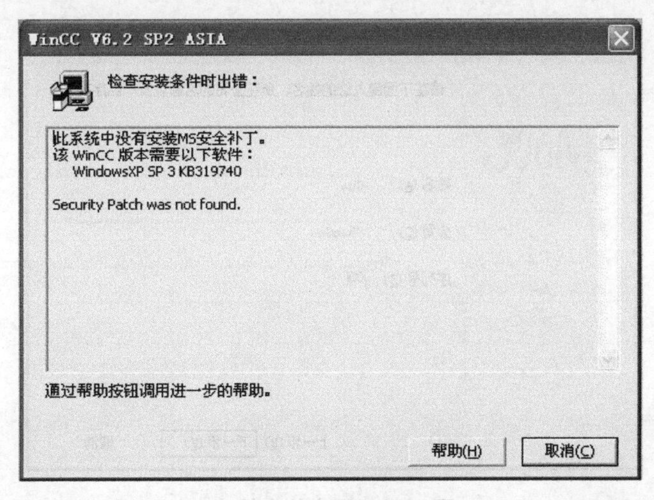

图 1-17　安装提示

安装准备好的KB319740，如果没有错误，则顺利安装成功；如果错误，会跳出图1-18。

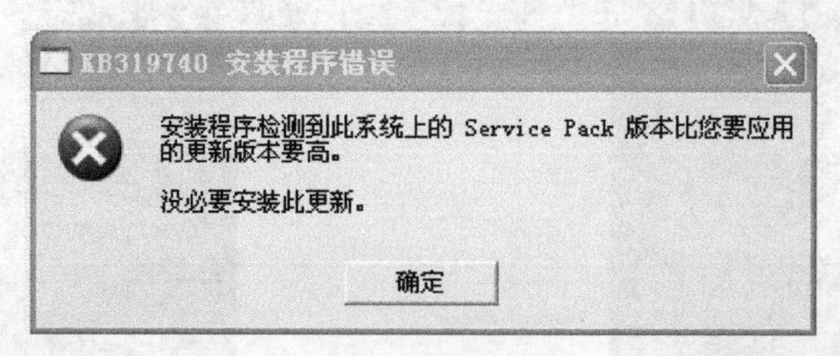

图 1-18　错误提示

则导入注册表文件KB319740.REG，再次进入安装程序，如图1-19所示，表示可以正式开始安装了，如图1-20所示，按提示输入正版软件的序列号，学习者可以输入00简单进入下一步后，见图1-21～图1-23。

图1-19　再次进入安装程序

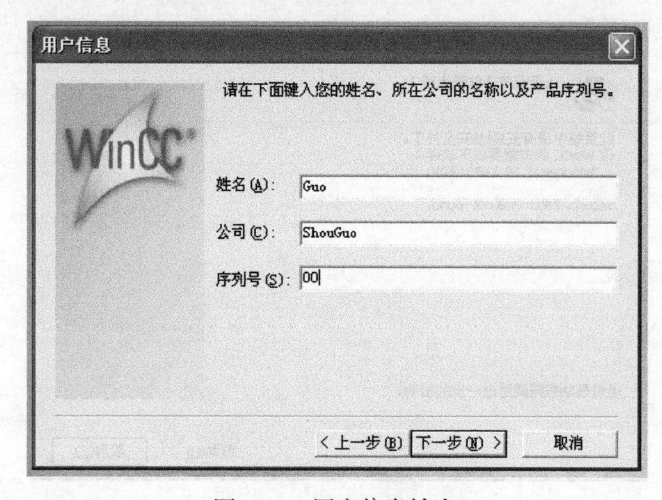

图1-20　用户信息输入

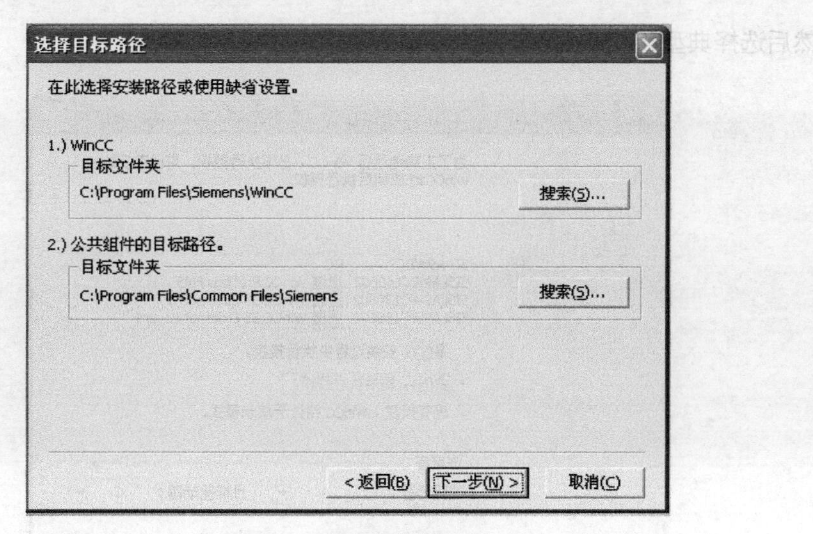

图 1-21　选择目标路径

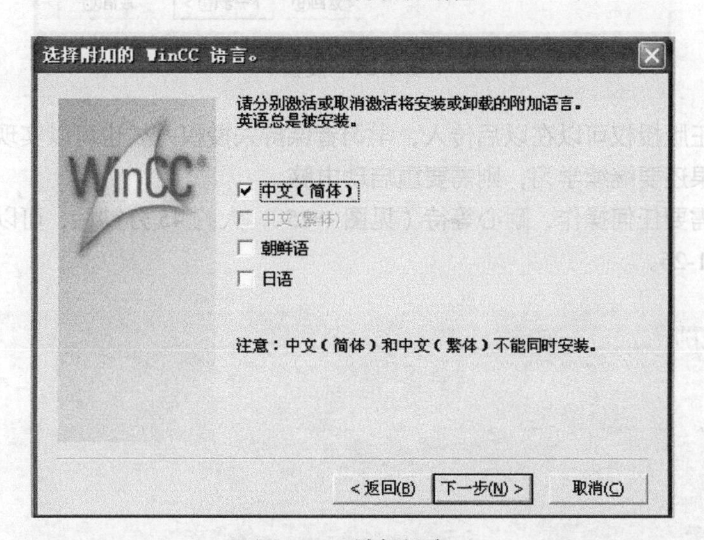

图 1-22　选择语言

图 1-23　选择安装类型

然后选择典型化安装后，见图 1-24。

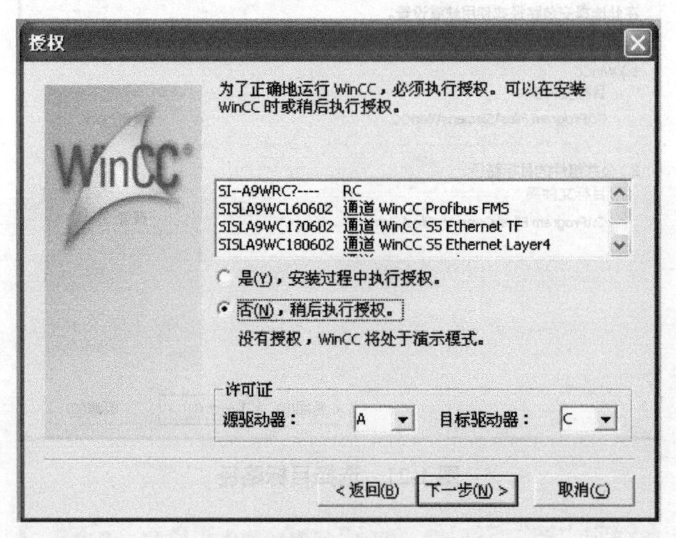

图 1-24　授权

选择否，正版授权可以在以后传入，学习者保持未授权方式也可以实现学习，每次运行 2 小时，如果还要继续学习，则需要重启动电脑。

然后不再需要任何操作，耐心等待（见图 1-25），大约 45 分钟后，可以完成整个软件的安装，见图 1-26。

图 1-25　安装过程

先点应用，然后完成安装，重启电脑，见图 1-27。

完成安装重启电脑后，先不要急于运行 WinCC，现在还有最后一次机会可以修改电脑名。如果不再需要修改，可以运行桌面上的 SIMATIC WinCC Explore 图标，开始正式的 WinCC V6.2 之旅啦！

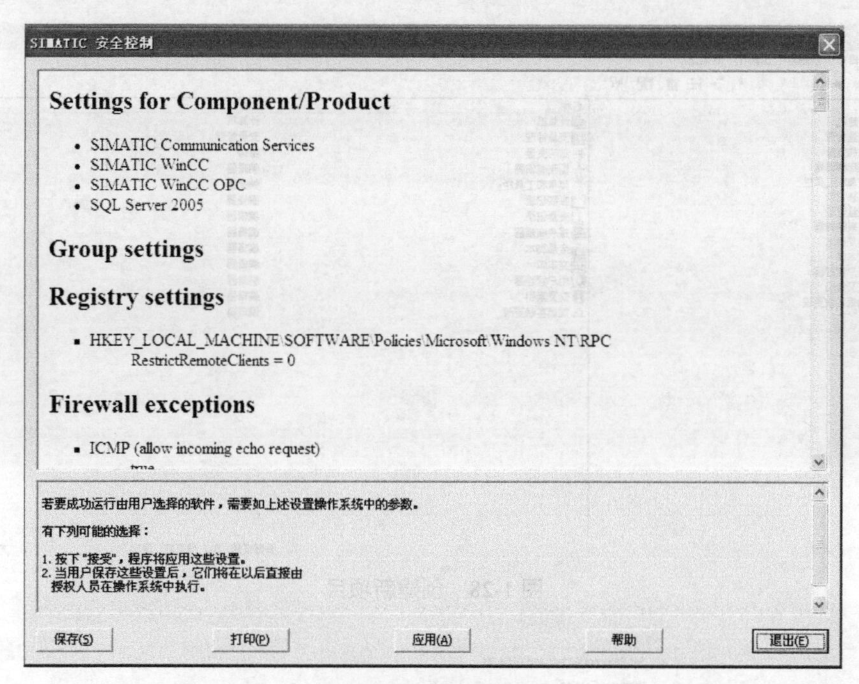

图 1-26　安全控制

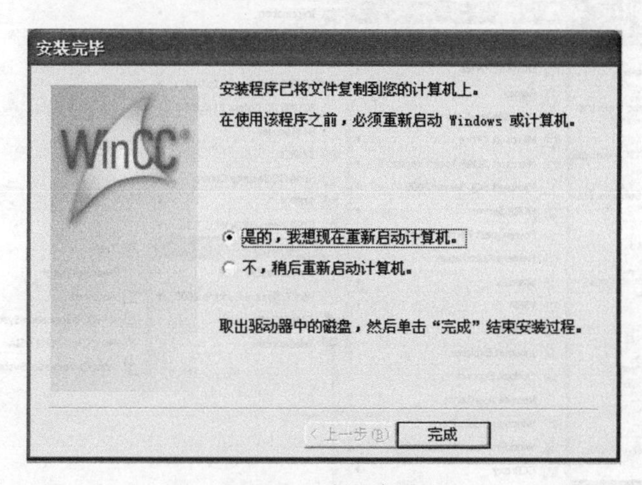

图 1-27　安装完成

安装完成后先简单运行一次，测试是否成功。随便创建一个新项目，如果正常，新项目应该成功。如果报错，就是安装没有成功。新项目成功创建如图 1-28 所示。

WinCC 提供了完备的帮助系统，名字叫做 WinCC Information System（WinCC 信息系统）。在软件安装成功之后，从开始菜单 SIMATIC\WinCC 中可以找到，见图 1-29。

很遗憾，不知道西门子是哪方面出了问题，WinCC 安装完成之后这里给出的快捷方式只有指向英文的链接，导致很多中国人用了很久的 WinCC，都不知道这帮助系统其实早就有中文的。

怎么办？在开始菜单中查看快捷方式的属性，然后定位目标到源文件，从相邻的 chinese 的文件夹中，可以找到 WinCCInformationSystem.chm 的文件，其中的内容大部分都是中文的了。本书讲解的内容，大部分也是参考了此帮助系统。

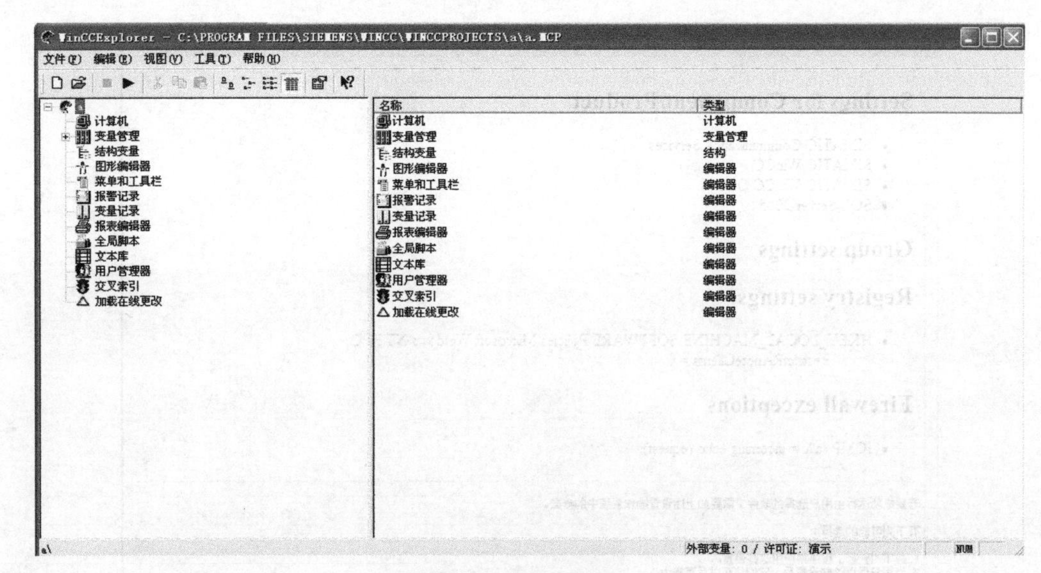

图 1-28　创建新项目

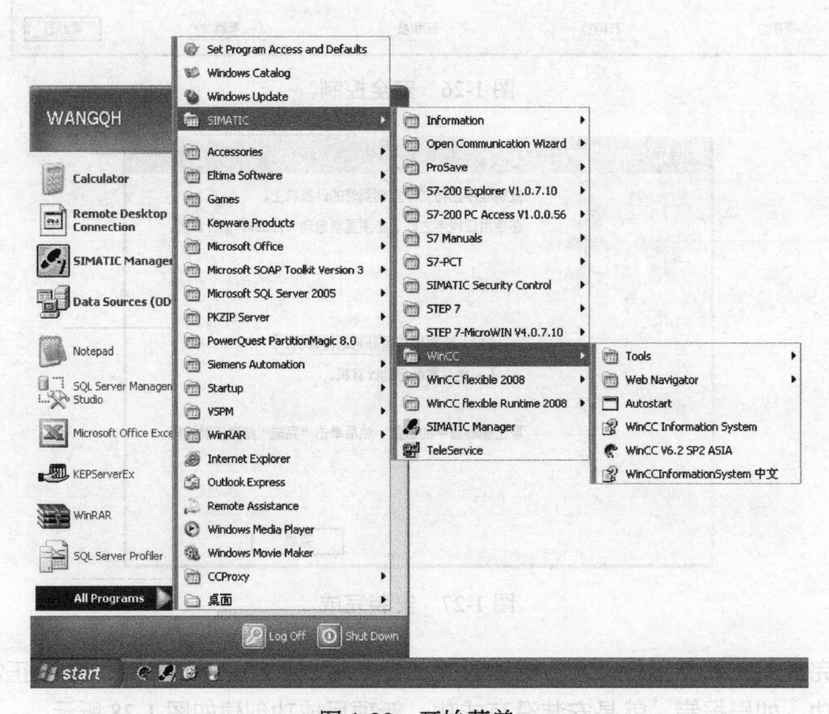

图 1-29　开始菜单

将中文版文件的快捷方式也建立在开始菜单中，如图 1-29 所示的一样，便于以后随时打开学习。

【万泉河 TIPS】**WinCC 的授权分运行版和开发版，分别称为 RT 和 CS。运行版只能用于运行。如果打开设计界面，显示为演示版无授权。而开发版则可以用于设计+运行。在购买软件时，开发版较贵。**

【万泉河 TIPS】**WinCC6.2 的无授权演示具备所有正式版的功能，除了定期退出设计版以及运行中弹出提示窗口。在全世界范围内，WinCC 软件的盗版情况都非常严重，破**

解方法在网上满天飞。出于支持正版原因，本书不能传授。

【万泉河 TIPS】本章节中未涉及 STEP7，所以也未涉及其安装。STEP7 与 WinCC 的安装顺序并没有特别要求。但一般都建议先安装 STEP7，后安装 WinCC。因为某些 WinCC 高级功能的安装，需要有 STEP7。

【万泉河 TIPS】工控软件版本众多，可不能全指望在一台电脑里安装使用。这里演示用的都是虚拟机，在虚拟机里面安装一个单独的操作系统，只安装此一款软件。

1.3 Win7 系统安装 WinCC V7.3

WinCC V7.x 之后开始支持 Win7 系统，有一部分使用 WinCC V7.0 的场合，都是因为看好了对 Win7 的支持这点优点。而实际上按照西门子的传统，V7.0 绝不会达到足够稳定成熟。所以有耐心的工程师都是等待，直到等来了 V7.2、V7.3 以及 V7.3 SE。

V7.2 开始是真正地把中文做在了软件里面，所以不再有专门的 ASIA（亚洲）版本，兼容性列表从 WinCC 条目中找到：WinCC_V7.3-SE_compatibility-list_en_2015- 12-02.xls。

看一下它的内容，见表 1-3。

表 1-3 WinCC V7.3 SE 兼容性列表

		WinCC V7.3 SE Upd1
Microsoft Windows 7 1)	Enterprise (32-Bit) SP1	√
	Enterprise (64-Bit) SP1	√
	Professional (32-Bit) SP1	√
	Professional (64-Bit) SP1	√
	Ultimate (32-Bit) SP1	√
	Ultimate (64-Bit) SP1	√
Microsoft Windows 8.1	Enterprise (32-Bit)	√
	Enterprise (64-Bit)	√
	Pro (32-Bit)	√
	Pro (64-Bit)	√
Microsoft Windows Server	2008 R2 Standard Edition (64-Bit) SP1	√
	2008 Standard Edition (32-Bit) SP2	√
	2012 R2 Standard Edition (64-Bit)	√
"RealVNC" Enterprise Edition	V4.6.3	√
AS/OS Engineering	V8.1 Upd1	√
Automation License Manager	V5.3 SP1	√
Documentation Viewer	WinCC Version	√
Dynamic Wizard Editor	WinCC Version	√
McAfee Application Control 2)	V6.1.1	√
McAfee Endpoint Protection Suite	V8.8	√

续表

		WinCC
		V7.3 SE Upd1
McAfee VirusScan Enterprise [3]	V8.8	√
Microsoft Internet Explorer	V10.0	√
	V11.0	√
	V9.0 [4]	√
Microsoft Office	2007 SP2	√
	2010	√
	2013	√
Microsoft SQL Server	2008 R2 SP2	√
Microsoft Windows Defender	version of installed operation system	√
Microsoft Windows Server Hyper-V	2012 R2	√
OPC Alarms and Events (A&E) - Server [5),6),7)]	V1.10	√
OPC Data Access Spezifikation - Client [8)]	V2.05a	√
	V3.00	√
OPC Data Access Spezifikation - Server [5),7),9)]	V2.05a	√
	V3.00	√
OPC Historical Data Access (HDA) - Server [5),6),7)]	V1.20	√
OPC Unified Architecture (UA) - Client [10),11)]	V1.02	√
OPC Unified Architecture (UA) - Server [5),6),12)]	V1.02	√
OPC XML Data Access - Client [13)]	V1.01	√
OPC XML Data Access - Server [5),6)]	V1.01	√
RDP (Remote Desktop Protocol) [14)]	version of installed operation system	√
SIMATIC B.Data	V6.0 SP1	√
SIMATIC Information Server [15)]	2014	√
	2014 SP1	√
SIMATIC Logon	V1.5 SP2	√
SIMATIC NET PC Software [15)]	V12.0 SP2	√
	V7.1 (Edition 2008) SP6	√
SIMATIC powerrate	V4.0 SP3	√
SIMATIC Process Historian [15)]	2014	√
	2014 SP1	√
STEP 7 (STEP 7 Professional) [15)]	V5.5 SP4 (2010 SR4)	√
Symantec Endpoint Protection [16)]	V12.1	√
	V12.1.4	√
	V12.1.5	√
Trend MICRO OfficeScan Client-Server Suite [17)]	V10.6	√

续表

		WinCC
		V7.3 SE Upd1
Trend MICRO OfficeScan [18]	V11.0	√
Tag Export/Import	WinCC Version	√
Tag Simulator	WinCC Version	√
VMware ESXi	V5.5	√
WinCC Communication Configurator	WinCC Version	√
WinCC Configuration Studio	WinCC Version	√
WinCC CrossReferenceAssistant	WinCC Version	√
WinCC/Calendar Scheduler	V7.3	√
WinCC/Connectivity Pack	V7.3 Upd2 [19]	√
	V7.3 Upd3 [19]	√
	V7.3 Upd4 [19]	√
	V7.3 Upd5 [19]	√
	V7.3 Upd6 [19]	√
	V7.3 SE Upd1	√
WinCC/Connectivity Station	V7.3 SE Upd1	√
WinCC/DataMonitor	V7.3 Upd3 [19]	√
	V7.3 Upd4 [19]	√
	V7.3 Upd5 [19]	√
	V7.3 Upd6 [19]	√
	V7.3 SE Upd1	√
WinCC/Event Notifier	V7.3	√
WinCC/IndustrialDataBridge	V7.3	√
WinCC/ODK	V7.3	√
	V7.3 Upd3 [19]	√
WinCC/ProAgent [20]	V7.3	√
WinCC/Redundancy	V7.3 SE Upd1	√
WinCC/Server	V7.3 SE Upd1	√
WinCC/TELECONTROL	V7.0 SP3 Upd2	√
WinCC/User Archives	V7.3 SE Upd1	√
WinCC/Web Navigator	V7.3 Upd3 [19]	√
	V7.3 Upd4 [19]	√
	V7.3 Upd5 [19]	√
	V7.3 Upd6 [19]	√
	V7.3 SE Upd1	√
WinCC/WebUX	V7.3	√

从列表中可以看到，WinCC V7.3 支持的操作系统有：Windows 7 的企业版、专业版、旗舰版；Windows 8.1 的企业版和专业版；Windows SERVER 2008/2012 的几

个版本。

选择在 Win7 64 位专业版下安装 WinCC 7.3，如图 1-30 所示。

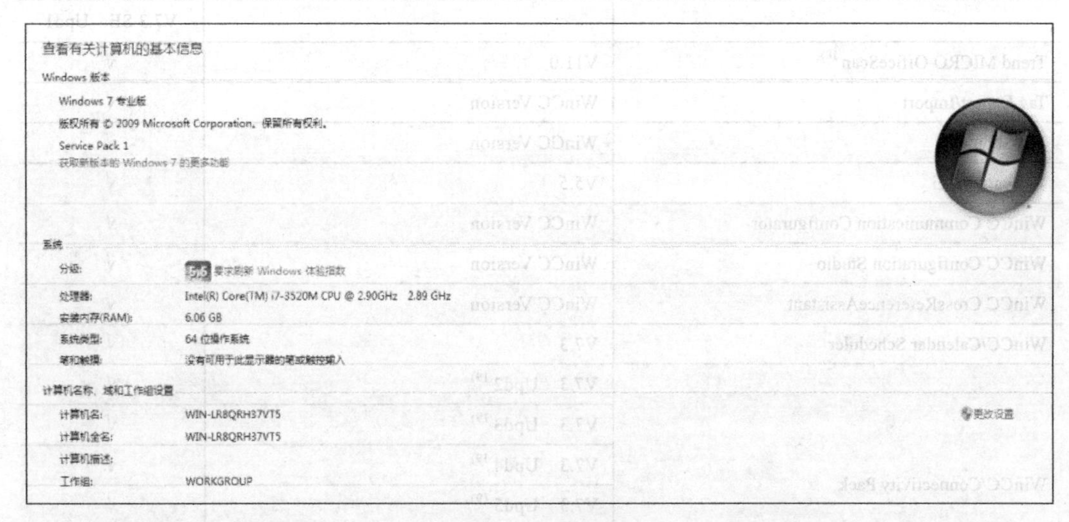

图 1-30　Win7

在正式安装软件之前，请更改电脑名。因为 WinCC 软件对电脑名敏感，安装之后不可以修改电脑名，如果要修改电脑名，必须先卸载部分模块重新安装，比较麻烦。而且将来的工程项目中也是与电脑名字相关的，所以如果原本电脑名字过长，或者统一有计划的电脑名，则提前改好。如果没有特别约定，建议改电脑名字为 ES，便于以后使用。

从 V7.2 开始，WinCC 把所有组件打了一个大包，所以只需要简单运行 SETUP.EXE 进入安装，见图 1-31 ~ 图 1-34。

【万泉河 TIPS】由于安装过程中有可能需要多次重启电脑，而要求光盘留在电脑中不许取出，所以 V7.2/V7.3 应避免在虚拟光驱中安装。否则如果电脑重启时虚拟光驱未加载，安装就中断了。可以释放到硬盘中进行安装，而虚拟机不受影响。

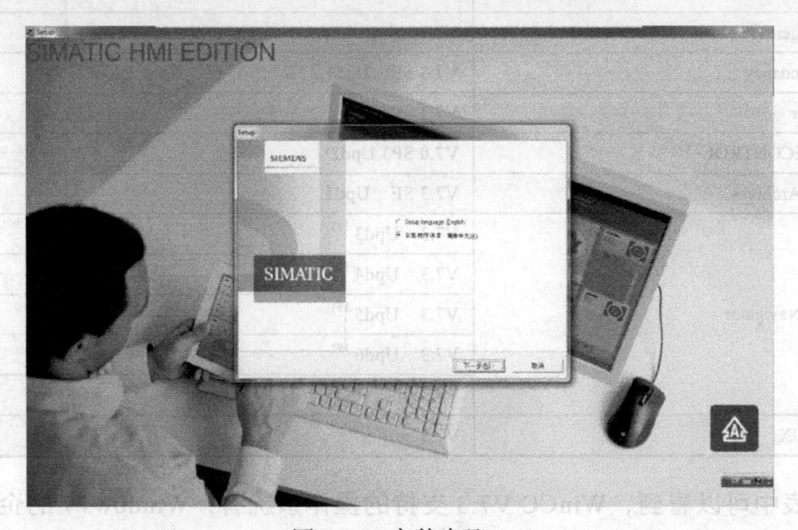

图 1-31　安装步骤 1

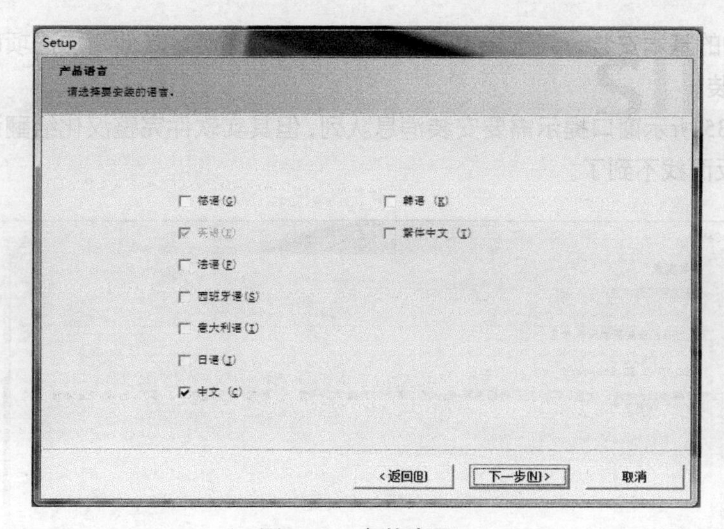

图 1-32　安装步骤 2

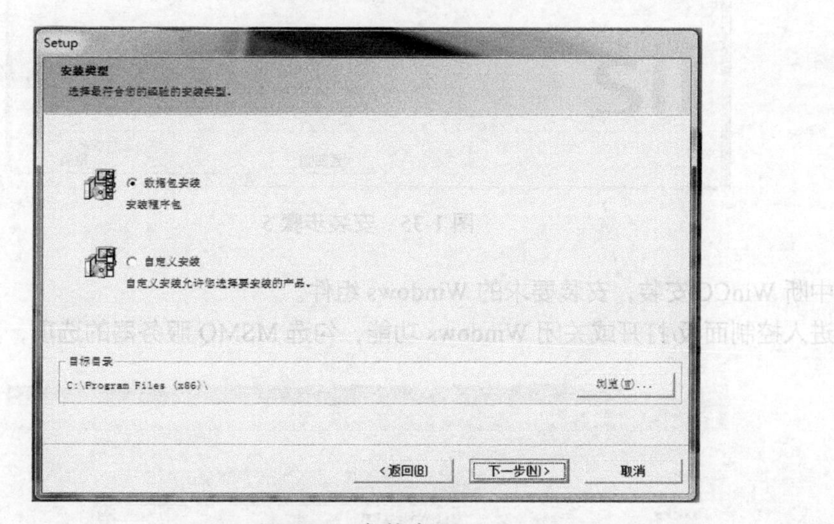

图 1-33　安装步骤 3

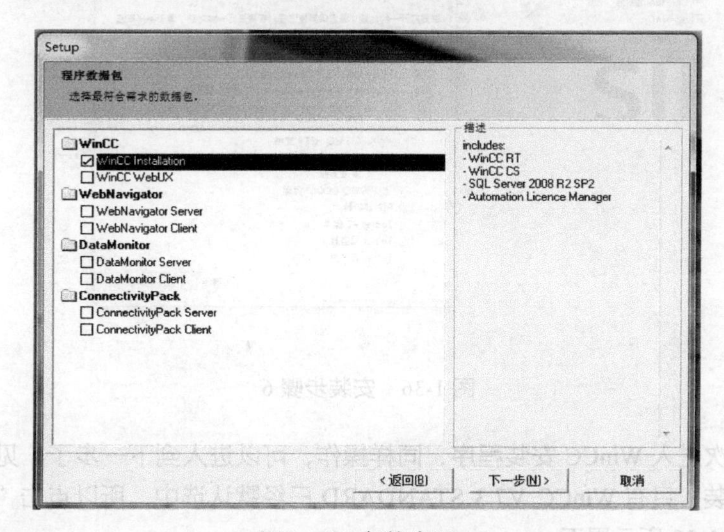

图 1-34　安装步骤 4

图 1-34 中的基本安装，只选择 WinCC Installation 即可。其他附加选项可以在需要的时候再补充安装。

跳出图 1-35 所示窗口提示需要安装消息队列，但其实软件完整汉化给翻译成消息队列后在 Win7 中反而找不到了。

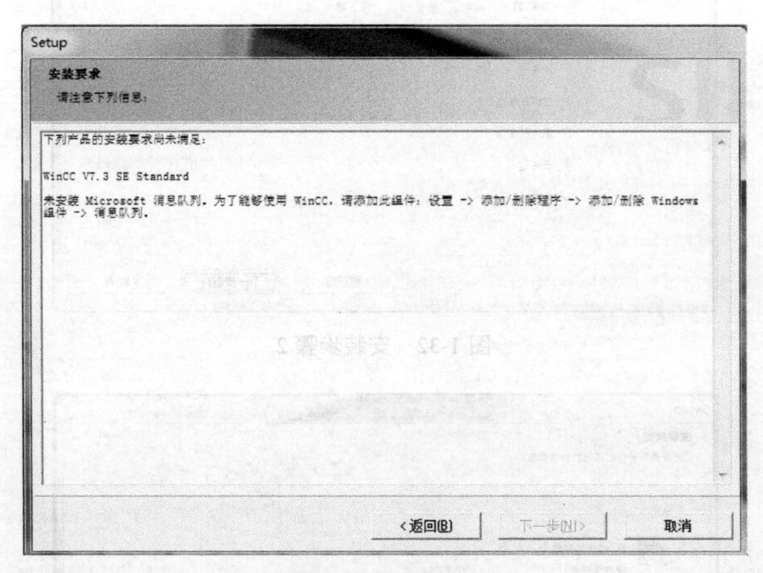

图 1-35　安装步骤 5

中断 WinCC 安装，安装要求的 Windows 组件。

进入控制面板/打开或关闭 Windows 功能，勾选 MSMQ 服务器的选项，见图 1-36。

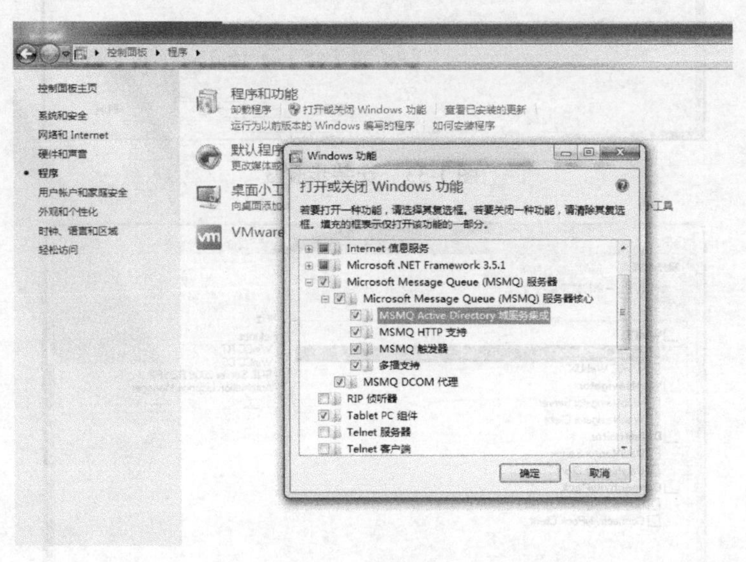

图 1-36　安装步骤 6

完成后再次进入 WinCC 安装程序，同样操作，可以进入到下一步了，见图 1-37。

第一次安装，只有 WinCC V7.3 STANDARD 已经默认选中，所以点击“下一步”，进入图 1-38、图 1-39 所示界面。

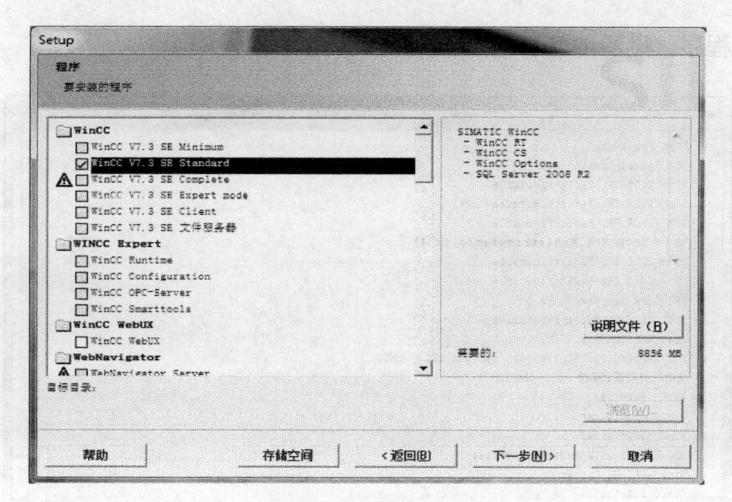

图 1-37　安装步骤 7

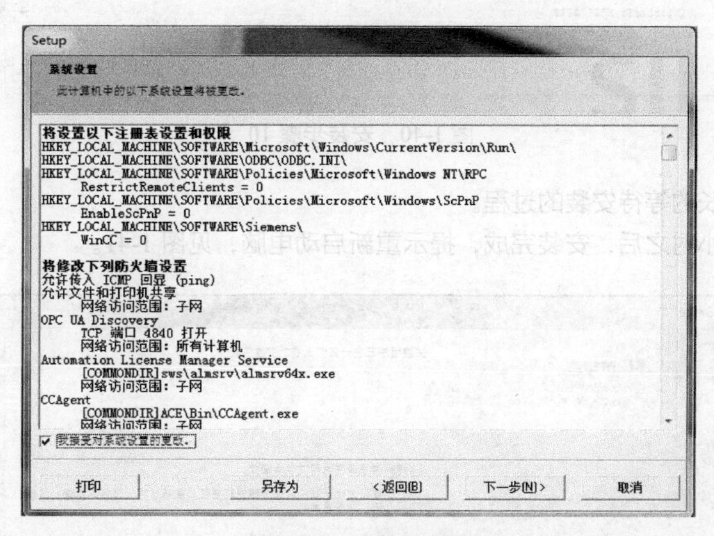

图 1-38　安装步骤 8

Setup
准备安装选项
向导准备开始安装。

WinCC
WinCC V7.3 SE Standard　1860 MB
Information Server
Information Server Ready 2014　20 MB
ProcessHistorian
ProcessHistorian Ready Component 2014　20 MB
SQL Server 2008 R2
SQL Server 2008 R2 Standard Edition SP2 (WinCC)　6000 MB
Options
自动化许可证管理器 V5.3 (64-bit)　40 MB

需要的：8856 兆字节　预计安装时间：00:42 (hh:mm)

＜返回(B)　安装　取消

图 1-39　安装步骤 9

进入安装程序，见图 1-40。

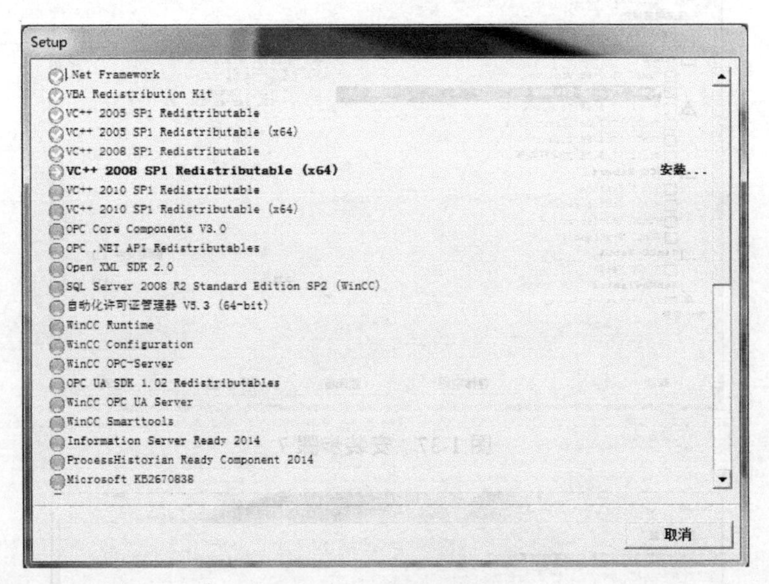

图 1-40　安装步骤 10

然后是漫长的等待安装的过程。

大约 1 个小时之后，安装完成，提示重新启动电脑，见图 1-41。

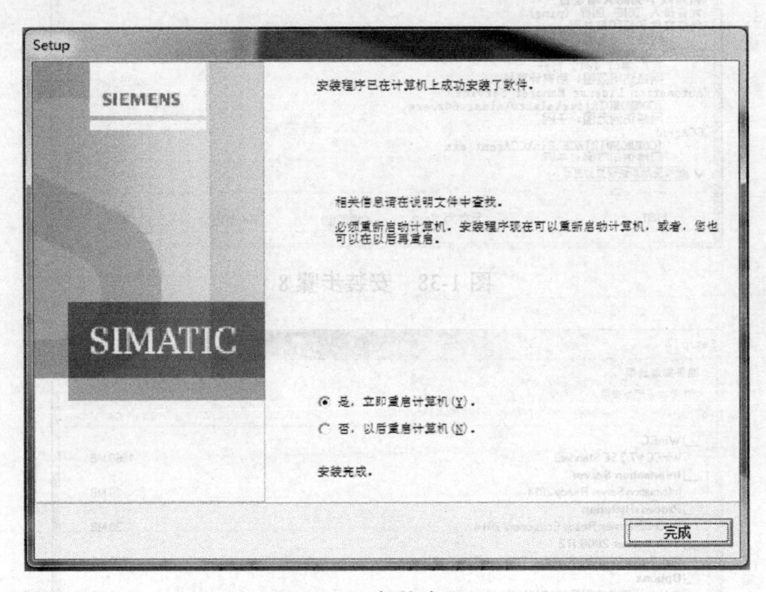

图 1-41　安装步骤 11

重新启动电脑后，如果电脑有多个网卡，会跳出窗口让你选择 WinCC 使用的网络适配器，随便选好了，与基本功能无关，见图 1-42。

完成安装重启电脑后，先不要急于运行 WinCC，现在还有最后一次机会可以修改电脑名。如果不再需要修改，可以运行桌面上的 SIMATIC WinCC Explore 图标，开始正式的 WinCC V7.3 之旅啦！

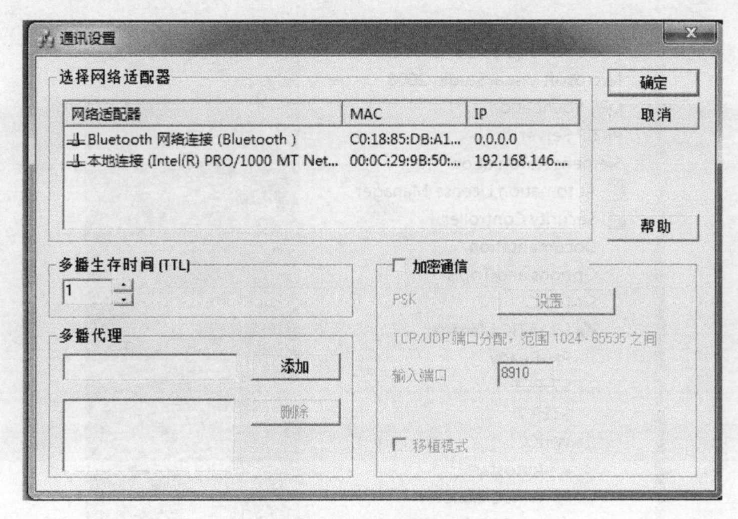

图 1-42　安装步骤 12

安装完成后先简单运行一次，测试是否成功。随便创建一个新项目，如果正常，新项目应该成功。如果报错，就是安装没有成功。新项目成功创建之后如图 1-43 所示。

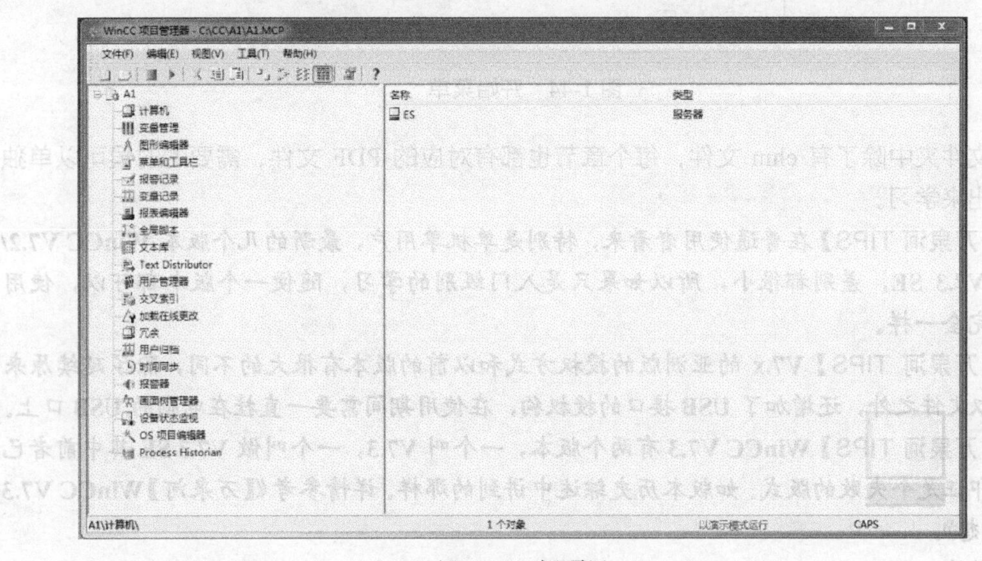

图 1-43　新项目

WinCC 提供了完备的帮助系统，名字叫做 WinCC Information System（WinCC 信息系统），在软件安装成功之后，从开始菜单 Siemens Automation\SIMATIC\WinCC 中可以找到，见图 1-44。

很遗憾，不知道西门子是哪方面出了问题，WinCC 安装完成之后这里给出的快捷方式只有指向英文的链接，导致很多中国人用了很久的 WinCC，都不知道这帮助系统其实早就有中文的。

怎么办？在开始菜单中查看快捷方式的属性，然后定位目标到源文件，从相邻的 chinese 的文件夹中，可以找到 WinCCInformationSystem.chm 的文件，其中的内容大部分都是中文的。本书讲解的内容，大部分也是参考了此帮助系统。

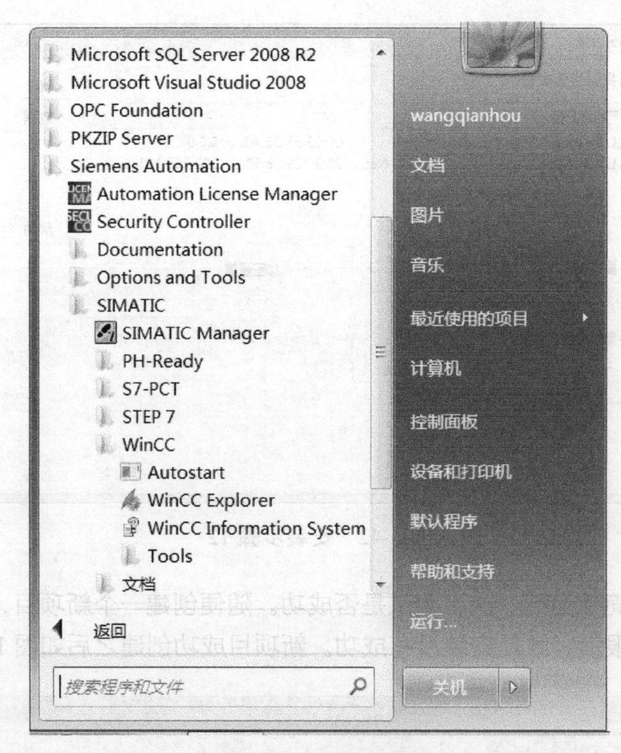

图 1-44　开始菜单

文件夹中除了有 chm 文件，每个章节也都有对应的 PDF 文件，需要的时候可以单独复制出来学习。

【万泉河 TIPS】在普通使用者看来，特别是单机单用户，最新的几个版本 WinCC V7.2/V7.3/V7.3 SE，差别都很小，所以如果只是入门级别的学习，随便一个版本都可以，使用中也完全一样。

【万泉河 TIPS】V7.x 的亚洲版的授权方式和以前的版本有很大的不同，除了延续原来的授权文件之外，还增加了 USB 接口的授权狗，在使用期间需要一直挂在电脑的 USB 口上。

【万泉河 TIPS】WinCC V7.3 有两个版本，一个叫 V7.3，一个叫做 V7.3 SE 其中前者已经被印证是个失败的版式。如版本历史综述中讲到的那样。详情参考《【万泉河】WinCC V7.3 SE 猜想》。

链接:

http://www.ad.siemens.com.cn/club/bbs/post.aspx?a_id=1315421&b_id=82&b_sid=19&s_id=&num=1#anch

第 2 章

WinCC 通信

2.1 通信概述

前面我们说一个新的工业监控项目，软件安装部分的重要程度占掉了一半，那么在完成了软件安装的基础上，开始具体设计工作的时候，个人认为通信的重要程度又要占掉余下的工作的 50%。

因为你一旦把通信打通，后面的不管是通信数据的对点，还是画面设计等功能，大部分都是工作量的问题了。即便一些具体的技术要求难点暂时不能实现，但至少不影响系统的运行试车，设计者做一个简陋的运行界面，也可以大致地实现系统的功能了。

而通信则不同，如果通信没打通，那么所有的系统运行都不可能实现，而且后面的设计工作量是可以预估的，而通信如果不成，别人问你还需要多少工期的时候，你根本没法做出预测。那么在现场调试阶段，就会搞得特别被动、尴尬。所以一定要提前重视。

重视到什么程度呢？就是除非你已经很熟练地做过一模一样的通信配置，只要通信配置有一点点的变动，都要提前测试确认，或者在现场预留好时间。

比如如果你有过 WinCC 与 S7-300 的通过 MPI 通信的项目经验，后一个项目仍然是 WinCC 与 S7-300，但通信网络是以太网；还比如以前做过的是 WinCC V6.2 的项目，新项目软件升级成了 WinCC V7.2 等，所有这些细微的改变都要充分重视，有条件的情况下尽量做个测试。提前做到心中有数。

这是一个过来者对新入行者的忠告。一个 WinCC V7.2 和 S7-1200 通信的小项目，画面已经提前做好了，总共一周的调试时间，其中在软件安装和通信打通方面花掉了 4 天的时间。有人会相信吗？但就是事实，而且事先还是在笔记本电脑测试过的。

工业通信一部分内容是 PLC 级别的通信，其实那里面的内容更多、更复杂、更重要，而且也更依赖于现场环境。但那些不在本书探讨的范围内。而上位机与 PLC 的通信还算好了，大部分还是可以事先做通信测试的。 即便没有硬件，很多时候也可以做模拟的测试。

WinCC 的通信能力强大，对于西门子自家的 PLC 产品，以及一些主流协议的产品和协议等，如 MODBUS、AB、三菱等，都有直接通信驱动来实现。除此之外，因为 WinCC 还完美支持通用的 OPC 协议的各个版本，所以如果有个别特殊协议的产品，则可以通过

OPC 协议接入到 WinCC 来实现通信。

为帮助读者更好地入门 WinCC 的通信，在入门环节挑选了常见的西门子的 PLC 产品，逐步演示实现通信的过程，所以篇幅会较多。但读者可以针对自己手头的 PLC 硬件软件的实际情况，只挑其中的一篇跟着逐步做实验，把通信做通。

比如你如果有 S7-300 PN 的 CPU 与 S7-300 的编程软件 STEP7，那么就可以学 2.2 节；如果没有硬件 CPU，而只有 STEP7 软件，那可以学 2.4 节；如果有 S7-200 的 CPU 和软件，那么就可以学 2.5 节；如果有 S7-1200，就可以学 2.6 节。

而如果你软件和硬件都没有，也无所谓，整个通信的这个章节可以跳过，直接进入下一章的学习，WinCC 的所有功能都可以通过内部变量来实现。先把 WinCC 的入门功能学会，将来有机会的时候再把通信技能补上即可。

这里讲的通信很重要，但其实实现的技术难度并不高，只不过是一个个经验的积累而已。

2.2 S7-300 以太网通信（V6.2）

硬件：

① 集成 PROFINET 接口的 S7-300 CPU，实验型号：CPU314C-2PN/DP；

订货号：6ES7 314-6EH04-0AB0。

② 笔记本电脑，已经安装好 STEP7 和 WinCC V6.2。

③ 网线，新式电脑网卡可以自适应网线，所以可以使用普通网线。如果网卡不能自适应，则需要交换机。

实现步骤：

① STEP7 简单组态编程，设置 CPU 地址为 169.254.1.1，见图 2-1。

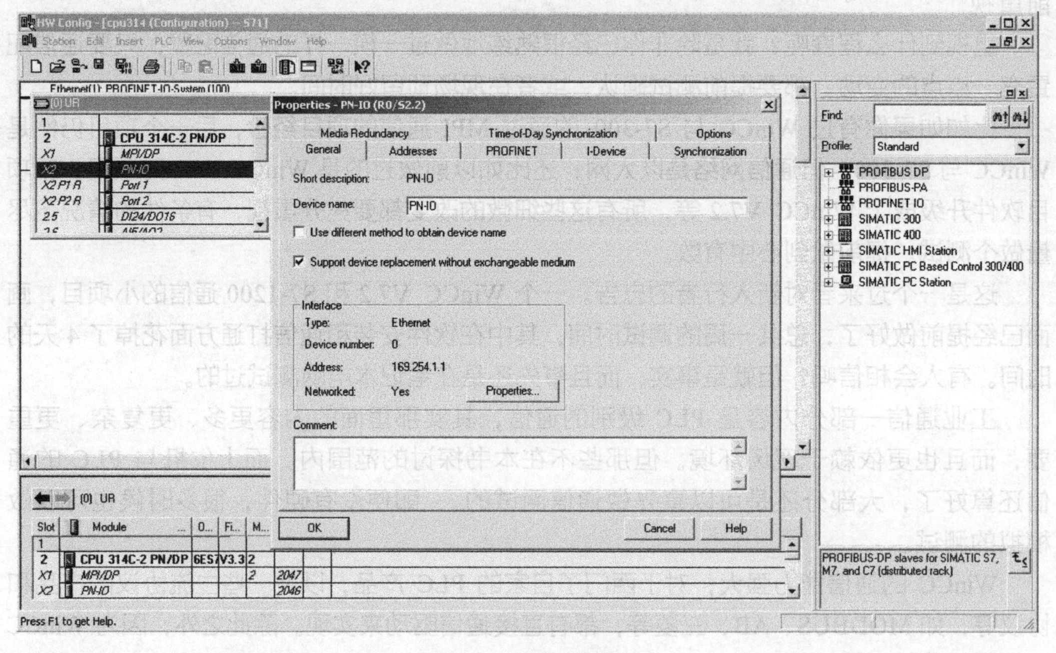

图 2-1 CPU 设置

② 设置电脑网卡 IP 为自动捕获，最终会获得一个 169.254.x.x 的 IP，见图 2-2。

③ Set PG/PC Interface 设置 S7ONLINE(STEP7)到 TCP/IP→(网卡名)，见图 2-3。

如果电脑有多个以太网卡，搞不清楚是哪一个，可以在网络设置中先暂时禁用其他网卡，只保留 PLC 通信使用的网卡。

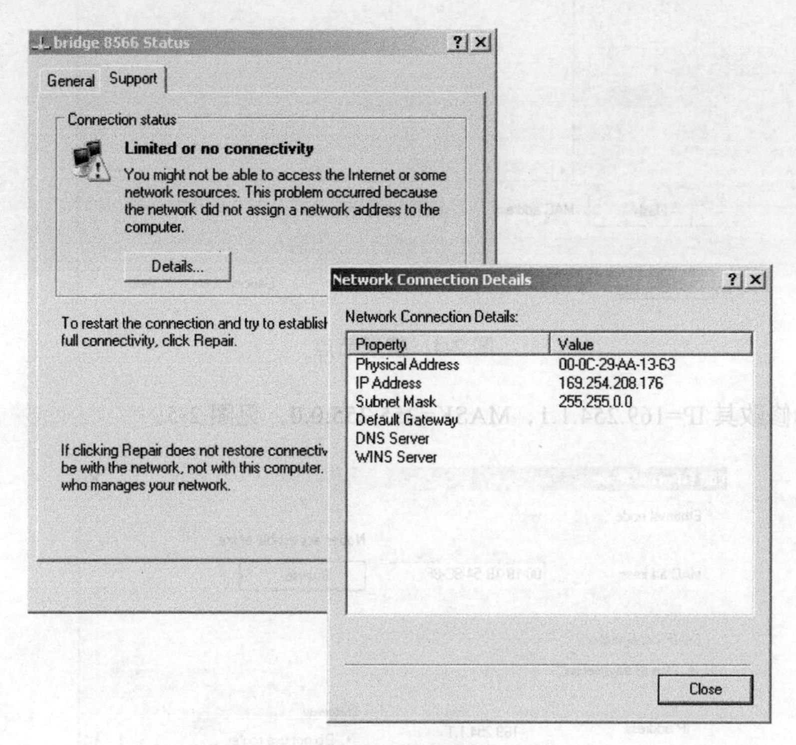

图 2-2　IP 地址

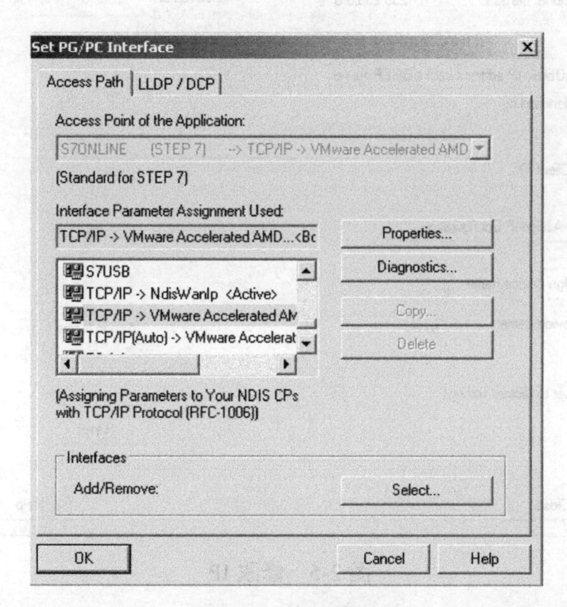

图 2-3　接口设置

④ PLC\Edit Ehternet Node 中搜索找到 CPU 节点，见图 2-4。

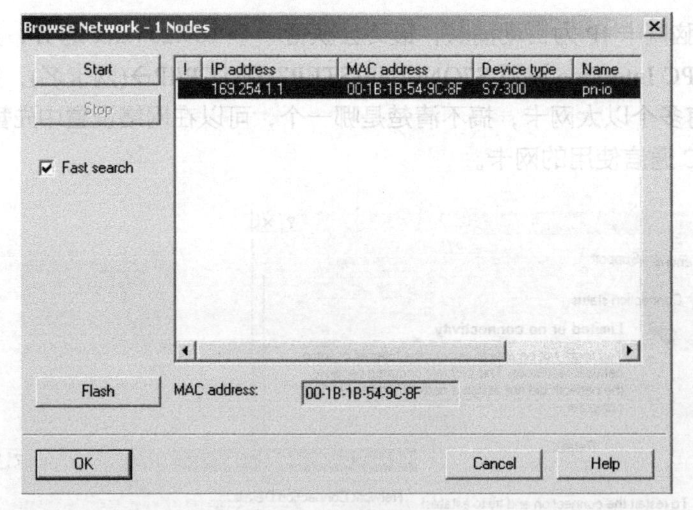

图 2-4　搜索节点

并手动修改其 IP=169.254.1.1，MASK=255.255.0.0，见图 2-5。

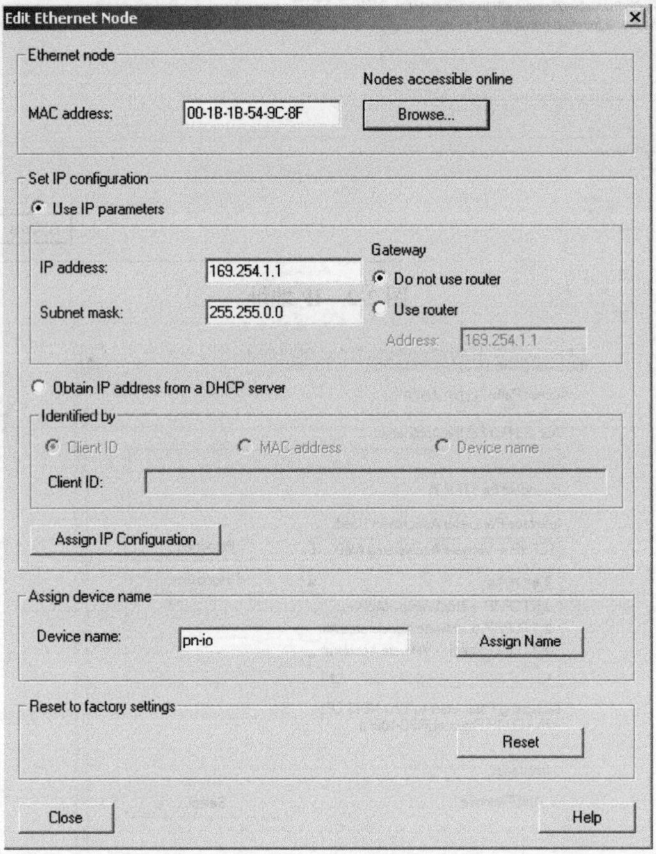

Edit Ethernet Node

Ethernet node

Nodes accessible online

MAC address: 00-1B-1B-54-9C-8F　Browse...

Set IP configuration

Use IP parameters

Gateway

IP address: 169.254.1.1　Do not use router

Subnet mask: 255.255.0.0　Use router

Address: 169.254.1.1

Obtain IP address from a DHCP server

Identified by

Client ID　MAC address　Device name

Client ID:

Assign IP Configuration

Assign device name

Device name: pn-io　Assign Name

Reset to factory settings

Reset

Close　Help

图 2-5　修改 IP

修改完成后，勿忘记点 Assign IP Configuration，以完成修改。

⑤ 下载程序（配置）到 CPU，见图 2-6。

Select Node Address

Over which station address is the programming device connected to the module CPU 314C-2 PN/DP?

Rack: 0

Slot: 2

Target Station: Local

Can be reached by means of gateway

Enter connection to target station:

IP address	MAC address	Module type	Station name	Module name	P
169.254.1.1					

Accessible Nodes

View

OK Cancel Help

图 2-6　下载配置

上述均是 STEP7 的软件功能，如此就完成了 CPU 的基本配置和通信。

下面开始正式的 WinCC 的设置，运行 WinCC Explore，新建立一个单用户项目 A22，在变量管理的位置右键“添加新的驱动程序…”，见图 2-7。

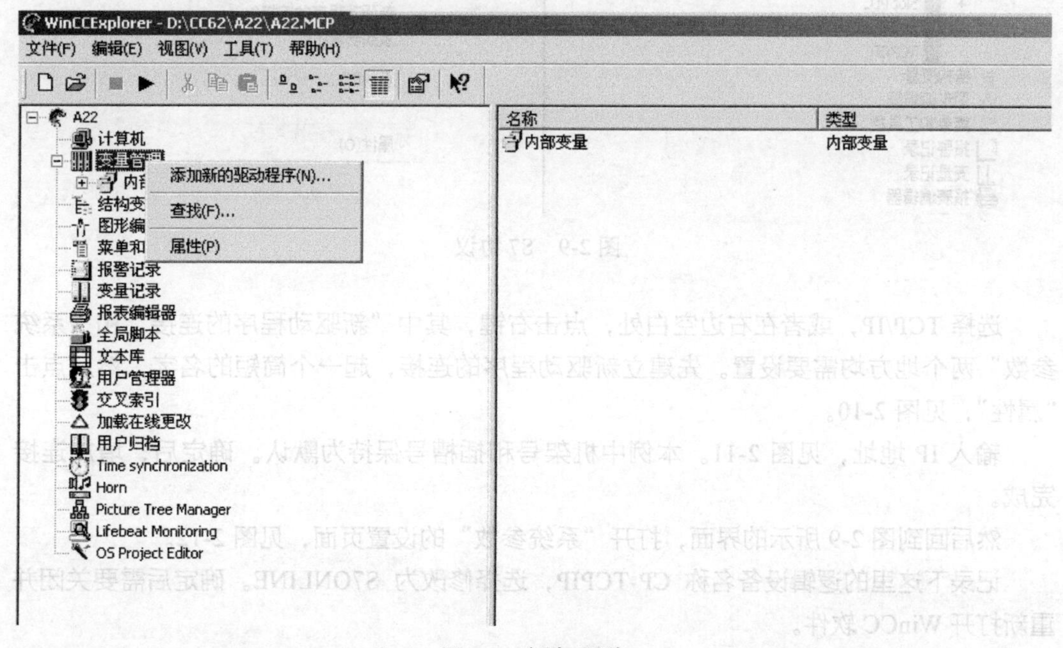

图 2-7　添加驱动

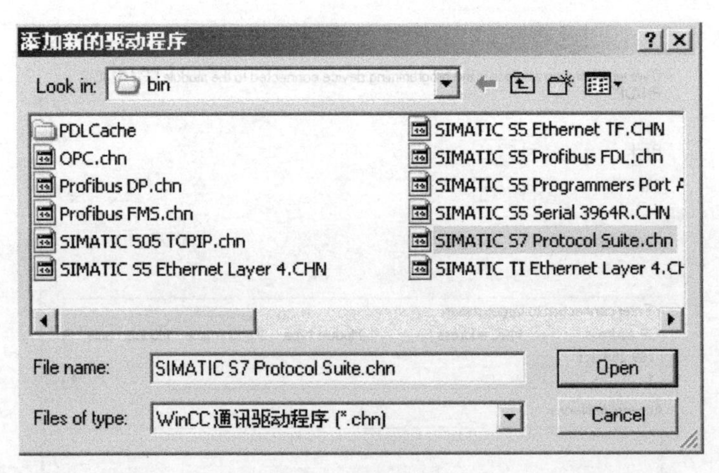

图 2-8　选择驱动

选择 SIMATIC S7 Protocol Suite.chn，见图 2-8。变量管理下会增加这个通道的协议，见图 2-9。

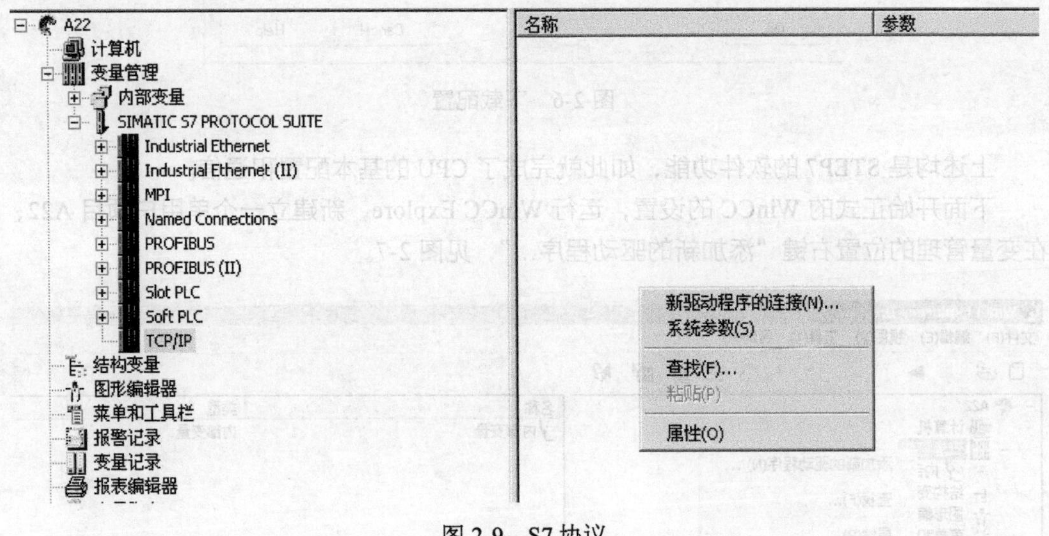

图 2-9　S7 协议

选择 TCP/IP，或者在右边空白处，点击右键，其中“新驱动程序的连接”和“系统参数”两个地方均需要设置。先建立新驱动程序的连接，起一个简短的名字，然后点击“属性”，见图 2-10。

输入 IP 地址，见图 2-11。本例中机架号和插槽号保持为默认。确定后，增加连接完成。

然后回到图 2-9 所示的界面，打开“系统参数”的设置页面，见图 2-12。

记录下这里的逻辑设备名称 CP-TCPIP，选择修改为 S7ONLINE。确定后需要关闭并重新打开 WinCC 软件。

还回到 TCP/IP，找到新建的通道，在右侧空白处点击右键，点新建变量，见图 2-13。

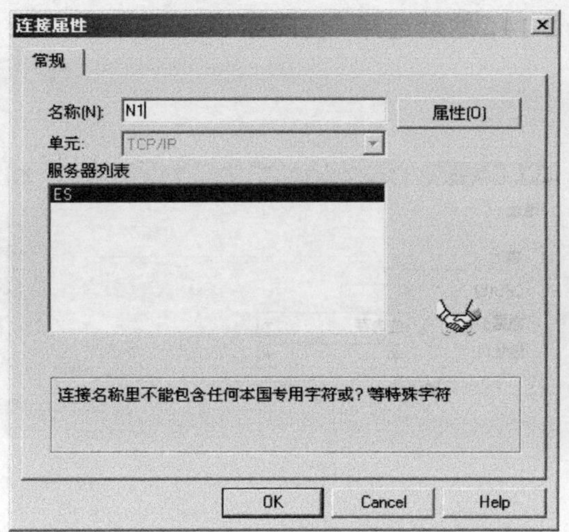

图 2-10　连接属性

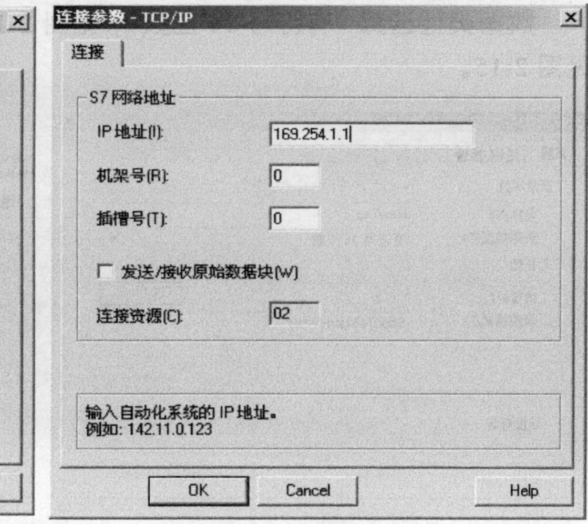

图 2-11　连接参数

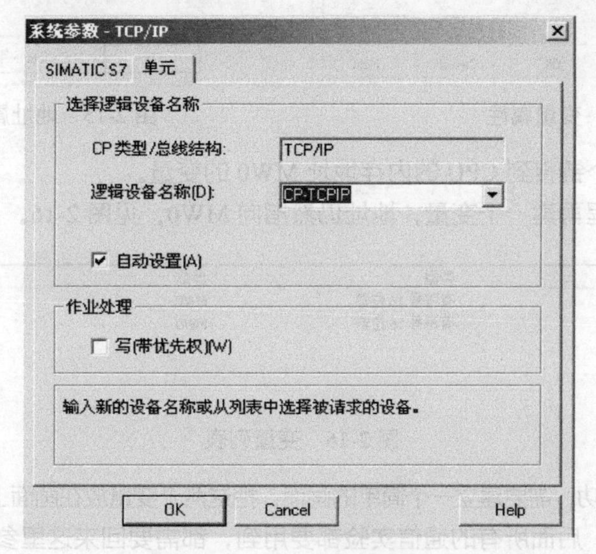

图 2-12　系统参数设置

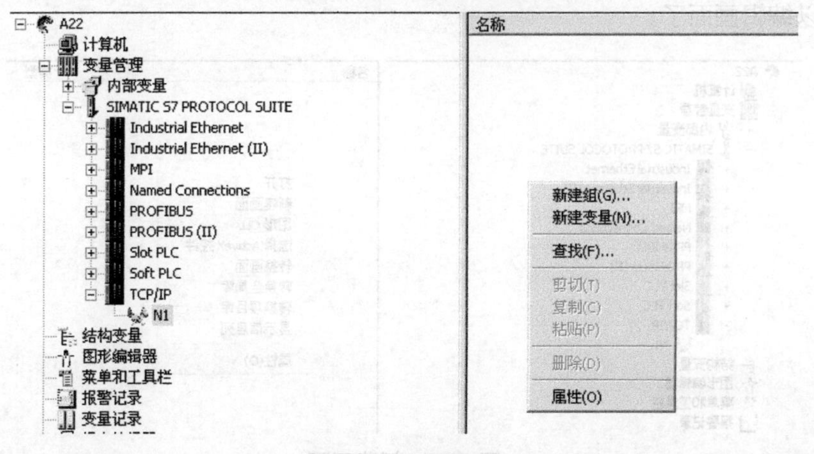

图 2-13　新建变量

数据类型选择“有符号 16 位数”，见图 2-14，地址选择“位内存”—“字”—“0”，见图 2-15。

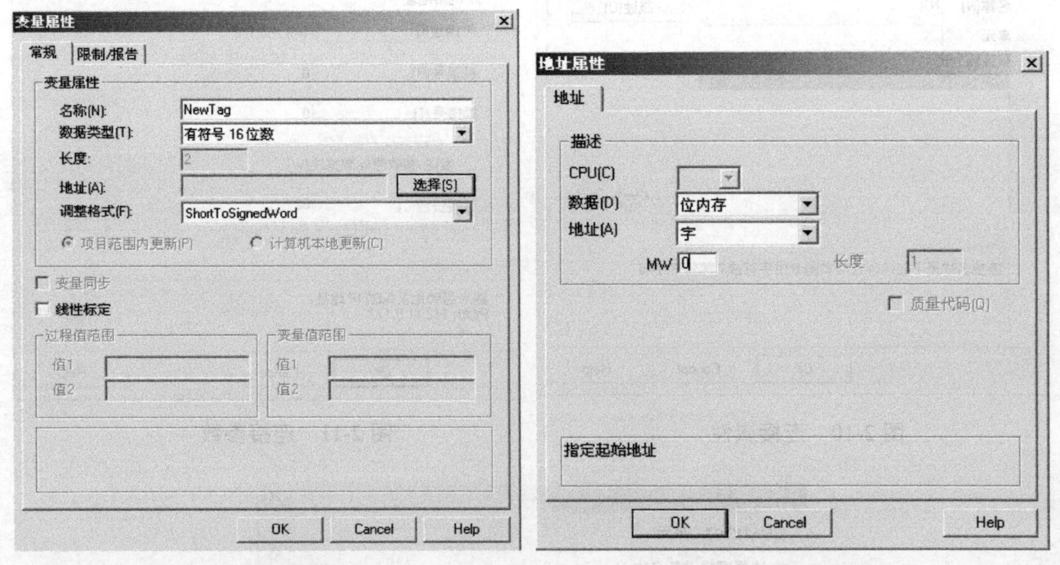

图 2-14 变量属性　　　　图 2-15 地址属性

由此建立了一个链接到 CPU 的内存地址 MW0 的变量。

重复上述的过程再建一个变量，地址仍然指向 MW0，见图 2-16。

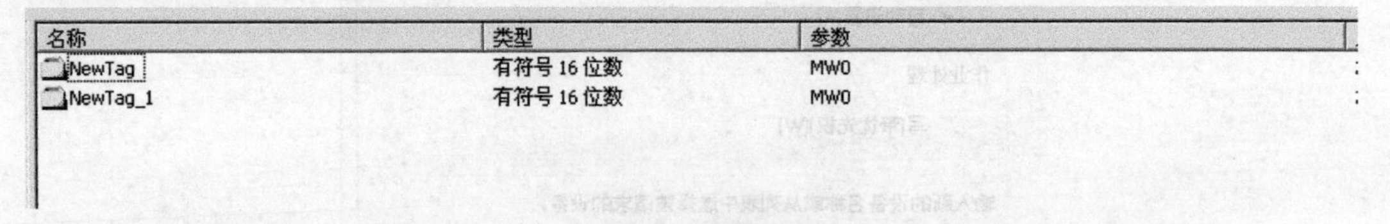

名称	类型	参数
NewTag	有符号 16 位数	MW0
NewTag_1	有符号 16 位数	MW0

图 2-16 变量列表

为了验证通信成功，需要建立一个简单的画面，把这两个变量放在画面上，运行显示其值。

建立画面部分，后面所有的通信实验都要用到，都需要回来这里参考同样操作。

回到画面编辑器，右边空白处点击右键，选择“打开”，见图 2-17。即打开了画面编辑器，可以编辑画面了。

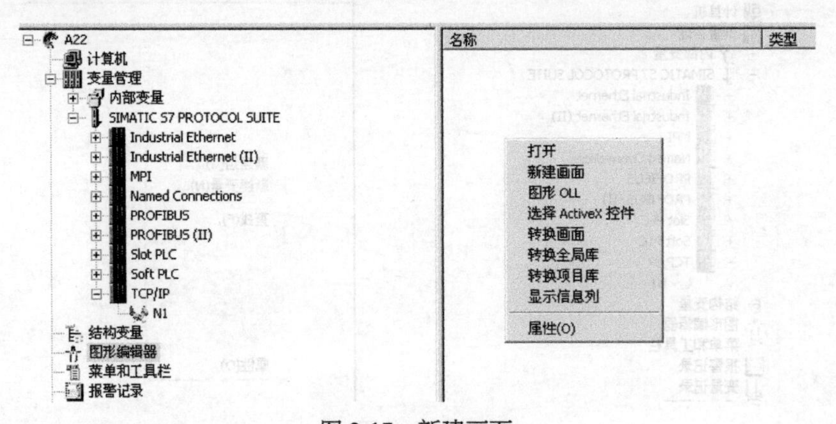

图 2-17 新建画面

画面布局如图 2-18 所示。

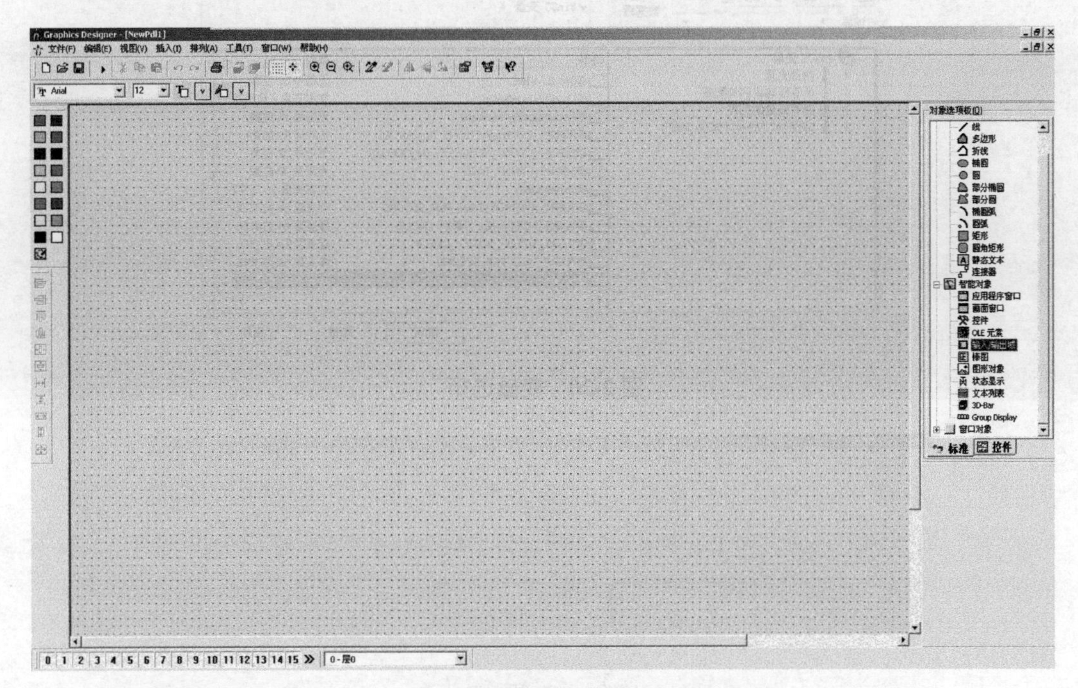

图 2-18　画面编辑器布局

右边对象选项板中选择输入/输出域，添加到画面上。弹出的窗口中，点右边的按钮，进行变量选择，见图 2-19。

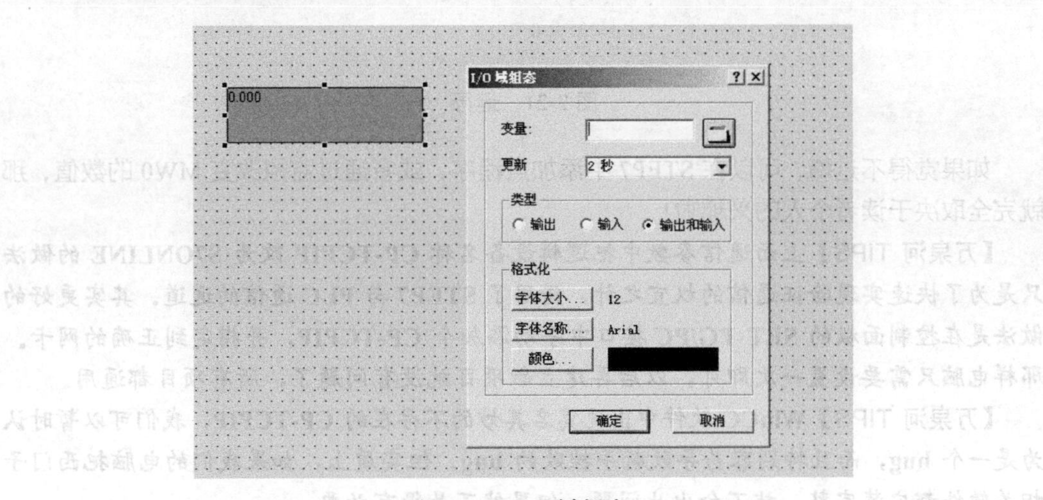

图 2-19　I/O 域组态

找到新建的变量，选中，见图 2-20。

重复再建一个 I/O 域，链接到第二个变量。

在上方工具栏处点“保存”右侧的三角形运行按钮▸，运行效果如图 2-21 所示。

通信连接正常后，如图所示，在左边的 I/O 域随便输入一个值，右边的显示也同步变化。

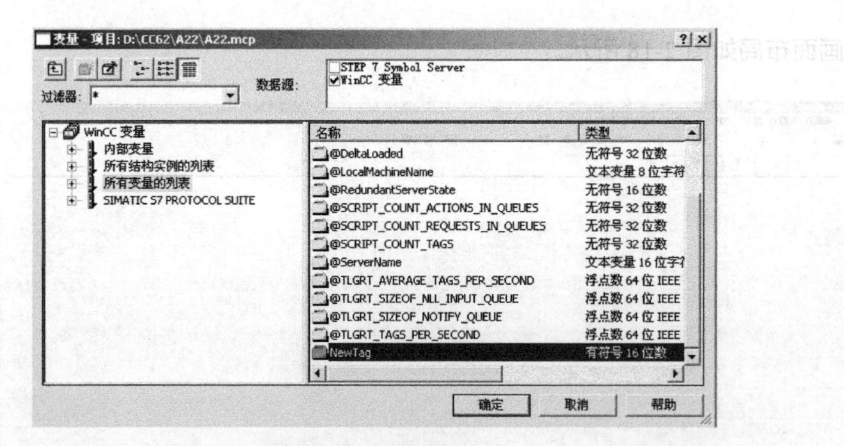

图 2-20　变量选择

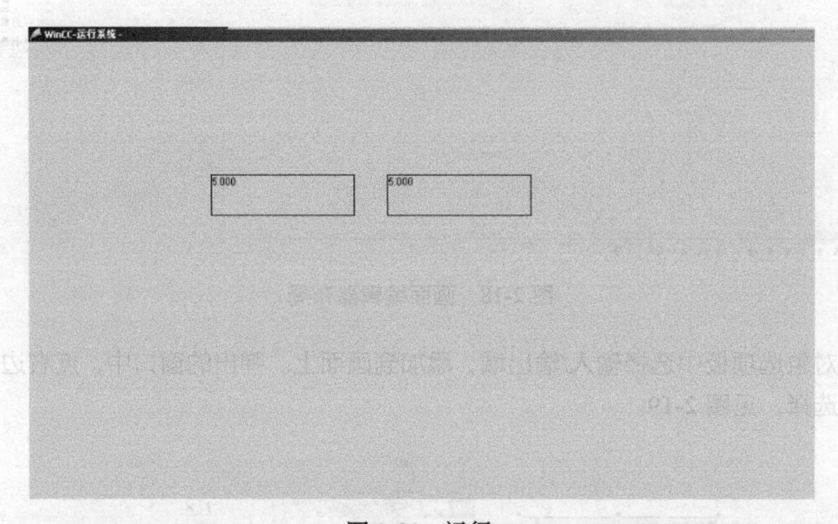

图 2-21　运行

如果觉得不过瘾，可以在 STEP7 中添加点程序，或者通过监控改变 MW0 的数值，那就完全取决于读者个人的兴趣啦！

【万泉河 TIPS】上面通信参数中把逻辑设备名称 CP-TCPIP 改为 S7ONLINE 的做法只是为了快速实现验证通信的权宜之计，借用了 STEP7 与 PLC 通信的通道。其实更好的做法是在控制面板的 SET PG/PC 接口中手动添加个 CP-TCPIP，并指定到正确的网卡。那样电脑只需要设置一次即可，以后再建立新项目就没有问题了，所有项目都通用。

【万泉河 TIPS】WinCC 软件中出现莫名其妙的不存在的 CP-TCPIP，我们可以暂时认为是一个 bug，而且特别容易导致新手挫败的 bug。但实质上，如果我们的电脑把西门子相关软件都安装完整，就不会出此问题。但显然不是很有必要。

2.3　S7-300 MPI 通信（V6.2）

传统的 S7-300 CPU 每个都有 MPI 编程口，WinCC 也可以使用这个编程口来与 CPU 建立通信连接。使用 MPI 接口的原因是很多旧型号的 CPU 根本没有 PN 接口，所以这里照样演示一下，但使用的 CPU 硬件和上一节是一样的。

硬件：

① S7-300 CPU，实验型号：CPU314C-2PN/DP；订货号：6ES7 314-6EH04-0AB0。

② 笔记本电脑，已经安装好 STEP7 和 WinCC V6.2。

③ 编程适配器 PC ADAPTER，订货号 6ES7-972-0CB20-0XA0。

实现步骤：

① STEP7 简单组态编程，仍旧使用上一节的程序。

② Set PG/PC Interface 设置 S7ONLINE(STEP7)—>PC ADAPTER (MPI)，见图 2-22。

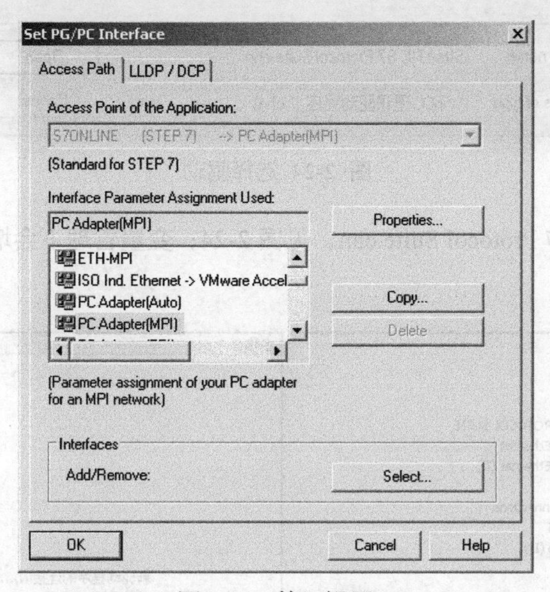

图 2-22 接口设置

③ 下载程序（配置）到 CPU。

其实也根本没有做什么编程和设置，更大意义上还是验证了一下 STEP7 和编程电缆功能正常而已。

下面开始正式的 WinCC 的设置，运行 WinCC Explore，新建立一个单用户项目 A23。

在变量管理的位置点击右键“添加新的驱动程序”，见图 2-23。

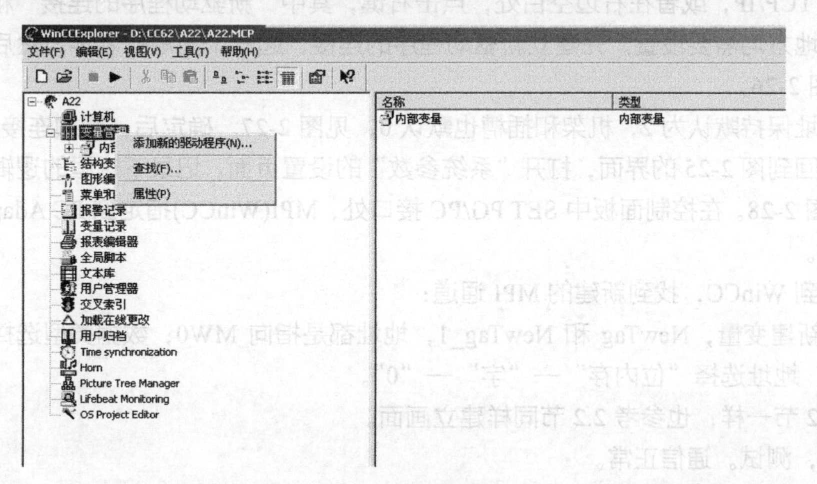

图 2-23 添加驱动

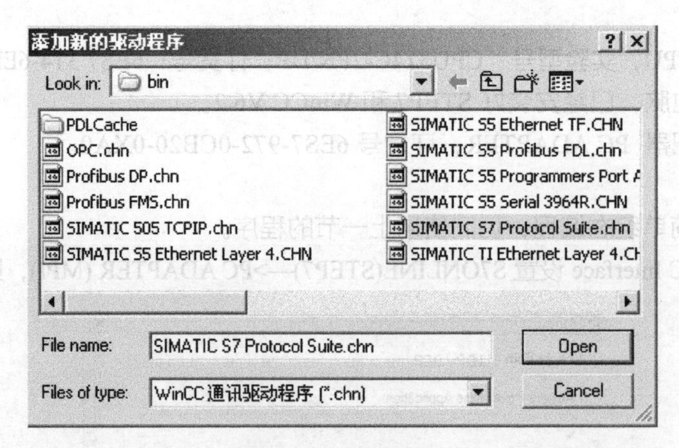

图 2-24 选择驱动

选择 SIMATIC S7 Protocol Suite.chn，见图 2-24；变量管理下会增加这个通道的协议，见图 2-25。

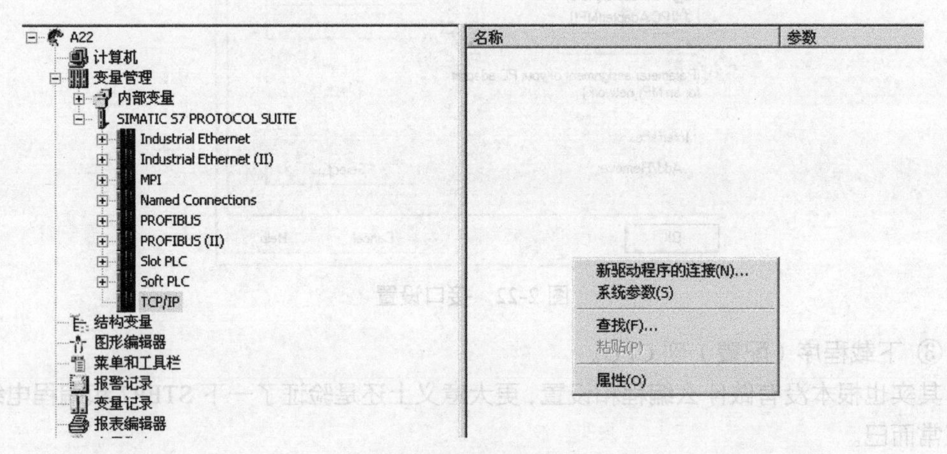

图 2-25 S7 协议

选择 TCP/IP，或者在右边空白处，点击右键，其中“新驱动程序的连接”和“系统参数”两个地方均需要设置。先建立新驱动程序的连接，起一个简短的名字，然后点击“属性”，见图 2-26。

站地址保持默认为 2，机架和插槽也默认 0，见图 2-27。确定后，增加连接完成。

然后回到图 2-25 的界面，打开“系统参数”的设置页面。记录下这里的逻辑设备名称 MPI，见图 2-28。在控制面板中 SET PG/PC 接口处，MPI(WinCC)指定到 PC Adapter(MPI)，见图 2-29。

还回到 WinCC，找到新建的 MPI 通道：

2 个新建变量，NewTag 和 NewTag_1，地址都是指向 MW0；数据类型选择“有符号 16 位数”，地址选择“位内存”—“字”—“0”。

与 2.2 节一样，也参考 2.2 节同样建立画面。

运行，测试。通信正常。

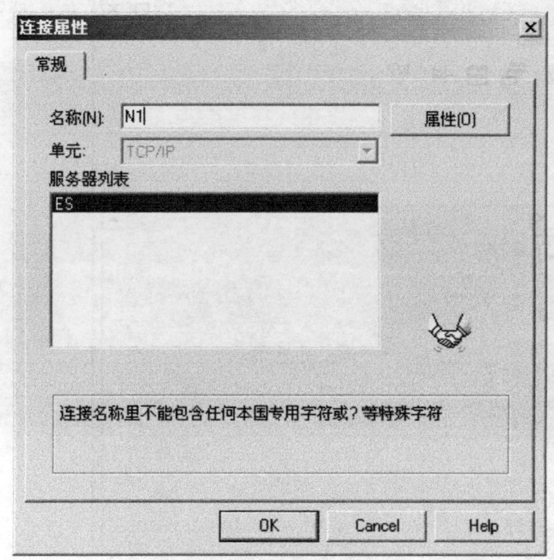

图 2-26　连接属性

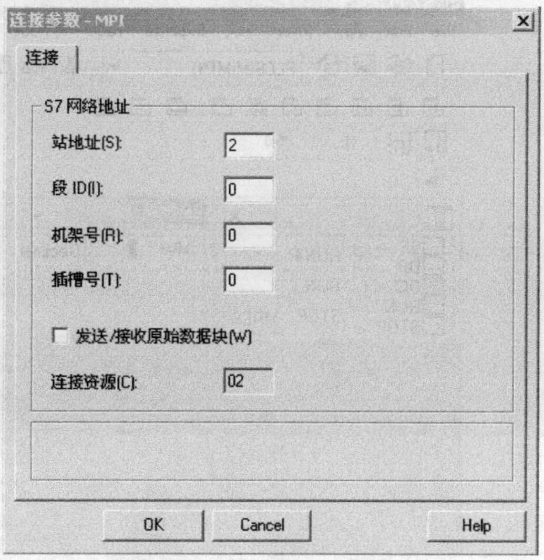

图 2-27　MPI 参数

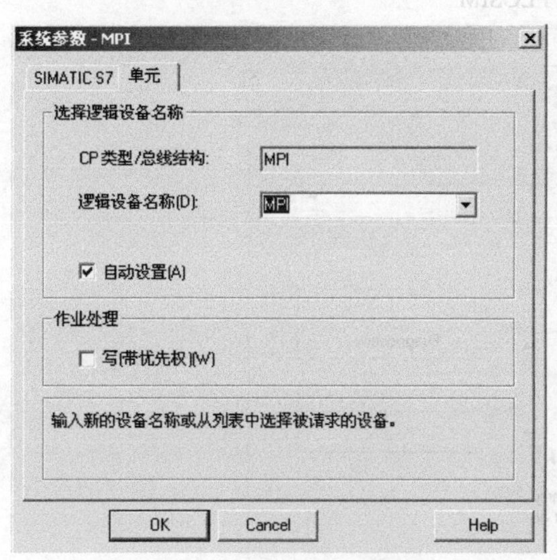

图 2-28　系统参数设置

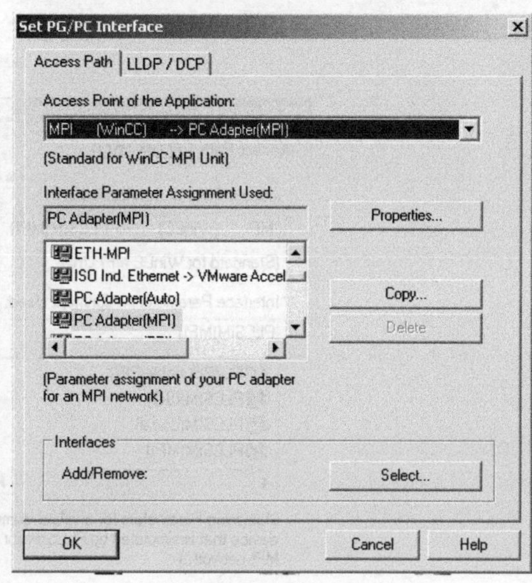

图 2-29　接口设置

2.4　S7-300 PLCSIM 通信（V6.2）

在没有硬件 CPU 的情况下，可以使用软件的模拟器 PLCSIM，来模拟 PLC 的功能，WinCC 与之通信，实现功能测试。

首先，按照 2.3 节的模式设计 PLC 程序和 WinCC 程序。只是需要在下载程序之前，打开 PLCSIM，见图 2-30。

选择接口为 PLCSIM（MPI），然后下载程序。

然后检查控制面板的 SET PG/PC 接口，见图 2-31。

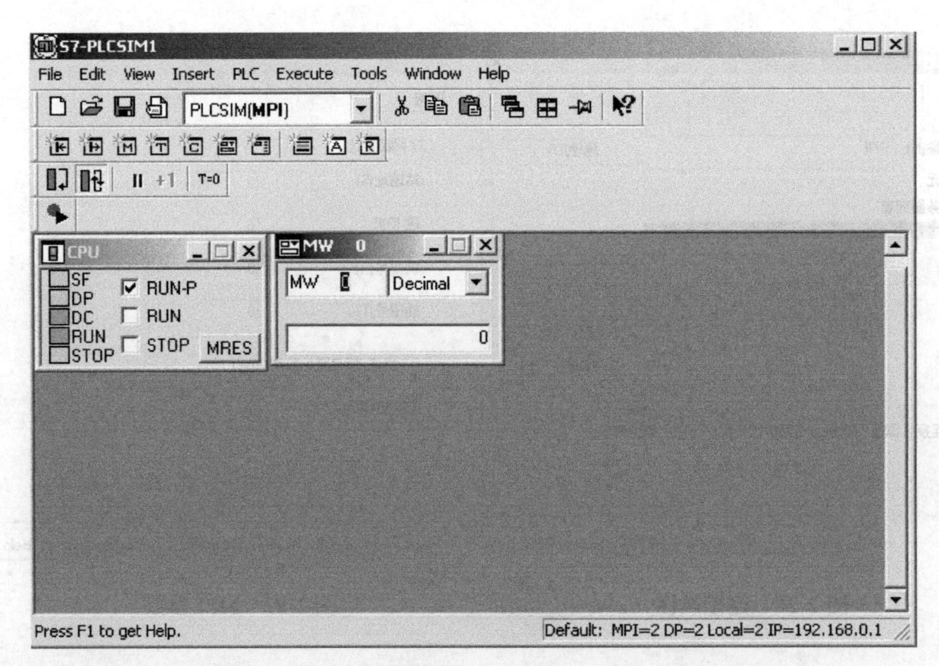

图 2-30 PLCSIM

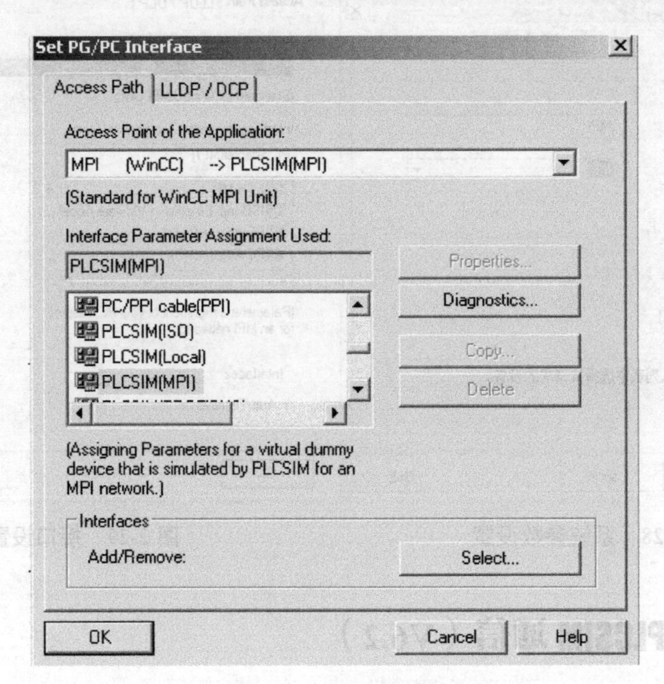

图 2-31 接口设置

MPI 接口有时会自动切换为 PLCSIM，如果未自动切换，则手动切换。

PLCSIM 和 WinCC 均切换到运行状态，即可以实现通信监控。

同样的步骤，可以使用 TCP/IP 接口实现 PLCSIM 和 WinCC 的通信，有兴趣的读者可以自己测试。

注意观察，这个模式下，S7ONLINE 被自动切换为 PLCSIM(TCP/IP)。

2.5 S7-200 通信（V6.2）

由于 WinCC 并未提供与 S7-200 直接通信的驱动，西门子提供了专用于 S7-200 的 OPC 软件 PC Access，可以用于 PC 上位软件与 S7-200 通信时 OPC 协议做中间转换。WinCC 自然也可以使用。

软件和硬件列表：

① S7-200 CPU，实验型号：CPU224XP CN。

② 笔记本电脑，已经安装好 STEP7 MicroWin 和 WinCC V6.2。

③ 编程适配器 PC ADAPTER，订货号 6ES7-972-0CB20-0XA0。

④ PC Access V1.01 软件，并安装到电脑上。

步骤：

首先，通过设定通信接口到 PC Adapter (PPI)，联机搜索到 CPU，见图 2-32。

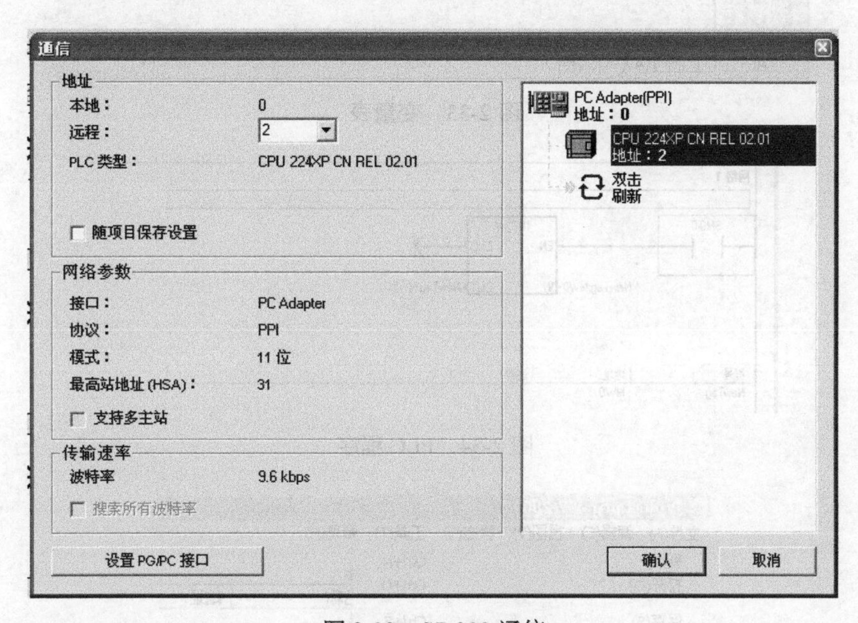

图 2-32 S7-200 通信

更新项目中的 PLC 类型。

建立符号表变量，连接到 MW0，见图 2-33。

另外将符号表的原中文表名改为英文。后面可以多次看到这个英文名，如果用中文，这些地方都有可能产生不兼容错误。所以尽量避免。 包括变量名也尽量不要使用中文命名。

编制简单的累加程序，见图 2-34。

然后项目保存为 S7-200.MWP，并下载到 CPU。

运行 PC Access 软件，见图 2-35。

开始菜单中选择“输入符号”，选择刚才的项目文件 S7-200.MWP，导入完成，如图 2-36 所示。

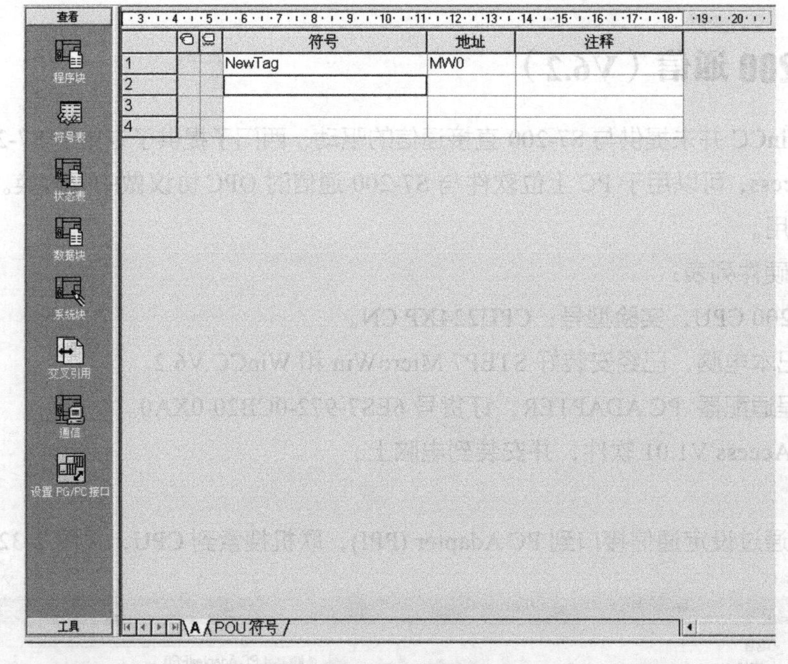

图 2-33 变量表

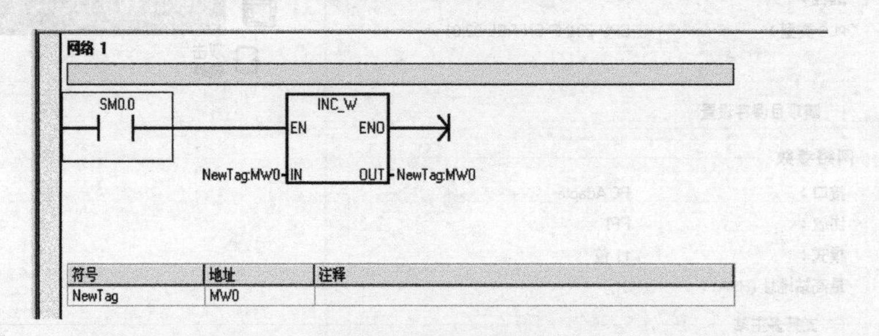

图 2-34 PLC 程序

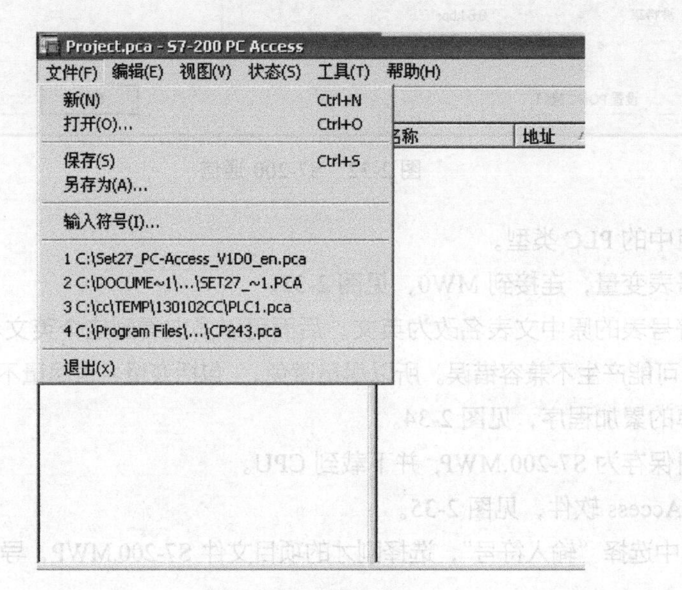

图 2-35 PC Access

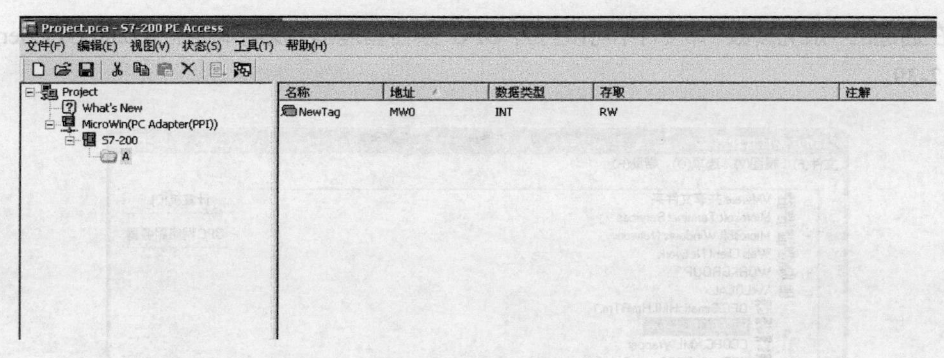

图 2-36 导入完成

保存 PC Access 的项目文件。由于这也是工程项目的一部分，所以建议与 WinCC 项目程序保存在同一个项目文件夹。压缩备份时自动同时备份。

PC Access 打开测试客户机，可以看到已经成功从 PLC 读到了数据，见图 2-37。

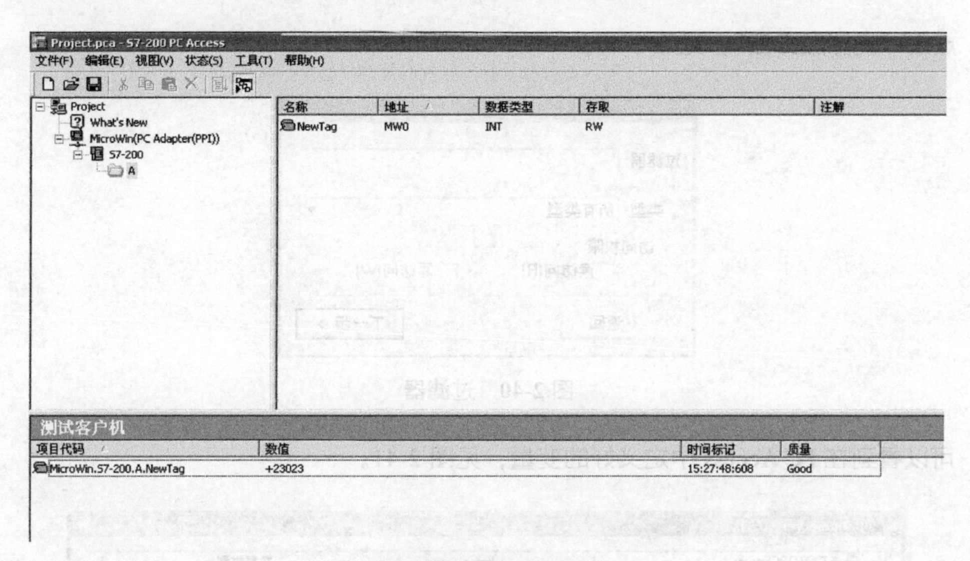

图 2-37 测试客户机

打开 WinCC，新建项目，并新建驱动程序连接，选择 OPC.chn，见图 2-38。

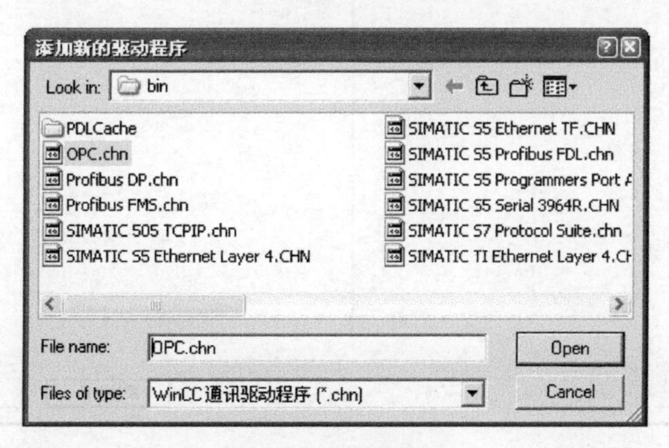

图 2-38 OPC 驱动

在通道的“系统参数”命令中，可以打开 OPC 条目管理器，找到本地的 S7200.OPCServer，见图 2-39。

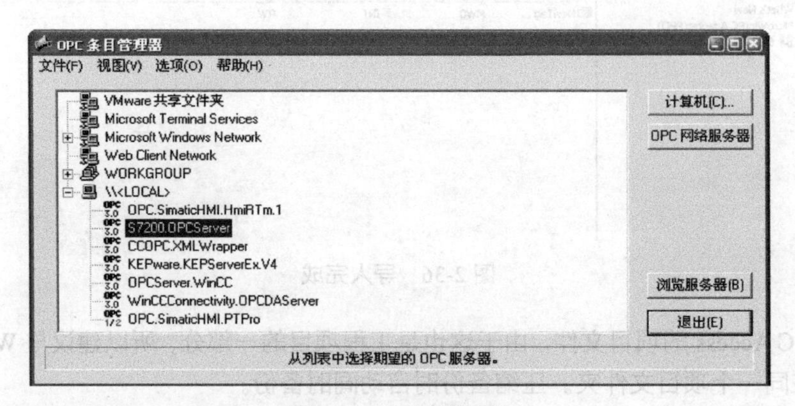

图 2-39　条目管理器

点击“浏览服务器”，见图 2-40。

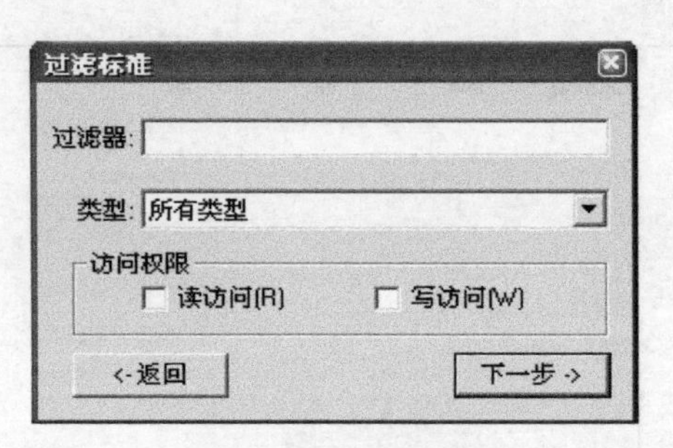

图 2-40　过滤器

可以看到在 PC Access 中定义好的变量，见图 2-41。

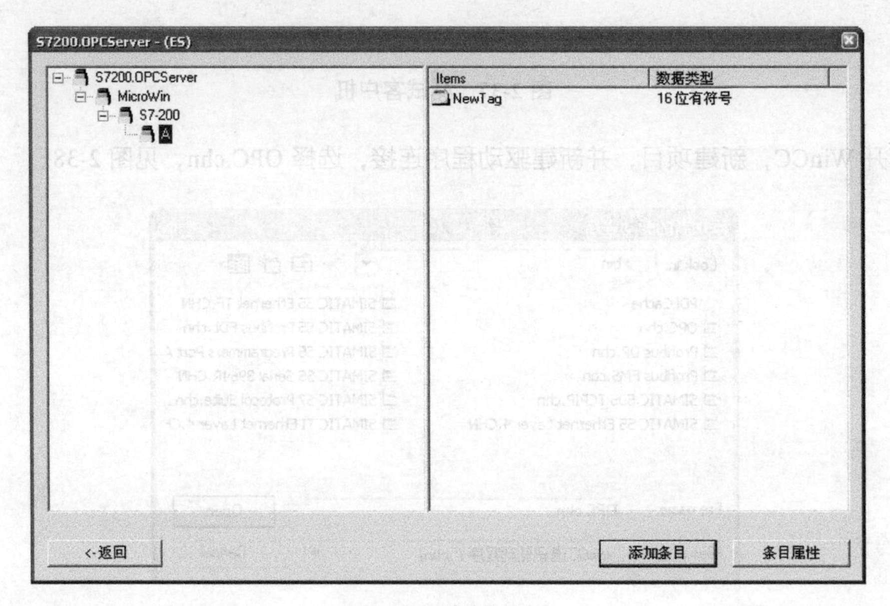

图 2-41　变量列表

添加条目，见图 2-42。

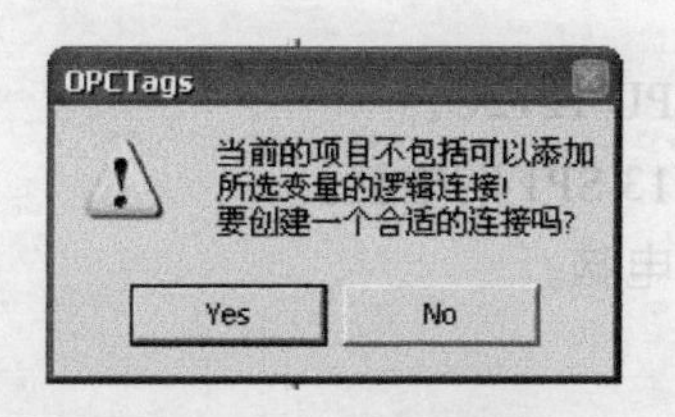

图 2-42　创建连接

点击“Yes”，然后发现增加了一个驱动链接，且变量已经生成，见图 2-43。

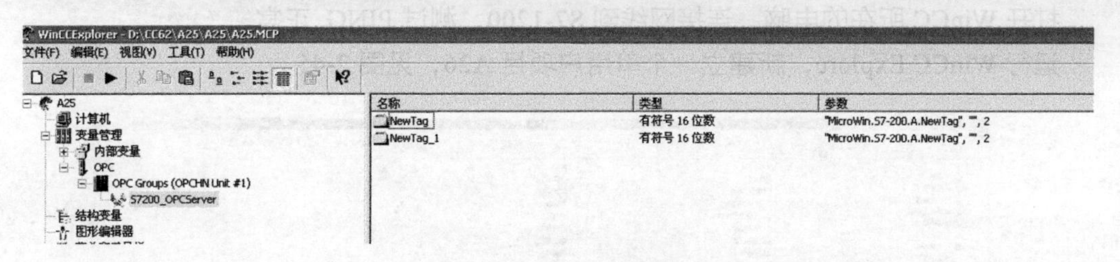

图 2-43　WinCC 变量

将变量复制并粘贴，生成一个副本，以符合前几节的画面的模式。

把前面所做的项目的画面从 GraCS 目录中复制到本项目中，然后运行，见图 2-44。可以看到数据已经通信上来了。

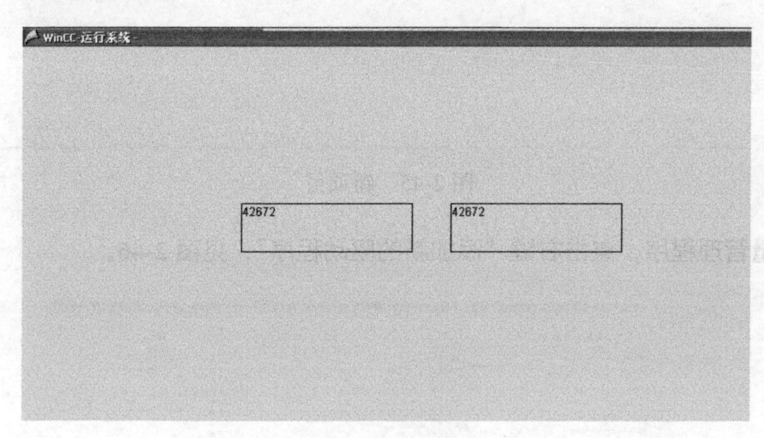

图 2-44　运行

2.6　S7-1200 通信（V7.3）

WinCC V7.2 之后的一大亮点是可以和 S7-1200/1500 直接通信了。而之前的 V7.0 以及更早的版本因为比 S7-1200 诞生的时间还早，所以没有直接集成这个通信功能，还需要使用 SIMATIC NET OPC 服务软件来做中转。

由于本质上 WinCC V7.x 还仍然属于 S7 架构下的产品，而 S7-1200 属于 TIA PORTAL 家族的产品，而且其软件内部也内嵌了 WinCC PORTAL 的版本，所以两个软件最好是不要装在同一个电脑上，而是要通过不同的电脑（虚拟机）分别安装，避免互相干扰和不兼容。

软件和硬件列表：

① S7-1200 CPU，型号 CPU 1212C。

② 安装了 TIA PORTAL V13 SP1 的电脑。

③ 安装了 WinCC V7.3 的电脑。

④ 网线。

步骤：

首先在 TIA PORTAL 的电脑上配置 CPU 的 IP=169.254.1.2，或找到 CPU 的 IP，备用。

测试 PING 指令，可以正常通信。

打开 WinCC 所在的电脑，连接网线到 S7-1200，测试 PING 正常。

运行 WinCC Explore，新建立一个单用户项目 A26，见图 2-45。

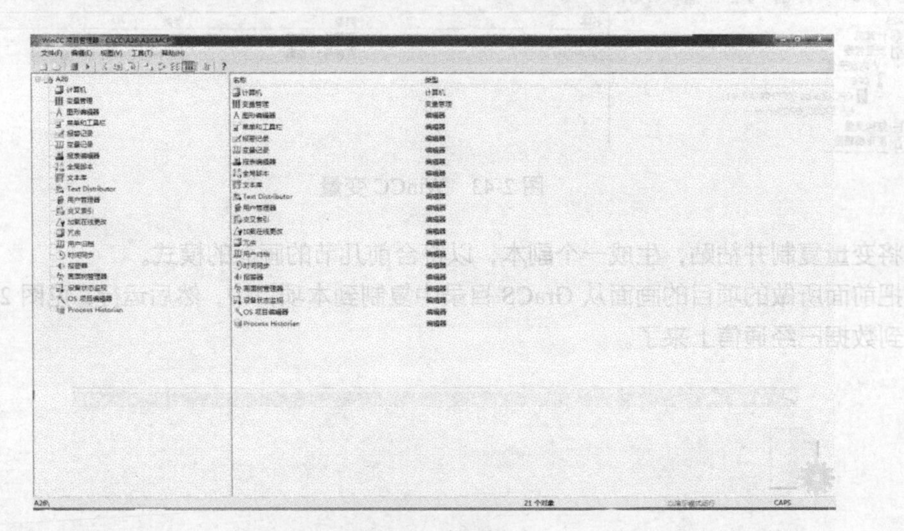

图 2-45 新项目

打开变量管理程序，点击右键“添加新的驱动程序”，见图 2-46。

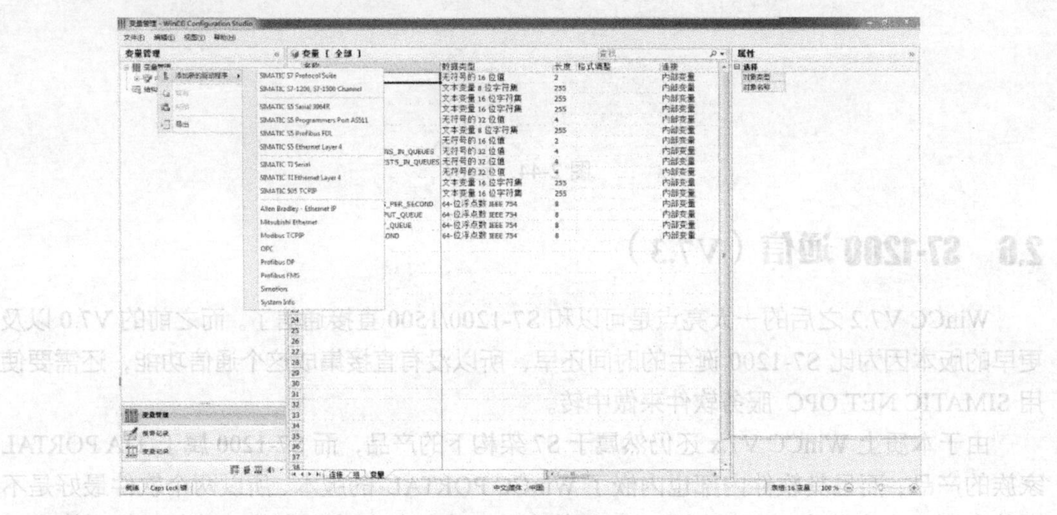

图 2-46 新驱动

选择 SIMATIC S7-1200，S7-1500 Channel，然后新建连接 N1。选择新建的连接，点击右键，选择连接参数，见图 2-47。

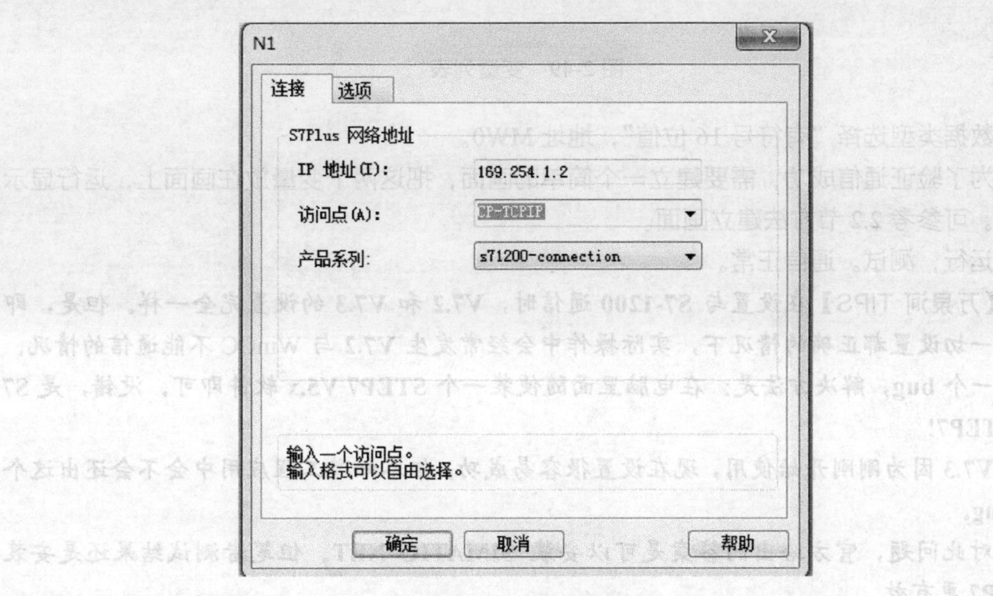

图 2-47　连接参数

按图 2-47 中设置和选择 IP 地址、访问点和产品系列。记录下唯一的访问点名称 CP-TCPIP。

Windows 操作面板中打开设置 PG/PC 接口，创建一个新的逻辑接口：CP-TCPIP，并指定到正确的物理网卡（TCPIP），见图 2-48。

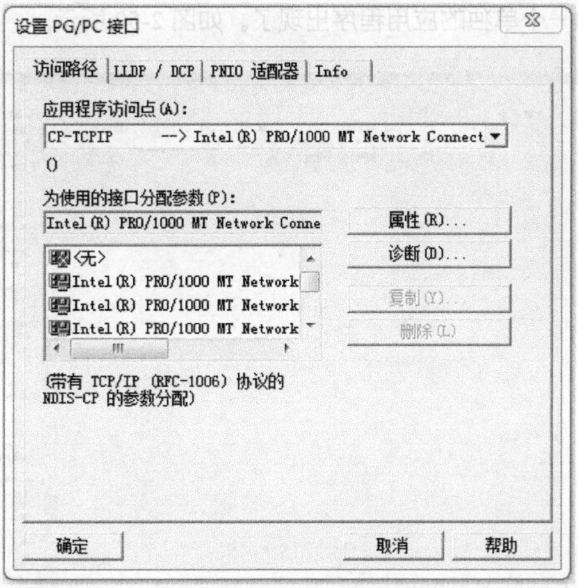

设置 PG/PC 接口
访问路径 | LLDP / DCP | PNIO 适配器 | Info
应用程序访问点(A):
CP-TCPIP --> Intel(R) PRO/1000 MT Network Connect
()
为使用的接口分配参数(P):
Intel(R) PRO/1000 MT Network Conne
<无>
Intel(R) PRO/1000 MT Network
Intel(R) PRO/1000 MT Network
Intel(R) PRO/1000 MT Network
属性(R)...
诊断(D)...
复制(Y)...
删除(L)
(带有 TCP/IP (RFC-1006) 协议的
NDIS-CP 的参数分配)
确定
取消
帮助

图 2-48　接口设置

回到 WinCC 变量管理，在变量列表中新建变量，见图 2-49。

变量 [N1]　　查找

	名称	数据类型	长度	格式调整	连接	组	地址	线性标定	AS 值范
1	NewTag	有符号的 16 位值	2	ShortToSignedWord	N1		MW0	☐	
2	NewTag_1	有符号的 16 位值	2	ShortToSignedWord	N1		MW0	☐	
3									
4									

图 2-49　变量列表

数据类型选择“有符号 16 位值”，地址 MW0。

为了验证通信成功，需要建立一个简单的画面，把这两个变量放在画面上，运行显示其值。可参考 2.2 节方法建立画面。

运行，测试。通信正常。

【万泉河 TIPS】在设置与 S7-1200 通信时，V7.2 和 V7.3 的设置完全一样。但是，即便在一切设置都正确的情况下，实际操作中会经常发生 V7.2 与 WinCC 不能通信的情况。这是一个 bug，解决方法是：在电脑里面随便装一个 STEP7 V5.x 软件即可。没错，是 S7 的 STEP7!

V7.3 因为刚刚开始使用，现在设置很容易成功，但不知道工程应用中会不会还出这个大 bug。

对此问题，官方给出的答案是可以安装 SIMATIC NET。但笔者测试结果还是安装 STEP7 更有效。

2.7 WinCC V7.x 的同类通信

如果安装的是 WinCC V7.x，前面章节讲到的与 S7-300 的通信，无论是 MPI、TCP/IP 还是 PLCSIM，都可以用相同的步骤实现。

唯独在 WinCC V7.2 以后，变量管理的界面不再是集成在 WinCC Explore 的大框架下进行管理，而是作为一个单独的应用程序出现了。如图 2-50 所示。

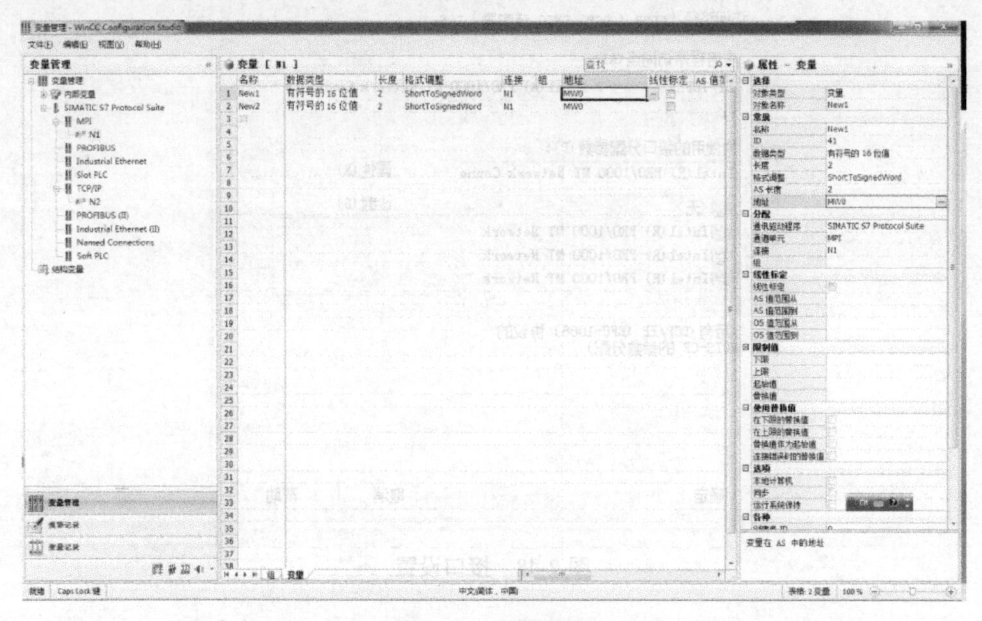

图 2-50　变量管理

因为界面变化较大，所以需要逐渐适应。但原来需要设置的添加驱动、修改参数等步骤，都还需要做，弹出窗口模式也差不多。

变量的参数、地址信息等，则是在画面右侧的边栏中直接输入了。

进步的地方是，程序中央的变量列表，更接近于 EXCEL 电子表格了，可以使用很多 EXCEL 的拖拉、复制等方式。 甚至支持与 EXCEL 单元格的直接复制与粘贴，这是个喜讯，实际工程使用中，确实方便多了。

Windows7 以后的控制面板的显示形式和 WinXP 也有较大的区别，所以导致设置 PG/PC 接口不太容易找到，需要将显示模式从类别改为大图标和小图标模式后可以找到。

WinCC V7.x 与 S7-200 的通信：

由于 S7-200 较早地停止了研发和更新，所以在 Win7 64 位下的驱动支持不太友好，不建议入门者涉及。替代方案是要么参考 2.5 节使用 WinCC V6.2；要么参考 2.6 节，把 CPU 升级为 S7-1200。

第 3 章

WinCC 变量管理

3.1 变量类型

在 WinCC 信息系统和 WinCC 手册中，对应的此章节开始介绍 WinCC 中所支持的数据类型，但其实初学者完全不必都看，只稍微了解一些重要的基本变量类型即可。其他复杂的数据类型，以后逐渐提高水平，用到了再看。本书的提高篇也会再次谈论此话题，但在入门篇，则只介绍 3 种主要的常用变量：开关量、整数和浮点数。

有一个概念需要先澄清，电脑里的变量类型和 PLC 中的变量类型并不是完全一致。因为两者的 CPU 性能不一样，架构也完全两样。WinCC 只是把 PLC 中的变量转化折算到电脑中相近的类型，所以从外在看，感觉不到两者的差异了。而实质上，变量数据不管是在 PLC 中还是在数据通信的数据流中，都是按照自身约定的协议构建和传输的。 只不过 WinCC 的驱动在后台实现了这些转换。这也是驱动的主要功能。

由于各品牌 PLC 的内部变量数据类型都各有不同，所以帮助手册中都是按照通信的种类，又单独介绍了每一个支持的数据类型，内容就显得繁琐、重复。而本书介绍的这 3 种变量，是各种 PLC 都通用的，所以可以统一介绍。

（1）开关量

在 PLC 中叫做开关量，或者 BOOL，在 WinCC 中叫做二进制变量，在其他软件中也可能叫做离散型变量，但总的来说都是一回事，都是一个二进制的 0 或者 1，对应 false 或者 true 的概念，在 PLC 中可以是输入或输出的一个位（bit），也可以是内存 M 区或者 DB 块的一个位，总之 WinCC 都可以直接读取。 其实本质上是 PLC 允许 WinCC 来读取或者修改。

（2）整数

在 PLC 中叫做位 int，在 WinCC 中叫做有符号 16 位数。对应的 PLC 中的地址区需要为一个字（WORD），16 个位（bit），表达的范围是−32768 ~ 32767。

上一章节的通信实验中，建立的变量就全部是整数类型的。

（3）浮点数

在 PLC 中对应的数据类型是 REAL 之类，而在 WinCC 中则是浮点数 32 位 IEEE754。通常对应的 PLC 中的地址区为一个双字（DWORD），表达的数据范围非常大，就不必关心了。总的来说，它的精度是固定的，只有固定的几位。当数据小时，精确到小数点后位数比较多。而随着数值变大，则逐渐向左移甚至到小数点的左边几位之后。

3.2 内部变量

在连接到 PLC 的外部通信之前，系统就已经自动生成了内部变量的目录，并在其中给自动生成了部分系统变量，它们分别是以@为首字符，代表是系统变量的意思。其中有几个常用的变量，见表 3-1。

表 3-1 系统变量

变量名	数据类型	长度	说明
@CurrentUser	文本变量 8 位字符集	255	登录用户名
@CurrentUserName	文本变量 16 位字符集	255	登录用户名
@DatasourceNameRT	文本变量 16 位字符集	255	数据库连接的 DSN
@LocalMachineName	文本变量 8 位字符集	255	当前计算机名

这些变量大都是只读的，系统中需要的地方可以使用。

除此之外，还可以人工建立一些内部变量，以供 WinCC 内部使用。比如可以用来保存某些计算的结果，用在画面显示和历史记录，与普通变量没啥不同。

WinCC V6.x 之前的版本，每次停止运行，内部变量的值都丢失。从 V7.x 之后，可以选择保存运行状态。这个功能很好用，许多以前很困难的功能，现在简单多了。

内部变量还有一个重要的功能是，在没有建立外部通信之前，仅仅为了测试一些画面的效果等，就可以先临时建立内部变量，来进行测试。

本书后面的讲解演示中，会大量使用内部变量实现。

【万泉河 TIPS】WinCC 软件提供了变量模拟器 WinCC TAG Simulator，可以用来模拟内部变量，但笔者从来不用它，因为不好用！在画面修改变量或者 PLCSIM 都可以轻松搞定的功能，谁还用它呢！

3.3 通信外部变量管理

在 WinCC 和 PLC 建立通信之后，便需要根据控制功能的需要，从约定的 PLC 地址空间读取数据，即所谓的建立变量表。

一般来说，如果 PLC 程序与 WinCC 程序是不同的设计人员分头设计，那么 PLC 的编程人员需要整理一个完整的变量表的文档，比如 EXCEL 表格，提供给 WinCC 设计人员，后者通过参照这个整理好的列表，在 WinCC 中建立变量表。

而如果是一个小项目，即便 PLC 程序与 WinCC 程序都是同一个人编制的，通常也会整理这样的一个文档，一方面作为两项工作间交接的接口，同时也作为项目文档的一部分，后期审核整理的时候一目了然。

有了这个接口文档，在 WinCC 中工作的时候，就不再需要打开 PLC 的程序，甚至电脑上都不需要安装 PLC 的编程软件，也一样可以完成 WinCC 的设计工作。接口文档模板如表 3-2 所示。

表 3-2 接口文档模板

序号	位号	地址	数据类型	说明
1				
2				
…				

PLC 地址表中的位号，可以直接用作 WinCC 变量的名字。 所以在和 PLC 设计人员对接之前需要先约定好命名规范，尽量不要使用中文，非法符号不能使用，点 (.) 不能使用。请参考笔者在西门子网站发表的科普文章。

[故事][万泉河] S7 与 WinCC 变量命名规范（网址见附录）

知乎上说，这是一个严肃的问题。

嗯，确实这也是一个长久以来困扰我们所有工控人的问题。

我们可以参考下 IT 界的变量命名规范，如：如何优雅地为程序中的变量和函数命名？（分享自@知乎）

查百度百科：变量命名规则，然后我们也可以从中了解到一些匈牙利命名法、google 风格等称谓，但即便你把这些规则全读懂了，也会发现，好像对于工控项目来说，能参考的地方不多，因为他们用到的变量跟我们相比，数量根本不在一个数量级！

工控项目用到的硬件点数几百点是很平常的，规模稍微大一点就是几千点甚至上万点。而除了硬点之外，还要有一些通信和上位控制的虚点，加起来数量就更多了。这些点全都相当于高级编程语言里的全局变量。任何一个高级语言编出来的程序，功能可能比我们做到的复杂，但全局变量绝不可能用到这么多。除非那是个新手，不懂得要模块化编程。

所以，最终工控项目的变量命名规范，我们能参考的经验只有，用英文！

即便英语不够好，也得坚持用英文。因为，中文实在不方便作为变量名字，没法简略，太长，还不容易输入。其次也不可以使用汉语拼音。完整的拼音也太长，而且同音词太多引发歧义多，不能精确描述。而简化了使用拼音首字母的连拼，写出来后简直是天书，除了作者自己，别人根本不可能看懂说的是什么。而且即便作者自己，时间稍微一长，回过头来也可能不明白啥意思了。

其实一个规范的工程项目，所有设备都应该有位号，所以在变量命名的时候，最简单的方式是使用位号来命名，而同一位号之下的各种输入输出，手动、自动、启动、停止、打开、关闭、运行反馈、故障、开度、频率等，就可以统一规范地使用英文了，毕竟这点英文单词数量还不算多。

而具体到位号的命名以及链接了后面的功能点的命名，就不可避免要出现链接符号，综合 S7 的符号表的命名规则和 WinCC 的变量的命名规则，很多符号是禁止使用或者使用中有风险的。比如:/\<>!+,;等基本都不能使用。

作为分隔符来说，点（.）是最方便的。但可惜的是，WinCC 已经缺省当作是结构变量的分隔符了。如果链接 S7-200/S7-1200 的变量，不能使用结构变量，直接通过 OPC 传输的变量，则无法再使用点(.)。

减号（-），现实的文档中经常用，但有风险的恰恰就是它。在它上面笔者曾经吃过亏，一个晚上几个小时，翻来覆去倒腾好几次变量，都是因为这个减号。这里，我只需要提两件事大家可以测试一下。

你在单独起变量名字的时候，不管在 S7 中还是 WinCC 中，都是合法的可以使用的，但如果使用 WinCC V7.2 的变量表复制粘贴功能，你从 WinCC 复制到 EXCEL 还是可以的，但倒过来复制的时候，所有变量名里面的减号都给变成了下划线(_)。

还有就是，如果是模拟量需要进行变量归档，如果又使用了压缩归档，那么在压缩以后，不知道啥时候变量名也给变成了下划线(_)。

是的。原来最好用的是下划线。其实也只有下划线最好用，所以大家在命名的时候都喜欢用它，最终一个完整的位号加功能链接起来后的变量就会到泛滥的程度，这就又出现问题了。比如: LS_DT_8_LEAK_F，LS_DT_9_LEAK_F，LS_DT_12_LEAK_F，LS_DT_13_LEAK_F。

这些变量名在 WinCC 中使用是没有问题的，但如果我要用到变量前缀功能呢？如果 WinCC 程序处理中需要通过变量的分隔符来确定位号和功能，这么多下划线可就乱套了。

在去年年底的一个项目中，我曾经非常痛苦地每天晚上花 4～5 个小时来处理几千个变量的变量表，配合方每发来一次更新的变量表，我就要处理一次，以达到程序可用的规范。更换掉不可以使用的字符，更换掉不合适的使用了下划线的变量。

直到最后，项目已经完工了，突然想到了一个更容易的解决方案，既然滥用下划线，那索性更滥用好了，分隔符的地方，使用连续两个下划线(__)可好？

比如上面的变量名就变成：LS_DT_8__LEAK_F，LS_DT_9__LEAK_F，LS_DT_12__LEAK_F，LS_DT_13__LEAK_F。

我只要和配合方在递交变量点表的时候提前约定这样一个规范不就可以了吗？

后来，又一个 WinCC 报表项目，我查了下项目中的变量的命名方式，直接提出了这样的要求，所以变量名字就变成了：FT-2128__L，FT-2128__S，FT-2128__D，FT-2128__M，FT-BCEG01__L，FT-BCEG01__S，FT-BCEG01__D，FT-BCEG01__M。

当然朋友在做的时候是一头雾水，不明白为啥要这样，现在看到这里，应该也明白了吧。

至于变量名中还有的减号，因为变量已经建立，已经既成事实，就只好将错就错了。

3.4 S7-200 OPC 变量管理

WinCC 和普通的外部通信，变量是在 WinCC 中手动建立的，数据类型也是手动指定的。但 S7-200 通过 PC Access OPC 通信，那么变量其实是导入的方式批量复制过来的。数据是在 OPC SERVER 中已经定义好的。在上一章节中已经简单演示过。但演示的是 int 数据类型，一点问题没有。特殊的是浮点数据类型，由于在 S7-200 的编程的符号表中并没有指定数据类型，符号表中定义的 DWORD，编程中可以用来作为浮点数处理，也可以作为双字的长整数来处理，而在导入到 PC Access 中时，系统并不知道实际使用的数据类型，所以统一都当成 DINT 给导入进来了。

如果就这样直接传到 WinCC，因为数据类型错误，是不可能显示出正确的数值的。所以需要提前在 PC Access 中手动调整这些数据的类型，如图 3-1 所示。

截图中可以看到，前 4 个的数据类型改为了 REAL，而后三个仍然保持为缺省的 DINT。

由于 PC Access 的配置不支持导入和导出为文本格式，所以这些变量只能靠手动逐个修正。不过还好，S7-200 CPU 一般带的模拟量通道数量比较少，所以用到的需要与 WinCC 通信的浮点数也不会很多，逐个修改一遍也不算麻烦。

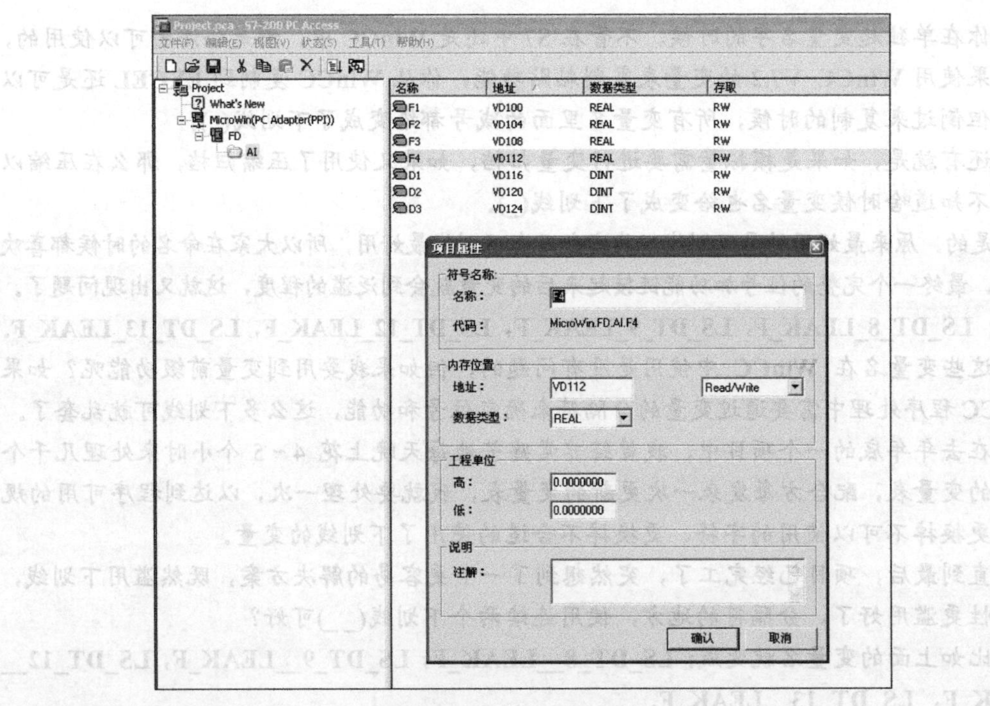

图 3-1　PC ACCESS

但是，如果在项目调试过程中，PLC 中的程序不断修改，不断有新变量需要增加进来，那应该怎么做呢？前面讲的变量表本来是统一导入进来的，那现在如果完全重新导入一次，模拟量数据格式又丢了，又要重来一遍吗？

其实有个技巧，就是第一次导入的 CPU 保持使用，重复再导入整个 CPU 一次，然后从中挑选新增加的变量，复制粘贴到旧的 CPU 中，然后把后导入的 CPU 整体删掉，即可。

同样，需要增加导入到 WinCC 的变量，也从 WinCC 的 OPC 通道的项目浏览器中，逐个选择新变量增加。

3.5　WinCC V7.2 变量管理

V7.2 之后版本的变量管理有了一个与 V6.2 全然不同的操作界面，批量快速编辑变量变得容易很多，是 V7.2 最大的亮点之一，对提高效率有很大的帮助，所以初学者有必要在入门阶段就熟练应用。

而早期的 V7.0/V6.2 及之前的版本，变量批量编辑比较麻烦，会在后面的提高篇中详细介绍，这里就不涉及了。

V7.2 的变量管理的相关功能介绍在“2.7 WinCC V7.x 的同类通信”一节中介绍过，请对照图 2-50。

第 4 章

WinCC 画面设计

在项目中，打开画面编辑器 Graphic Designer，先看一下布局，见图 4-1。

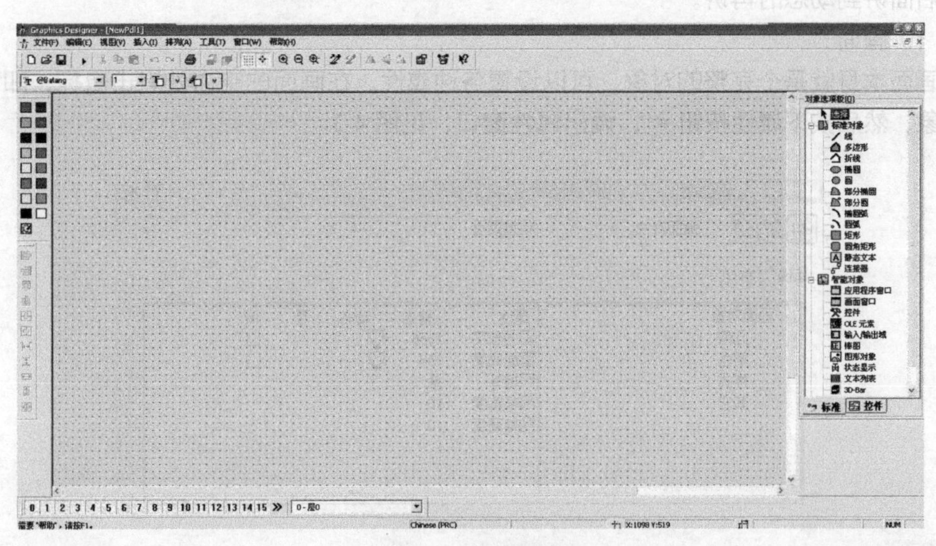

图 4-1 画面编辑器

这是 V6.2 的平常布局，可能不是装机之后的默认布局，因为布局可以调整位置，不常用的工具栏平时可以关闭，需要的时候随时再给调出来，见图 4-2。

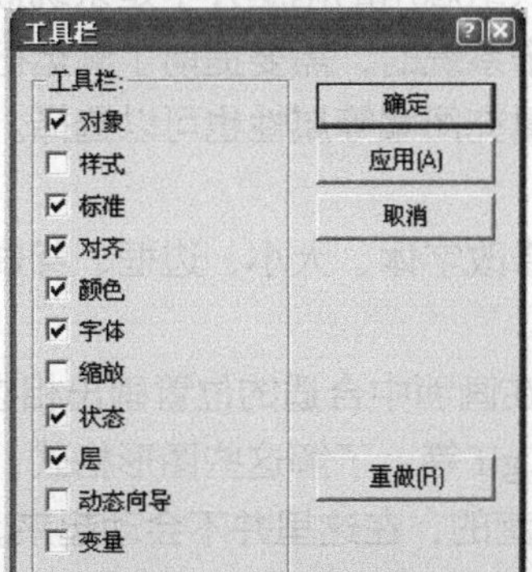

工具栏
工具栏:
对象
样式
标准
对齐
颜色
字体
缩放
状态
层
动态向导
变量
确定
应用(A)
取消
重做(R)

图 4-2 选择工具栏

在学习阶段，即便是不常用的，读者也需要知道它们的存在及使用方法，其中最重要的是动态向导。后面会有章节介绍一些有用的向导工具。

作为一个监控系统来说，所呈现的内容是两部分，一部分是固定不会变化的内容，另一部分则是需要在运行中根据实际的运转状态变化的内容。本章就带领读者朋友们按照这两个分类，快速地过一遍相关的功能。

4.1 静态对象设计

画面中用到的静态内容，通常包括文字、背景图、机械设备、管道，而工具里面那些直线、圆、多边形、折线、椭圆类似的元素，实际设计中基本上没多少用处。最多在某些连接处用于补充而已。

在 WinCC 中，几乎所有的静态对象，都可以给绑定上程序逻辑，可以实现动态效果，这些后面讲到动态时再讲。

（1）画面

画面本身就是个完整的对象，可以设置各种属性。在画面的空白处点击鼠标，即可选中对象，然后按下属性按钮，调出属性窗口，见图 4-3。

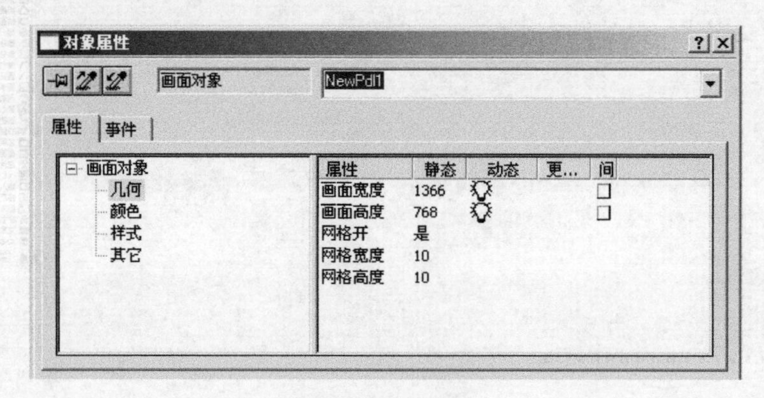

图 4-3 对象属性

画面的尺寸单位是像素，和显示器的像素是一个单位。通常 WinCC 的监控界面是全屏运行的，所以通常设置画面的尺寸与显示器的显示分辨率一样就可以。

但要注意的一点是，有时候组态用的电脑并不是系统最终运行的电脑，显示器的分辨率也就不一样，所以在设计一个系统时，需要提前了解运行工作站的显示器的分辨率。

除尺寸之外，背景颜色、填充图案等属性也可以选择。

（2）静态文字

简单拖入到画面中，可以修改字体、大小、边框、背景颜色等。

（3）背景图

选择智能对象\图形对象，在画面中合适的位置画出相应的大小，选择文件，文件类型可以是 jpg、bmp、emf、wmf、gif 等。了解这些图形格式，对于将来查找匹配的图形格式有用。注意：gif 格式如果是动画的，在这里并不会动起来。

可以在电脑上任何位置选择图片，但图片选择之后都会自动复制存入到项目的 Gracs 目录中，与画面文件一同保存，所以不必刻意备份原图，不必担心丢失。

通常来说，jpg 文件的尺寸会比 bmp 小很多，过多地使用图片，特别是 bmp 图片，会导致项目文件夹增大，所以如果可能，尽量使用 jpg 图片。

背景图对画面来说只是为了增加生动性，或者说只是满足个别用户的喜好，因而不是必需的，但增加了电脑的负担，所以如果不是必需的，不要逢画面必做背景图。尤其是全画面的背景图。

有些时候，直接修改画面的背景颜色，也可以达到赏心悦目的效果。

（4）层的概念

当把图片插入到画面中的时候，很自然就要引入图层的概念了。因为如果把一个图形对象作为整个画面的底图的时候，会发现整个编辑工作变得非常困难。有的时候加进来的对象会落在图片的后面，导致运行中被遮挡，编辑时无法选择。要选择画面中的一个对象的时候，鼠标一点就不小心把底图也给选进来了。

所以这个时候就需要用到层的概念了。WinCC 中层的概念和 CAD 的层的概念类似，只不过功能相对简单些，更方便入手。

画面中每一个对象都可以有个层的属性，可以根据设定的规则把不同的对象放在不同的层中。

简单来说就是数值大的层里面的对象会落在层数值小层里的对象的前面，当发生互相干涉的时候是高层挡住低层。

如果要对低层的对象进行修改，有时候就需要先把高层整体隐藏。

V6.2 的层有多达 32 个。如图 4-4 显示了前 16 层，翻页还可以显示另外 16 层。通常来说前 16 个层也足够使用了。

图 4-4　层

建议根据画面的复杂程度、画面对象的数量多少，来规划层的使用。比如把背景图单独放在 1 层，其他的静态对象放在 5 ~ 8 层，动态对象放在 11 ~ 15 层等。

尽量同一类型的对象放在同一个层，这样，当需要统一修改它们的属性的时候，可以先把其他层都关闭，然后简单框选余下的想选择的对象即可。

其实即便在同一个层里面，对象的叠放也是可以调整上下顺序的，工具栏上有这两个按钮可以调整，但仅仅局限于少数对象之间的偶尔调整，不可滥用。

见过有许多项目，都是因为新手在对软件基本功能都不了解的情况下，根本没有来得及做整体的规划，上来就开工动手，导致做出的项目比较乱，效率低不说，后期维护起来也相当困难。需切忌。

（5）管道及设备

在过程工业中，工艺图中最重要的就是管道了。管路图演示了生产的工艺。

这些相关内容都在库中，打开库浏览显示。

在全局库中打开 Siemens HMI Symbol Library，找到管类，按下超大图标和预览按钮，可以看到各种管件的图标，见图 4-5。

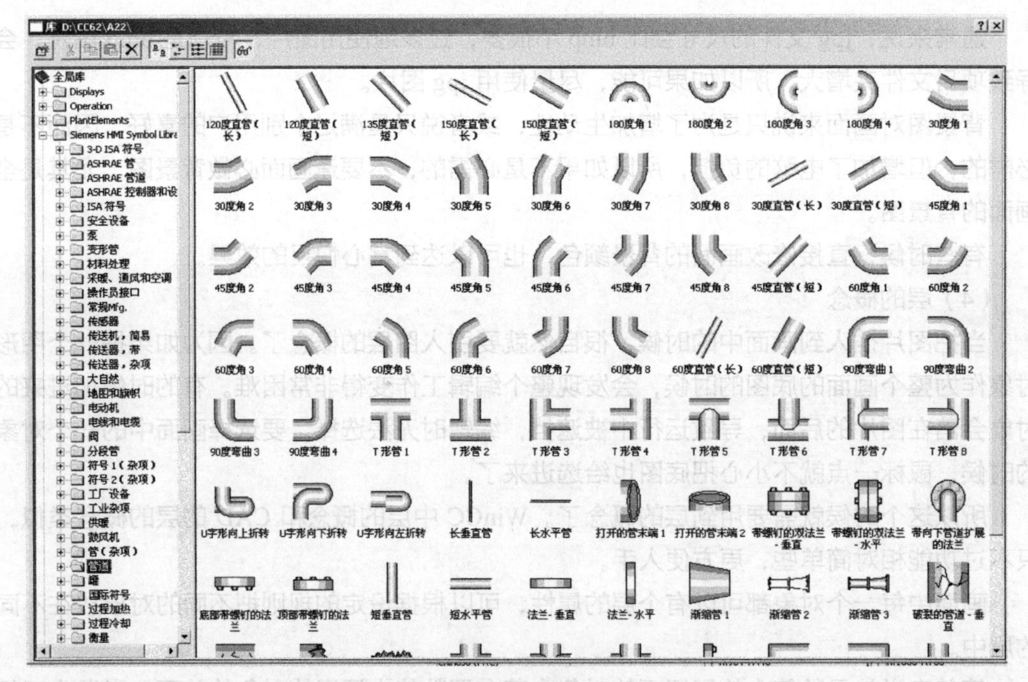

图 4-5　管道

根据工艺图选择管件。如果管道比较长时需要选择长管，如果再长，则选择多个长管衔接。在画面中再按比例缩放，同时调整管道的管径和长度。

可以双击之后设定管件的属性，见图 4-6。包括外观、背景、颜色、反转等各个参数，都逐个试过，选择自己满意的效果，也顺便了解了它们的特性。

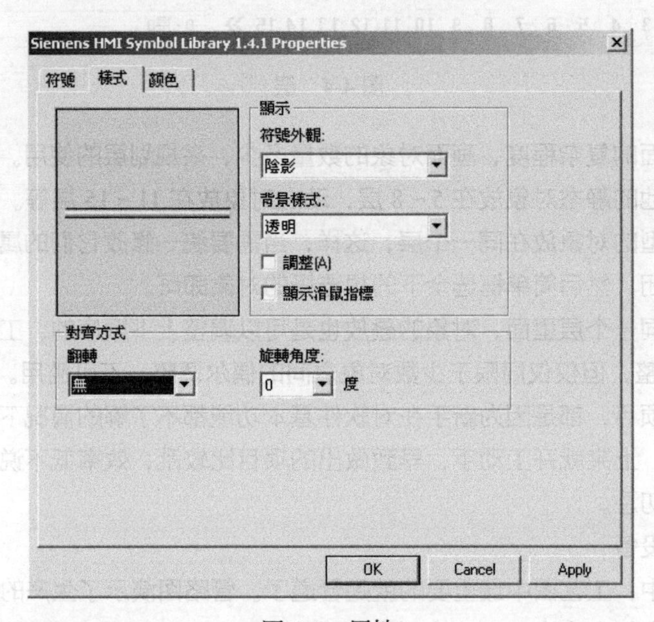

图 4-6　属性

除管道外，还有众多的泵（图 4-8）、风机（图 4-7）、阀（图 4-9）、电动机（图 4-10）、罐等库对象可以选择。

图 4-7　风机

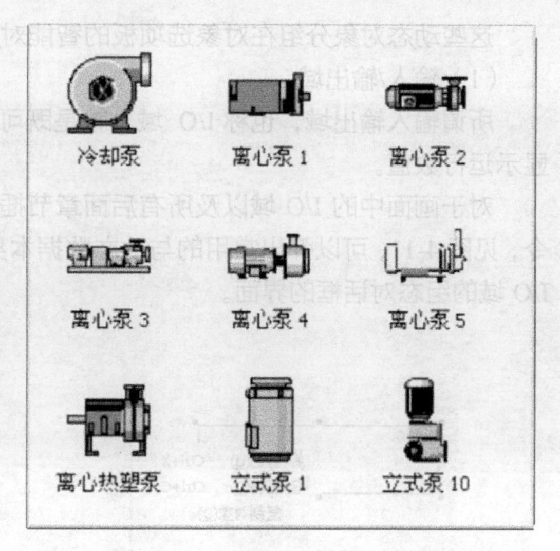

图 4-8　泵

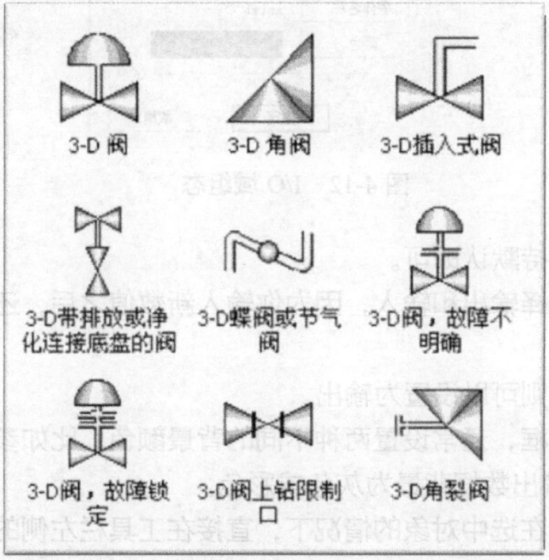

图 4-9　阀

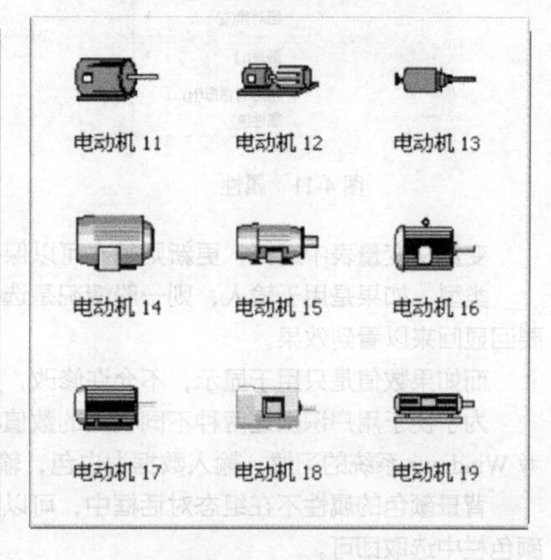

图 4-10　电动机

仔细翻阅图形库，挑选比较接近自己现场的设备符号选用即可。图形库中的种类纵然很多，但在实际应用中经常还会觉得不够用，那就只好自己使用基本图形元素自由绘制了，也可以直接贴图，或者导入现成的 CAD 图形文件，以后会论及。

4.2　动态对象设计

所谓动态对象，就是可以链接到系统的运行变量，把系统的运行状态以数字或者图像变化的方式显示到画面上，或者在画面上有一个输入接口，操作者可以把一些操作指令或者给定值输入，然后再通过变量送给 PLC 系统，控制设备启停或者修改系统参数。

我们可以参照 Windows 系统软件本身的操作功能，最常用的大概有：输入框、按钮、棒图、滚动条、单选框、复选框等。入门篇挑选最基本的控件进行介绍。

这些动态对象分组在对象选项板的智能对象组和窗口对象组中。

（1）输入/输出域

所谓输入输出域，也称I/O 域，就是既可以输入，用于输入数值，又可以输出，用于显示运行数值。

对于画面中的 I/O 域以及所有后面章节插入的动态对象，点击右键中的组态对话框命令，见图 4-11，可以弹出常用的与动态数据本身相关的属性集中设置的界面，比如图 4-12，I/O 域的组态对话框的界面。

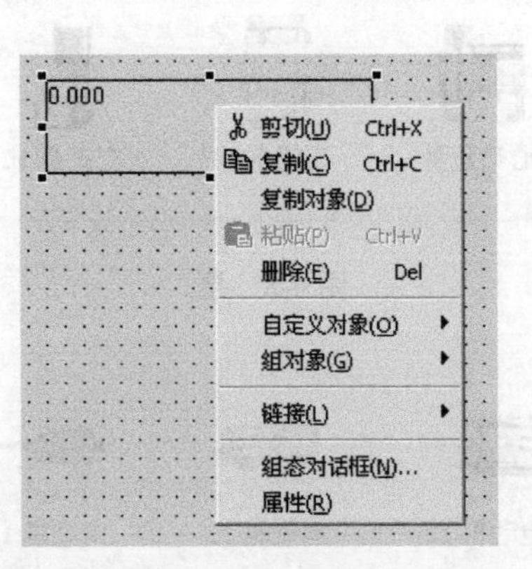

图 4-11　属性

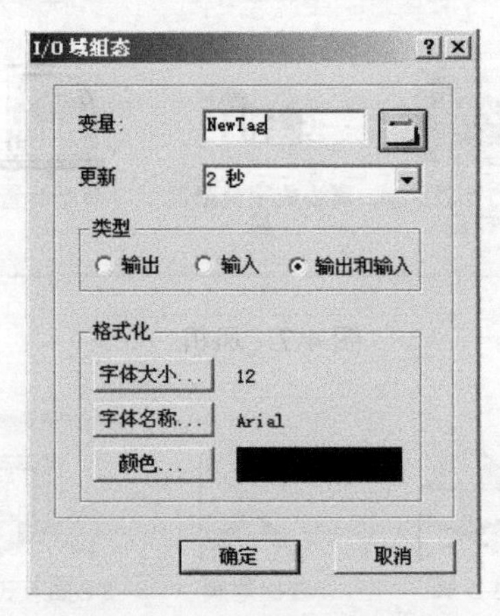

图 4-12　I/O 域组态

变量从变量表中选择，更新则基本可以保持默认即可。

类型，如果是用于输入，则一般情况是选择输出和输入，因为你输入新数值之后，还要回显回来以看到效果。

而如果数值是只用于显示，不允许修改，则可以设置为输出。

为了便于用户识别这两种不同模式的数值框，通常设置两种不同的背景颜色，比如参考 Windows 系统的习惯，输入数据为白色，输出数据背景为灰色或彩色。

背景颜色的属性不在组态对话框中，可以在选中对象的情况下，直接在工具栏左侧的颜色栏中选取即可。

在设定完毕之后，打开控件的属性，可以看到，绑定了变量和程序的属性项，字体变成了黑体，因而顺着黑体字可以很方便地找到绑定变量的参数的位置，见图 4-13。

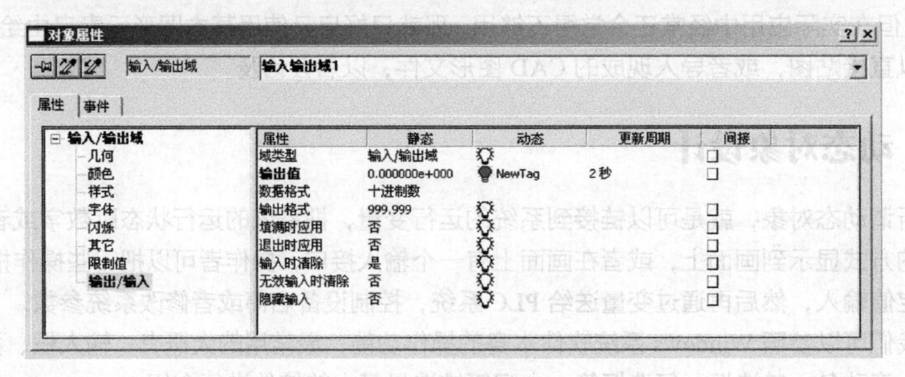

图 4-13　对象属性

除了少数参数在组态对话框中直观地设置外，更多细节的参数还是需要在这里设置，其中比较重要的是数据的输出格式。需要估量实际数据的范围，来指定数据显示的整数位和小数位，必须足够长而不浪费。比如缺省的999.999。即便是整数1，也显示1.000，而只要超过1000，这里显示不下了，就会显示为***。控件在这方面的自动适应性还是不够强大。

属性之后的静态列中为设置的属性。而动态列中凡是白色灯泡的为可以动态绑定程序，而没有灯泡的，比如数据格式后面没有灯泡，则代表这个属性不可以动态。

（2）棒图

插入棒图后，调出组态对话框的界面，见图4-14。

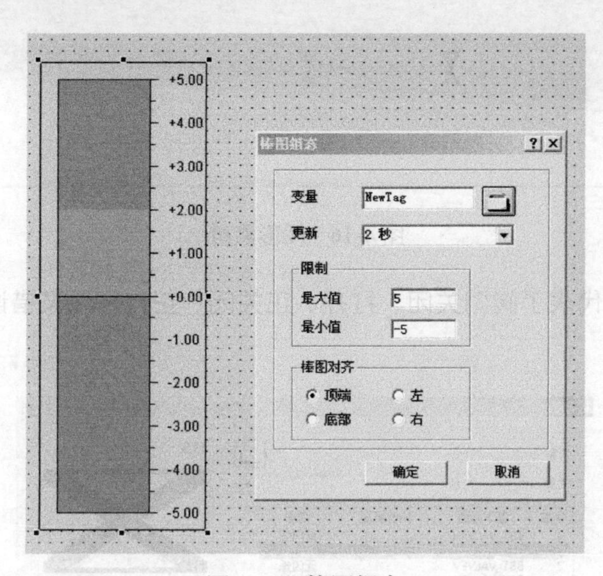

图4-14　棒图组态

绑定变量后，在属性页中的显示，见图4-15。

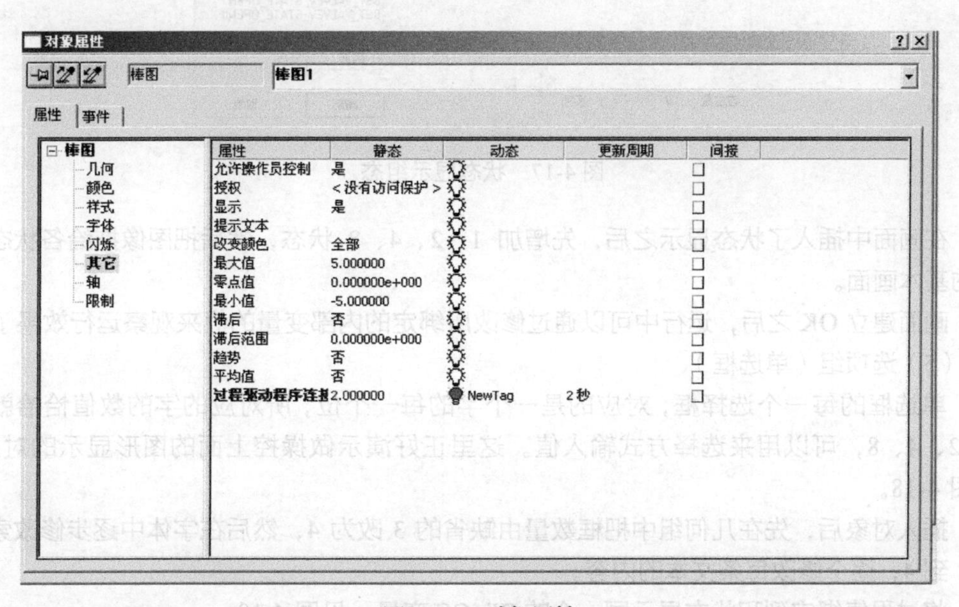

图4-15　对象属性

（3）滚动条

滚动条的组态对话框及属性设置与棒图非常相似。但区别是它可以作为输入接口，通过拖动滚动条，来给 PLC 设定数据。

（4）状态显示

其实本意是根据状态值的变化，显示不同的图形。在某些另外的软件里会叫做图形列表。在使用这个对象之前，我们应该准备一批图形系列，或自己绘制，或网上下载，或提前储备。如图 4-16 所示（图形为彩色，真实效果更明显）。

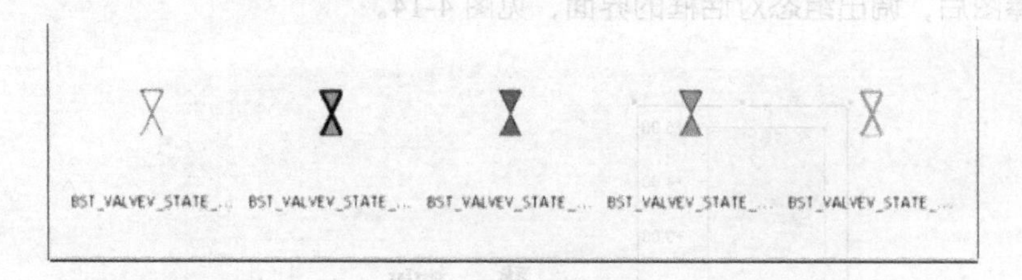

图 4-16　图形素材

几个图像分别代表了阀门关闭、打开、正关闭、正打开以及错误的各种状态，见图 4-17。

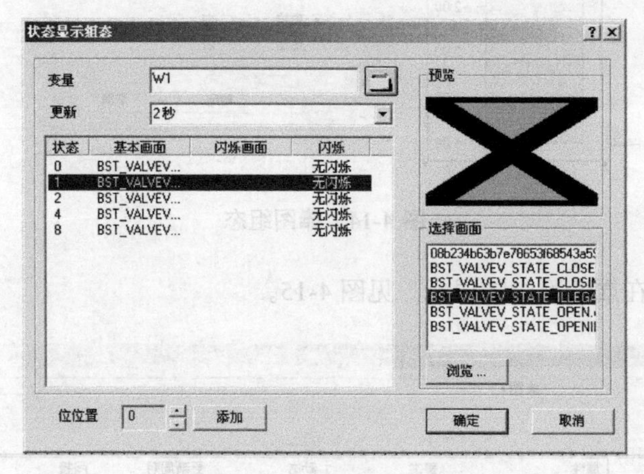

图 4-17　状态显示组态

在画面中插入了状态显示之后，先增加 1、2、4、8 状态，然后把图像拖给各状态对应的基本画面。

画面建立 OK 之后，运行中可以通过修改所绑定的内部变量的值来观察运行效果了。

（5）选项组（单选框）

单选框的每一个选择框，对应的是一个字的每一个位，所对应的字的数值恰恰就是 1、2、4、8，可以用来选择方式输入值。这里正好演示做操控上面的图形显示的对象。见图 4-18。

插入对象后，先在几何组中把框数量由缺省的 3 改为 4，然后在字体中逐步修改索引从 1 到 4，逐个修改每条文本的内容。

将过程值绑定到和状态显示同一个的 WinCC 变量，见图 4-19。

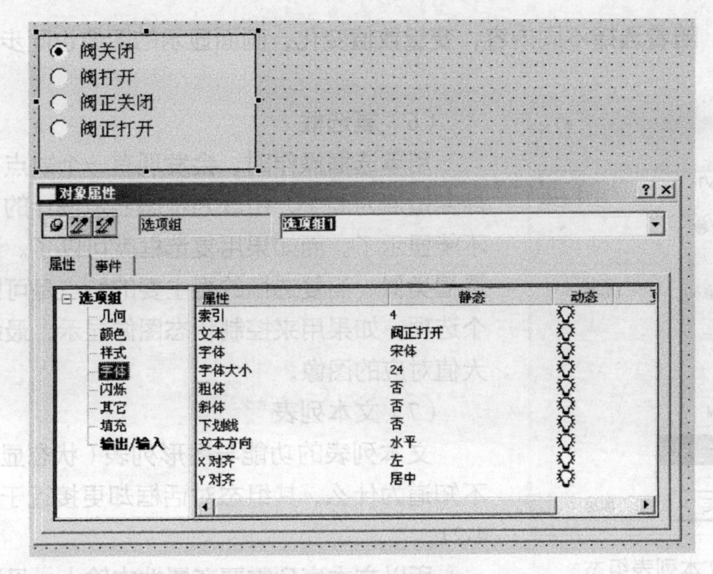

图 4-18　对象属性

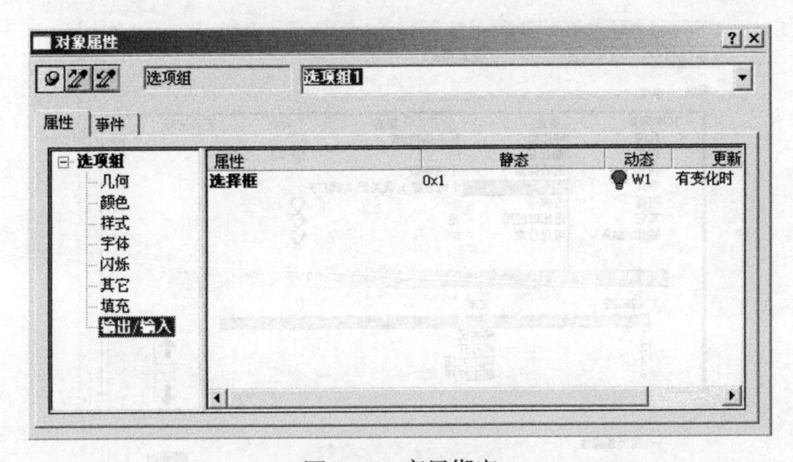

图 4-19　变量绑定

后面的"更新"，可以改为"有变化时"。因为这里是人工操作的接口，响应快一点，可以令操作人员操作起来更舒适。

整体运行后效果如图 4-20 所示。

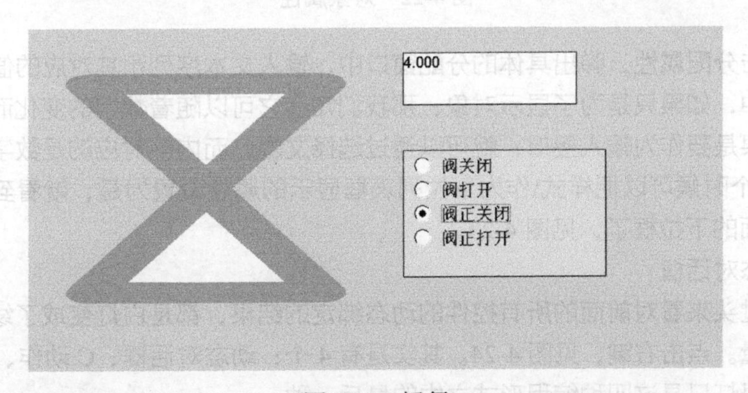

图 4-20　运行

可以看到，随着选择不同内容，变量数值变化，画面显示的图像也同步变化，很好地实现了动态化。

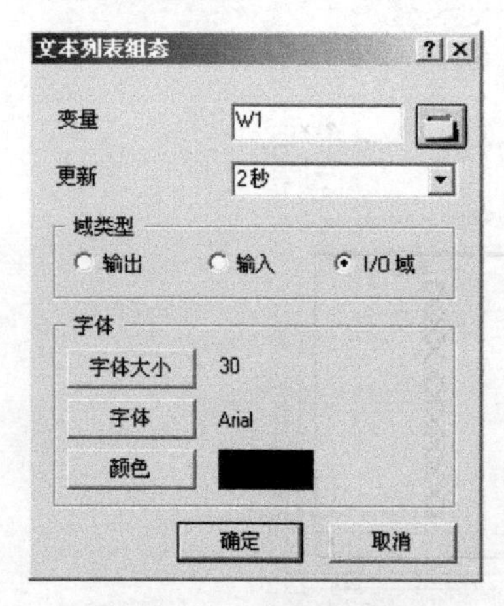

图 4-21　文本列表组态

（6）复选框

用单选框操作时，会发现有一个缺点，就是不能选择变量值为 0 了，所以为状态显示设计的 0 值时的图像不能显示了。而如果用复选框就可以了。使用方法与单选框类似。而复选框的更主要的特点是可以同时选中多个选项，如果用来控制状态图像显示，最终是显示了最大值对应的图像。

（7）文本列表

文本列表的功能与图形列表（状态显示）类似，但不知道为什么，其组态对话框却更接近于 I/O 域，见图 4-21。

所以文本序列需要在属性中输入，见图 4-22。

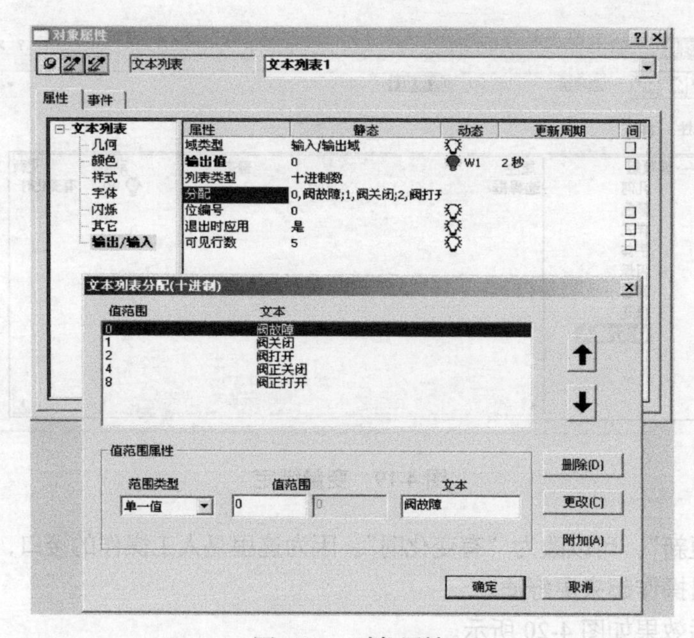

图 4-22　对象属性

通过双击分配属性，弹出具体的分配窗口中，输入文本序列和其对应的值。

在运行中，如果只是为了显示对象，那我们知道它可以随着数字的变化而显示不同的文本。而如果是要作为输入接口，就可以通过选择文本，而内核对应的是数字的选择告诉了 PLC。这个时候可以把样式\作为下拉列表框显示的属性设置为是，就看到它就真的像 Windows 里面的下拉框了，见图 4-23。

（8）动态对话框

我们回过头来看对前面的所有控件的动态绑定的结果，都是白灯变成了绿灯，代表直接绑定了变量。点击右键，见图 4-24。其实是有 4 个：动态对话框、C 动作、VBS 动作和变量。原来绿灯只是这四种编程形式之中的最后一种。

阀故障
阀故障
阀关闭
阀打开
阀正关闭
阀正打开

图 4-23　运行

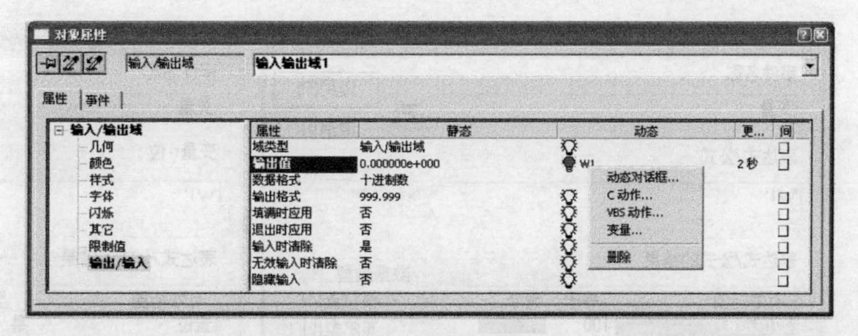

图 4-24　对象属性

信息系统中的描述见表 4-1。

表 4-1　灯含义描述

动态图标	动态类型
白色灯泡	非动态
绿色灯泡	用变量实现的动态
红灯	通过动态对话框实现动态
带“VB”缩写的绿灯	用 VBS 动作实现的动态
带“C”缩写的绿灯	用 C 动作实现的动态
带“C”缩写的黄灯	用未编译的 C 动作实现的动态

简单提一下变量连接：前面用到的变量都是在动态对话框中指定的，而实际上也可以在属性中直接输入链接变量。

比如棒图的上下范围、限制值的范围，都可以直接链接到 PLC 中实现同步的动态化。每个初学者自行摸索测试一下，即可掌握。这里不再详细讲解。

需要注意的是，每一个属性性质不同，需要链接的变量类型也不同，比如 bool 型、数值型和字符型，需要自行辨认好。

C 动作和 VBS 动作：两种编程语言分别需要 ANSI C 和 VB Script 的基础。一般来说，同一个任务，掌握其中的任何一种都可以实现。但是，有太多的 WinCC 使用者，甚至是颇有经验的使用者，可能在入门的环节过早地学会了这两种语言，导致明明简单组态就可以实现的问题，搞得异常复杂。 自己内心也把使用 WinCC 的门槛抬高了，甚至莫名其妙对用好 WinCC 都有了恐惧感。

所以本书的特色是，在入门阶段，这两种编程语言一概不涉及，教给读者，用最简单的组态的方式，就可以实现基本的功能。

除了前面讲到的各种控件的使用方式之外，还有一个重点就是这里要讲的：动态对话框，见图 4-25。

动态对话框的最经典的应用是对颜色的设定。 比如根据变量的数值，设定不同的背景颜色。如图 4-25 中所示。

对于 bool 类型的属性，可以直接读取一个字变量的某一个位的状态，见图 4-26。

另外，对变量的读取也可以用表达式/公式表达，可以用变量、函数、操作数（+-*/）等各种自由组合，见图 4-27。

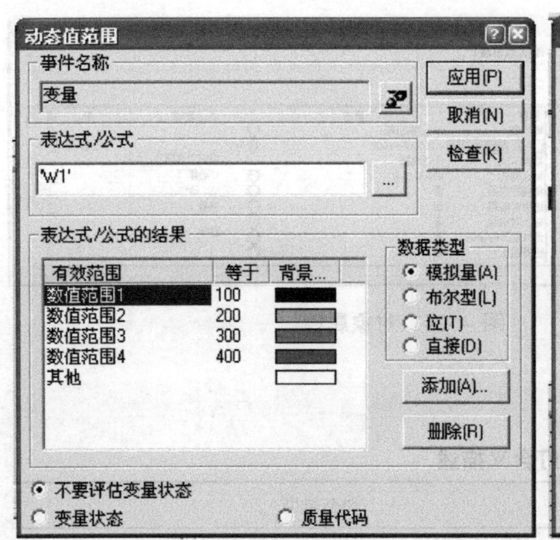

图 4-25　动态值范围

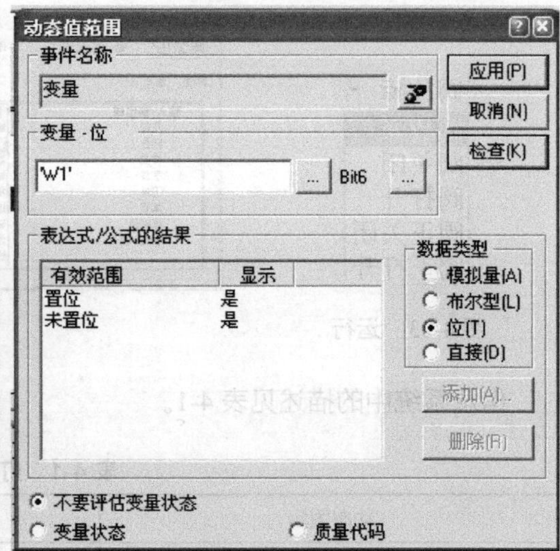

图 4-26　位数据

比如可以用一套复杂的计算，得出来结果，通过范围选择来确定状态。或者可以直接采用计算值返回给属性。见图 4-28。

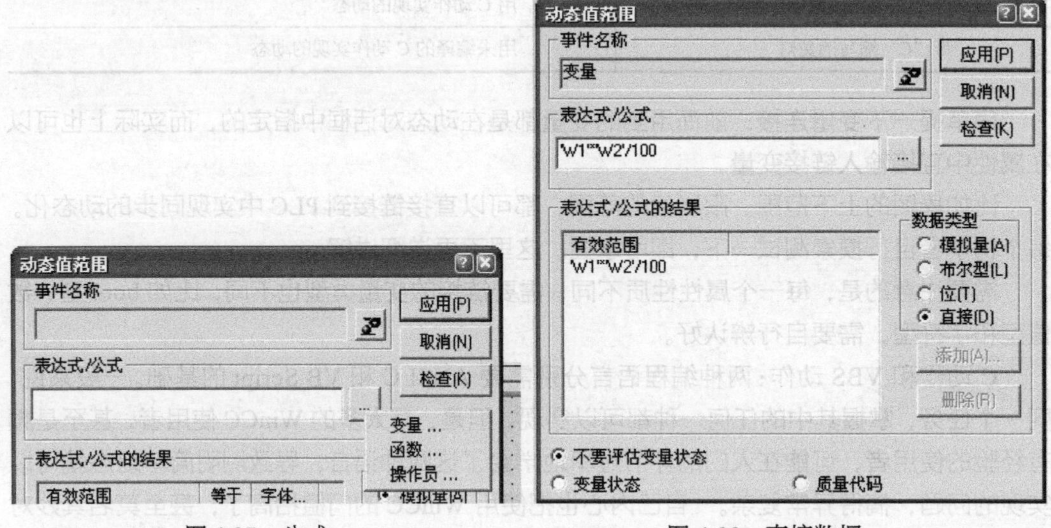

图 4-27　公式

图 4-28　直接数据

总之，动态对话框的功能非常强大，也非常方便实用，必须结合 WinCC 信息系统的帮助内容全面学习。

一个对入门者超纲的例子：

针对一个圆的背景颜色的编程，见图 4-29。

B1, B2, B3 ,B4 分别为 4 个 bool 变量；

表达式：('B1'&'B2') | ('B3'&'B4')；

功能：在 B1 与 B2 同时为 1 或者 B3 与 B4 同时为 1 时，颜色为红色，否则为灰色。

这里，&=与；|=或，还可以分别替换&为*，|为+，表达式因此变换为('B1'*'B2') +('B3'*'B4')，也可以实现同样的功能。

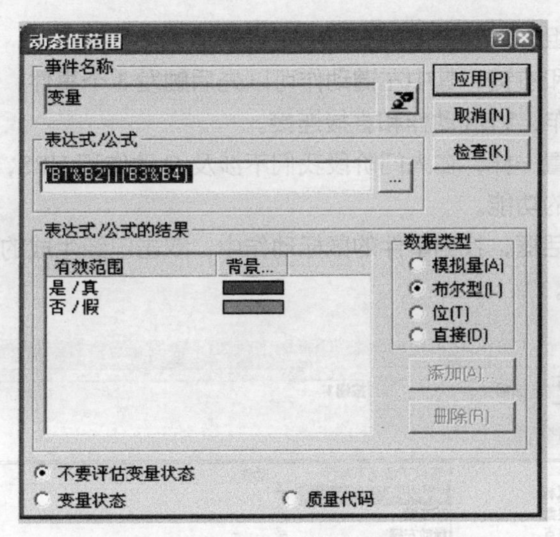

图 4-29　复杂公式

再比如上面关于状态显示的节中，比如所使用的变量 W1 是一个完整的状态字，除了低位的 bit0 ~ bit3 分别代表了阀门的状态之外，高位的其他位也被赋予了其他的信息，那么直接使用变量，就不可用了。解决的方案就是转化为用动态对话框实现。

公式为：W1' & 0xF 或者 'W1' & 15；

就成功地把一个字中的低 4 位提取出来了。

是不是太复杂了，有点超出了入门者的理解能力了？别太纠结，如果不能理解也没多大问题，最多在 PLC 里面多做点编程处理，最终都能达到同样效果。

这里只是给读者展示了能实现的功能而已，实战中用的并不多。

（9）按钮

插入按钮后的组态对话框，见图 4-30。

在“单击鼠标改变画面”下面选择一个已经设计的画面 PDL 文件。

然后我们可以看看鼠标事件的鼠标动作中有了一个蓝色闪电，代表已经组态了程序动作，见图 4-31。

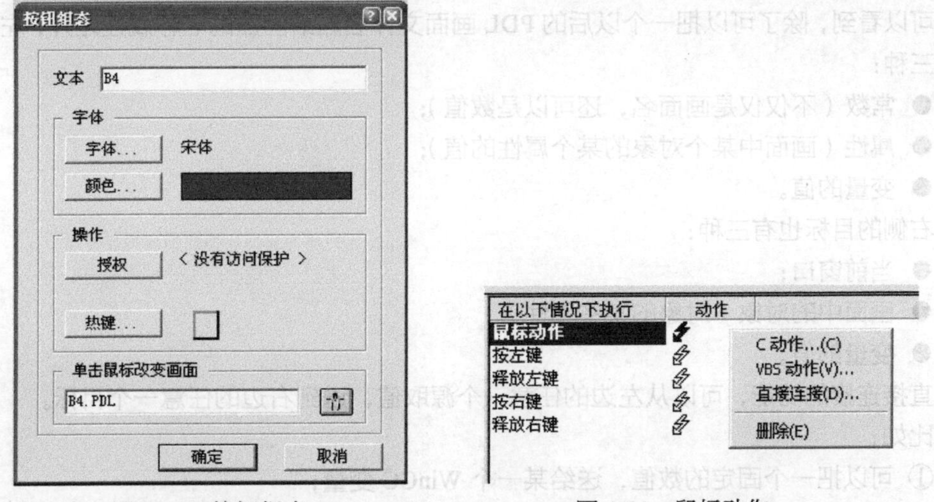

图 4-30　按钮组态

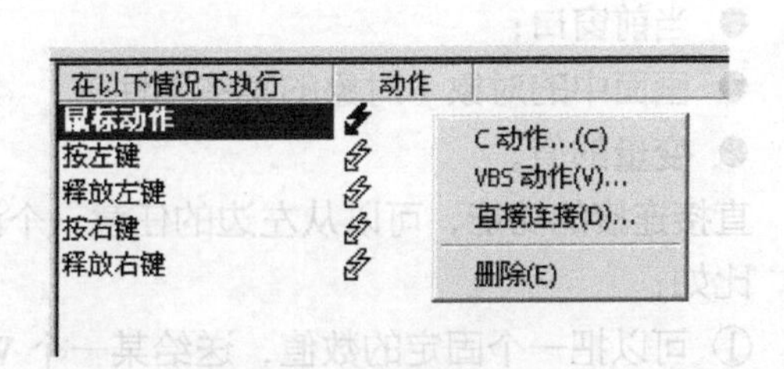

图 4-31　鼠标动作

空白闪电代表未组态动作，而蓝色闪电则代表组态了直接连接。

鼠标动作分左键和右键，其中左键动作可以先后触发 3 个事件：动作、按下和释放。而动作有 3 种：C 动作、VBS 动作和直接连接。

和前面的属性设置一样，在入门阶段我们不涉及 C 动作和 VBS，而仅仅是直接连接，就可以实现足够强大的功能。

然后打开属性对话框，找到事件的鼠标动作中，双击已经生成的动作，打开直接连接组态窗口，见图 4-32。

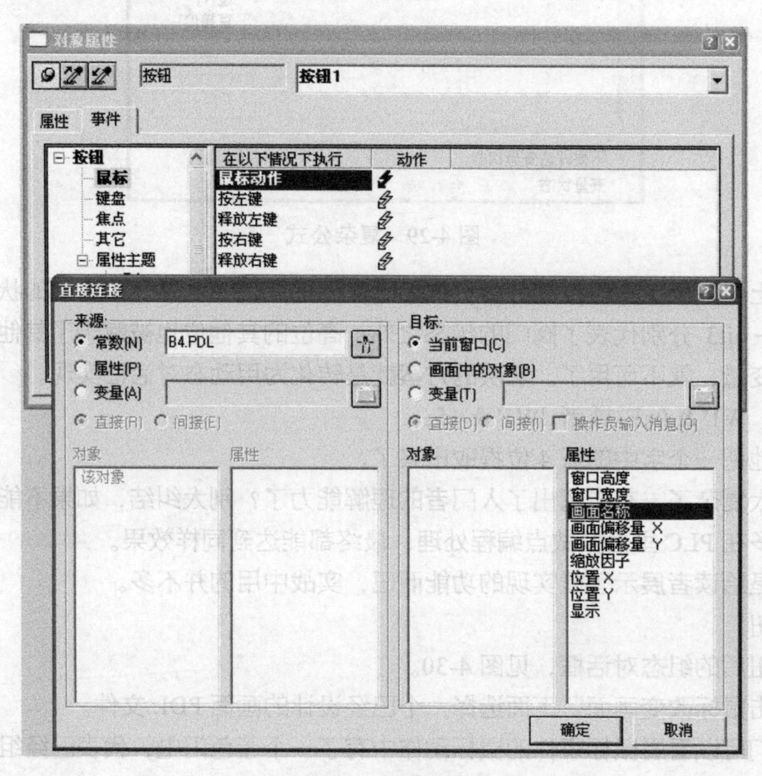

图 4-32　直接连接

可以看到，除了可以把一个以后的 PDL 画面文件名送给画面的名称属性之外，左侧的源有三种：

- 常数（不仅仅是画面名，还可以是数值）；
- 属性（画面中某个对象的某个属性的值）；
- 变量的值。

右侧的目标也有三种：

- 当前窗口；
- 画面中的对象（对象的某些属性）；
- 变量的值。

直接连接的功能，可以从左边的任意一个源取值，送到右边的任意一个目标。

比如：

① 可以把一个固定的数值，送给某一个 WinCC 变量；

② 可以把某个 WinCC 变量的值，送给某一个 WinCC 变量；

③ 可以把画面中的某个属性值，送给某个 WinCC 变量；

④ 可以把某个固定的数值，送给画面或画面对象的某个属性，比如显示、闪烁、尺寸、位置等；

⑤ 可以把 WinCC 变量值，送给上述的属性；

⑥ 可以把某个对象的相应属性，送给另一个对象的上述属性。

……

注意观察还有个间接的选项，现在暂时不深入探讨，但总的来说，不动用编程语言，仅仅使用直接连接，就可以组态出千变万化的应用可能。

我们来看，按钮除了有事件，也有属性，属性中除了可以设计静态的样式之外，还可以组态动态属性。 比如在特定的状态下隐藏、闪烁、字体颜色或背景颜色变化等。与前面讲的所有对象相同。

而与此同时，其实现在再回过头去看，所有介绍过的静态对象和动态对象，原来也曾经有过事件的页面，大部分对象也都可以有鼠标事件、组态鼠标动作、编制程序等无数种可能性。

【万泉河 TIPS】如果一个按钮的鼠标事件需要组态的动作有多个，如果在 3 个以内，可以分别在鼠标单击、按下和抬起中分别组态直接连接，而仍然不需要编程。一次鼠标单击，此三个事件会依次触发。而如果要求多于 3 个，则只能用编程手段了。

【万泉河 TIPS】尽管 WinCC 提供了无数的组态的可能性，但在实际应用中最好还是把静态对象和动态对象严格分清楚，凡是动态的程序组态到动态对象上，静态的内容上只做背景的展示。除了画面分层管理方便之外，用户使用起来也更容易上手。

（10）库中的开关按钮

有很多时候，画面上需要的操作按钮不是窗口式的，而是一些更复杂的形式，这样的按钮在库中可以找到，见图 4-33。

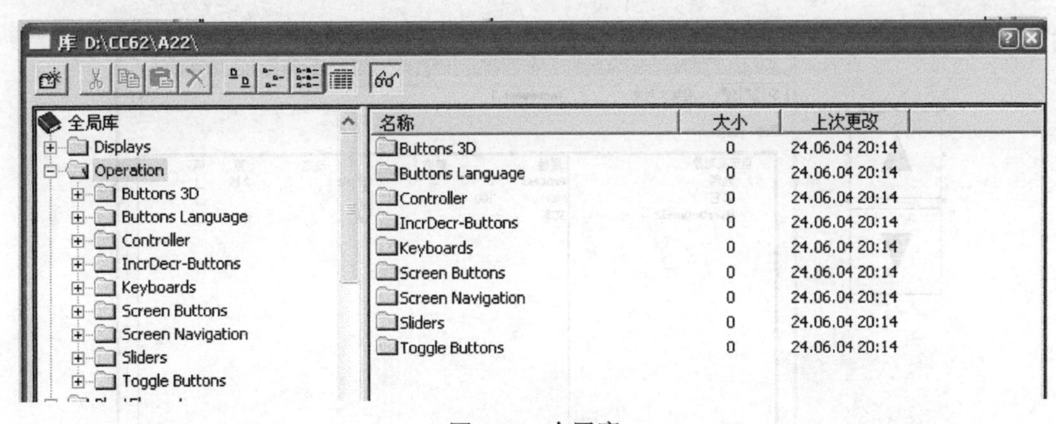

图 4-33　全局库

这些大批的按钮都应该熟悉并尝试使用，可以极快地帮助你实现画面的优美组态。

比如可以使用 Incrdecr-Buttons 文件夹中的增减按钮，见图 4-34。

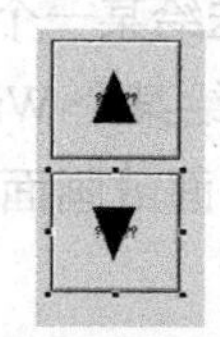

图 4-34　增减按钮

在中文环境下插入库按钮时，竟然可以在黑三角下面隐隐地看到一组问号（????），而在英文下则是空白，说明西门子的库在制作中不彻底。可以先修改其组态对话框，见图 4-35。

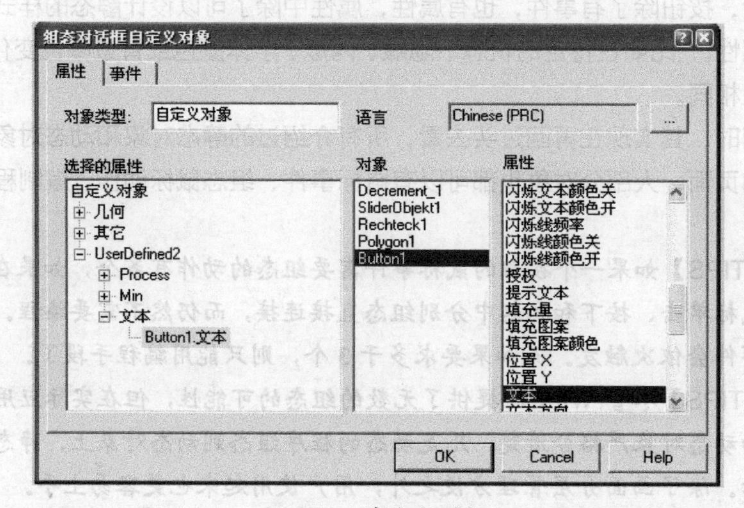

图 4-35　自定义对象

把按钮的文本属性添加到对象的对外显示属性中，然后就可以把文本属性的问号修改为空格或者为空，修改之后如图 4-36 所示。

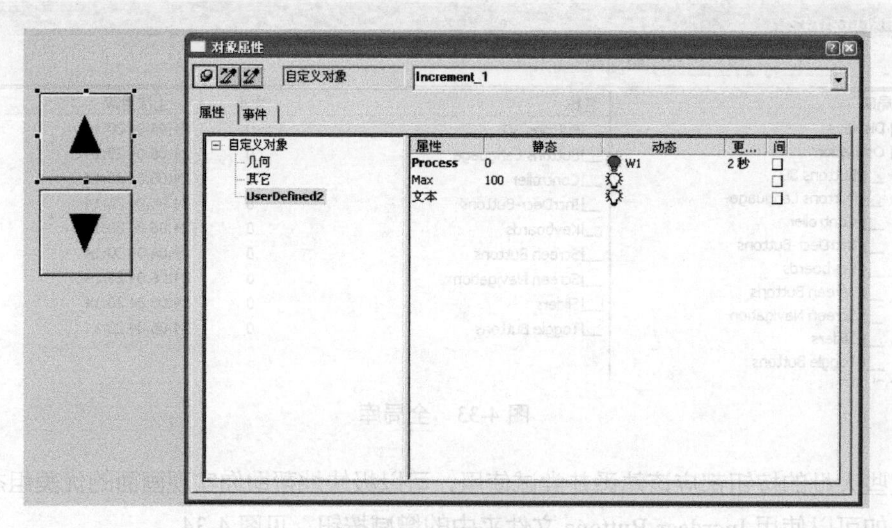

图 4-36　对象属性

把需要控制的 WinCC 变量绑定到 Process 属性上即可。

作为电控系统的上位人机界面，有时候需要的按钮是勒死电柜盘上的刀闸开关或者旋钮等样式，控制的对象也直接是电气设备。这样的按钮在 Toggle Buttons 文件夹中，见图 4-37。

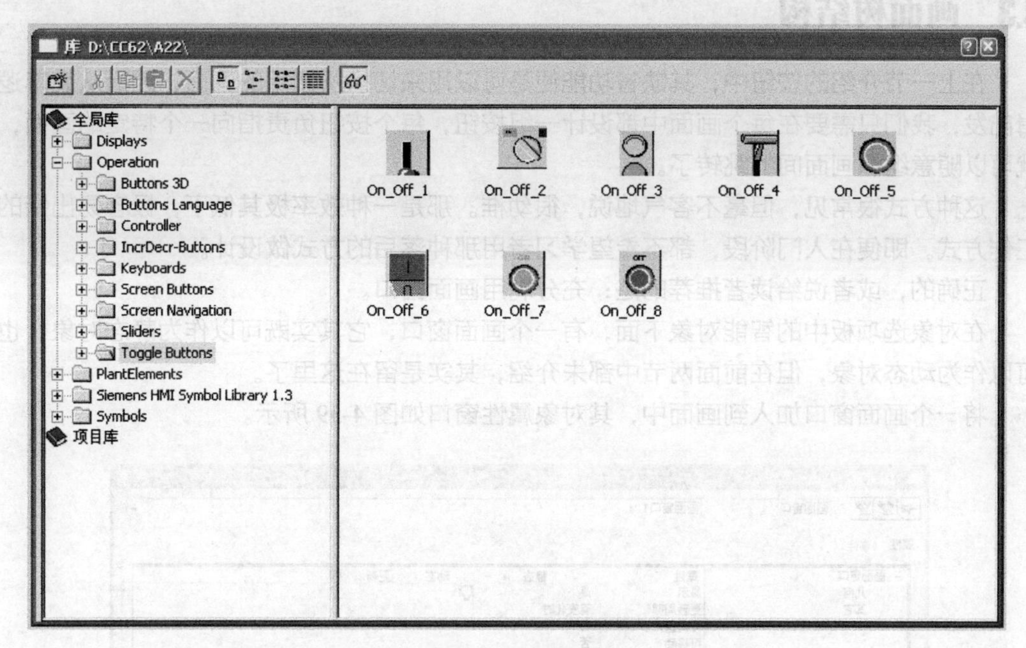

图 4-37　开关按钮

选择中意的开关样式插入到画面中，见图 4-38。

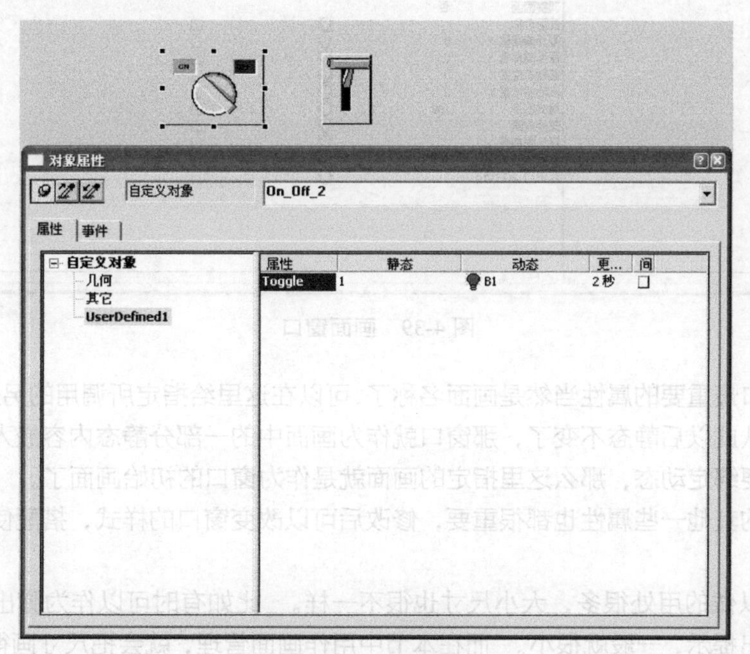

图 4-38　对象属性

将需要控制的 PLC 控制位的 bool 型的 WinCC 变量绑定到 Toggle 属性上即可。

事件属性中有自然封装的程序，自动从 Toggle 中读取了变量名，并在操作中取反，实现了设备从停止到运转及从运转到停止的单键切换。

4.3 画面树结构

在上一节介绍的按钮中，其缺省功能便是可以用来切换所调用的画面，因而从简单逻辑出发，我们只需要在每个画面中都设计一组按钮，每个按钮负责指向一个特定的画面，就可以随意组织画面间的跳转了。

这种方式很常见，但毫不客气地说，很幼稚。那是一种效率极其低下，极容易出错的工作方式。即便在入门阶段，都不希望学习者用那种落后的方式做设计。

正确的，或者说给读者推荐的是：充分利用画面窗口。

在对象选项板中的智能对象下面，有一个画面窗口，它其实既可以作为静态对象，也可以作为动态对象，但在前面两节中都未介绍，其实是留在这里了。

将一个画面窗口加入到画面中，其对象属性窗口如图 4-39 所示。

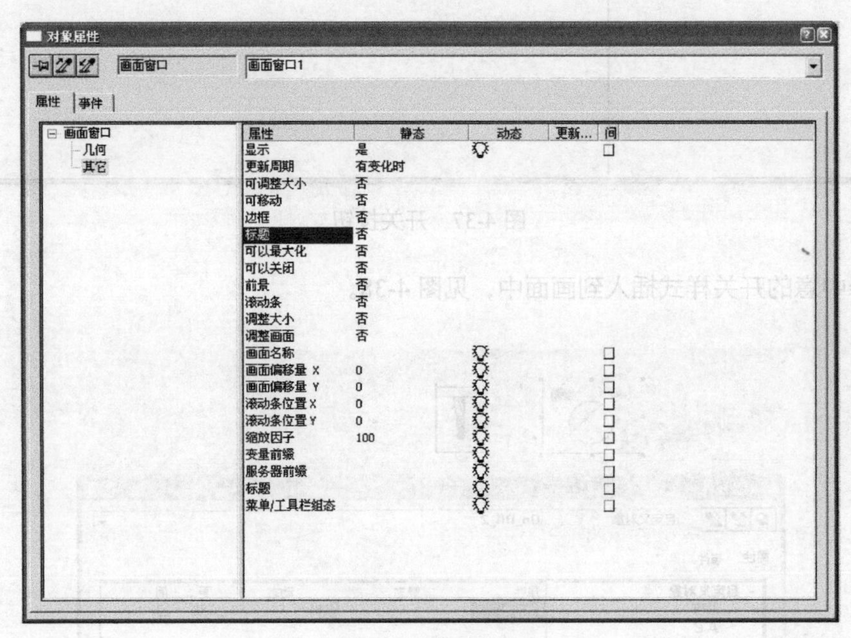

图 4-39 画面窗口

画面窗口最重要的属性当然是画面名称了，可以在这里给指定所调用的另一个画面 pdl 文件。如果从此以后静态不变了，那窗口就作为画面中的一部分静态内容嵌入其中了。而如果以后还要绑定动态，那么这里指定的画面就是作为窗口的初始画面了。

本图中的其他一些属性也都很重要，修改后可以改变窗口的样式，搭配使用，总有一款适合你。

窗口可以做的用处很多，大小尺寸也很不一样。比如有时可以作为弹出式窗口，只在操作中跳出提示，一般就很小。而在本节中用作画面管理，就会把尺寸画得足够大，只需侧边或底部留一点点空间给导航栏，见图 4-40。

图 4-40　窗口布局

导航栏设计在左侧、右侧、上部或下部皆可，取决于用户的习惯。

为按钮增加跳转画面的动作，见图 4-41。

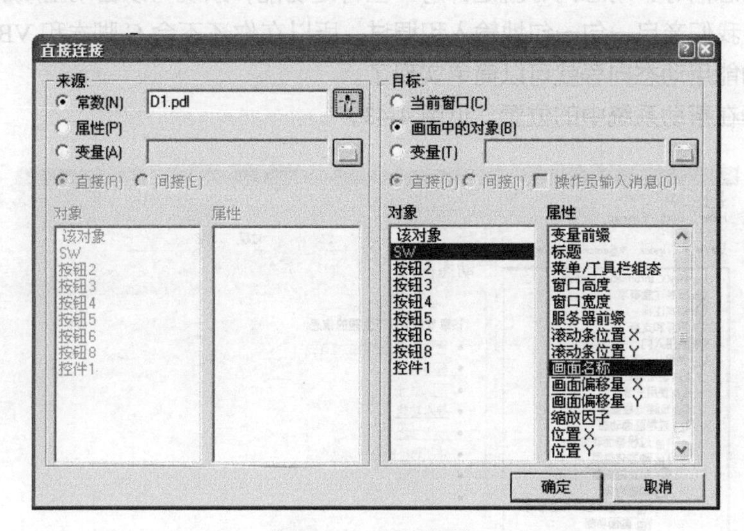

图 4-41　直接连接

这里的 SW 即窗口画面对象的名字，像这种重要对象，还是给起个正式的、简短的名字比较好。养成这样的习惯，以后要编写程序调用的时候，也比较省事。

从上面的布局图可以看出，如果导航区域放在左侧，大致可以容纳 10 多个画面的按钮。如果再多，更复杂的系统呢？可以把导航区域也用画面窗口来实现，用多个画面切换，或者滚动条来实现都可。

比如放开画面窗口的滚动条属性，可以得到如图 4-42 所示的效果。

图 4-42　运行效果

4.4　动态向导

什么是动态向导？动态向导就是针对一些特定功能，系统可以自动生成需要的程序脚本。而不需要我们亲自一句一句地输入和调试。所以在你还不会 C 脚本和 VBS 脚本之前，一些常见的功能用动态向导就可以简单实现了。

动态向导在帮助系统中的位置，见图 4-43。

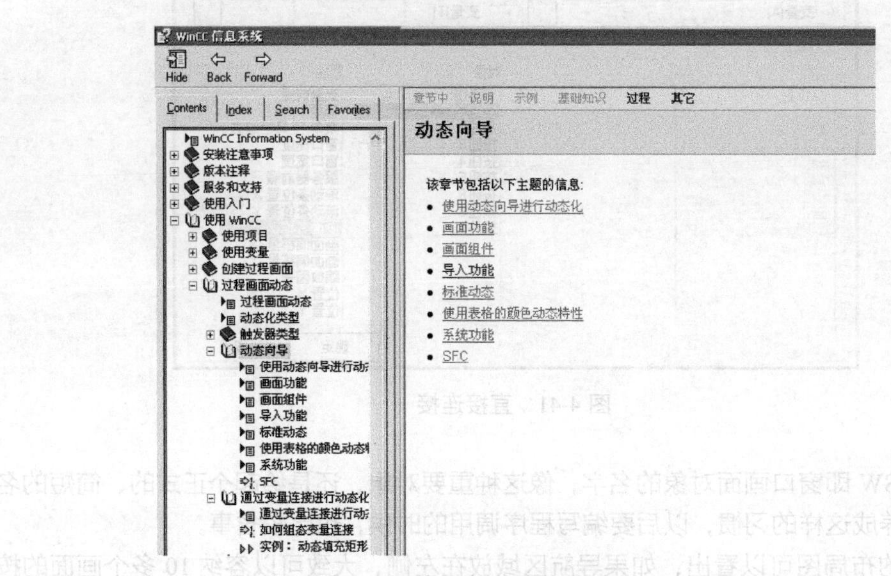

图 4-43　帮助系统

在画面对话框中显示的各个组的内容。

① 标准动态，见图 4-44。

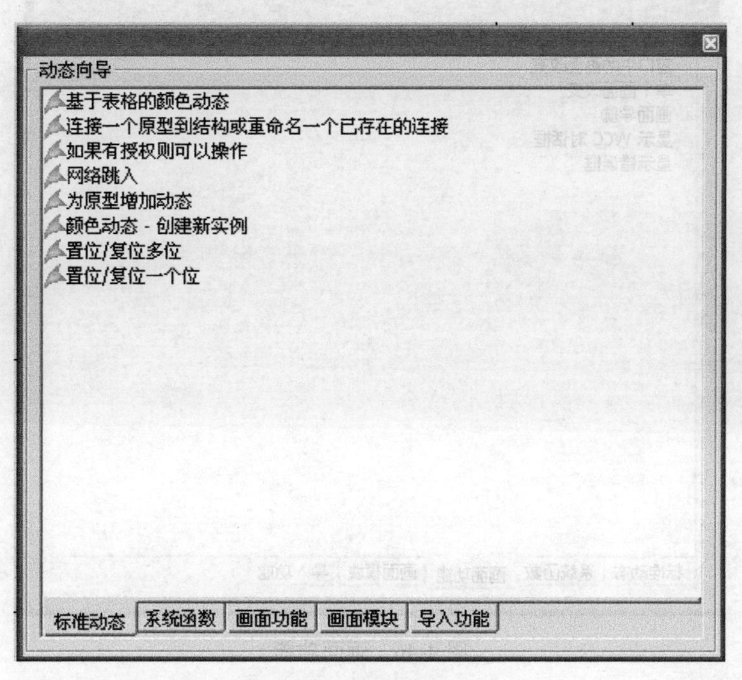

图 4-44　标准动态

② 系统函数，见图 4-45。

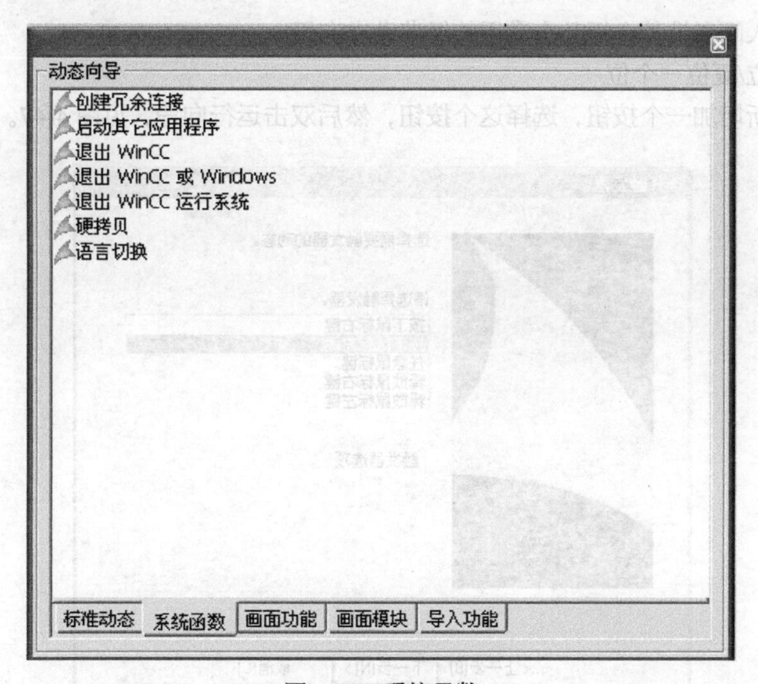

图 4-45　系统函数

③ 画面功能，见图 4-46。

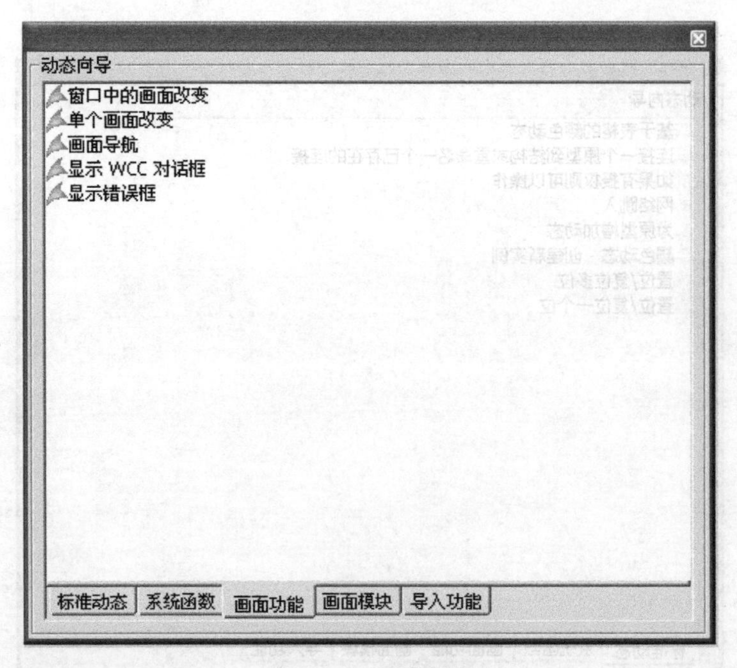

图 4-46　画面功能

缺省显示的只是部分通用的向导，有一些向导是针对特定的控件开发的，需要事先选对了控件，然后才可以显示。 还有的向导需要系统有安装的软件配置，可以在以后的学习中逐渐了解。

下面为入门者推荐介绍几个常用的经典动态向导。

（1）置位/复位一个位

画面上新增加一个按钮，选择这个按钮，然后双击运行向导，见图 4-47。

图 4-47　选择触发器

选择一个无符号的 16 位或 32 位变量，见图 4-48 ~ 图 4-50。

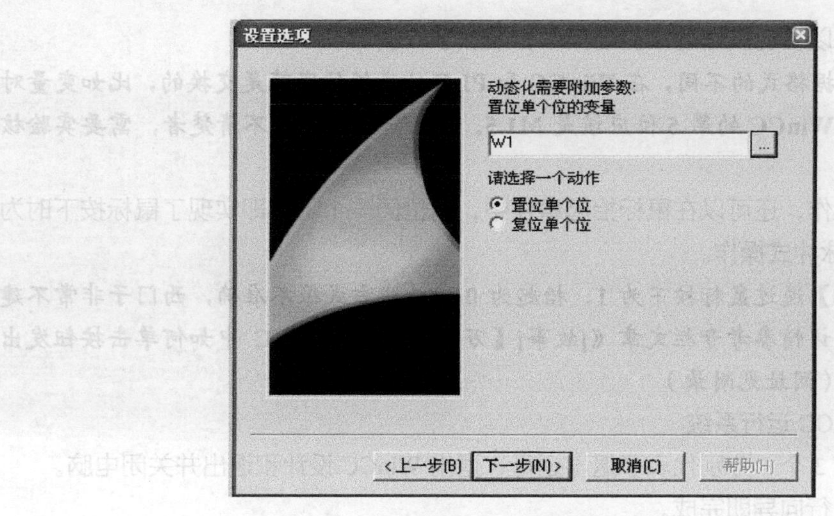

图 4-48　设置选项

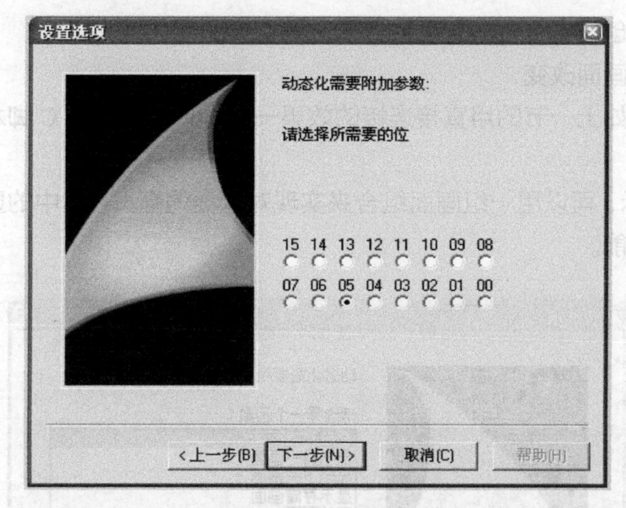

图 4-49　选择位

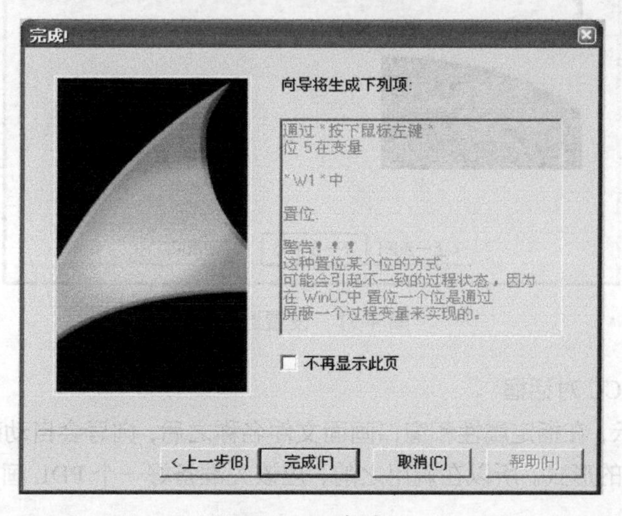

图 4-50　完成

完成后检查可以发现按钮的左键动作中，增加了 C 脚本。

注意：由于数据格式的不同，在 WinCC 和 PLC 的高低位字节是交换的，比如变量对应的 MW0 的话，WinCC 的第 5 位应该是 M1.5。对此计算机知识不清楚者，需要实验核对清楚。

按照同样的操作，还可以在鼠标抬起事件中，复位同一个位，即实现了鼠标按下时为 1，抬起时为 0 的脉冲式操作。

【万泉河 TIPS】通过鼠标按下为 1、抬起为 0 的脉冲方式很不准确，西门子非常不建议如此使用。更多详情参考专栏文章《[故事]【万泉河】在 WinCC 中如何单击按钮发出一个脉冲信号？》（网址见附录）

（2）退出 WinCC 运行系统

此类的向导有 3 个，分别代表了退出运行、退出 WinCC 设计和退出并关闭电脑。

选择按钮后执行向导即完成。

（3）语言切换

使用该功能可创建一个对运行系统语言进行切换的动作。

（4）窗口中的画面改变

运行后的效果如上一节的用直接连接的效果一样，只不过是以 C 脚本方式实现的。

（5）画面导航

如图 4-51 所示，可以用一组画面组合来实现对画面的翻页。其中的显示前一画面，可以实现返回键的功能。

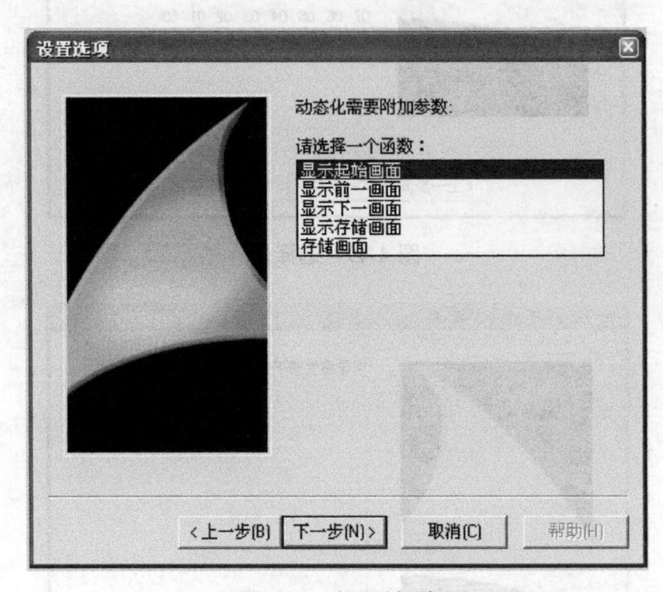

图 4-51 设置选项

（6）显示 WinCC 对话框

如图 4-52 所示，在指定属性和窗口画面文件名称之后，向导会自动建立需要的弹出式窗口，以画面窗口的形式。所以在调用之前，应该先准备好一个 PDL 画面文件，作为这里弹出的窗口内容。

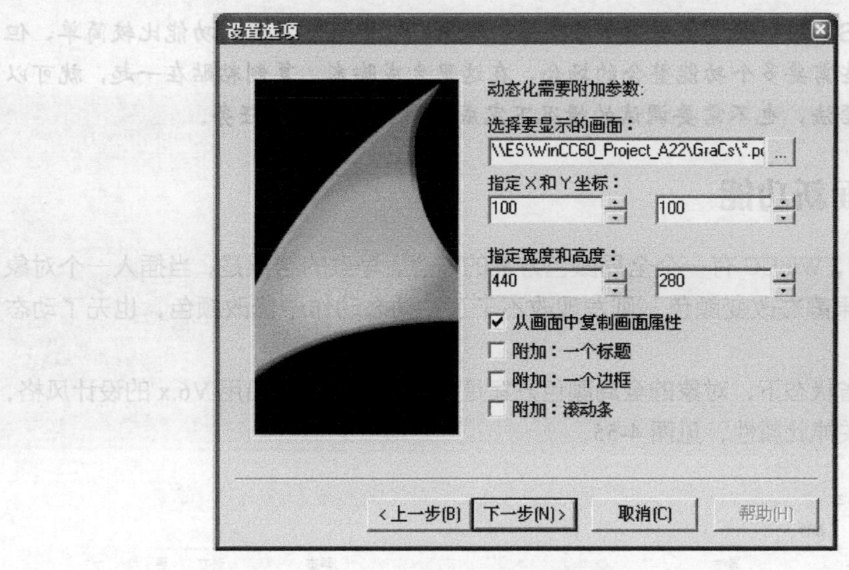

图 4-52　选择画面

（7）显示错误对话框

如图 4-53 所示，这里只是实现了只包含简单提示内容的对话框，见图 4-54，是通过调用系统函数实现的。

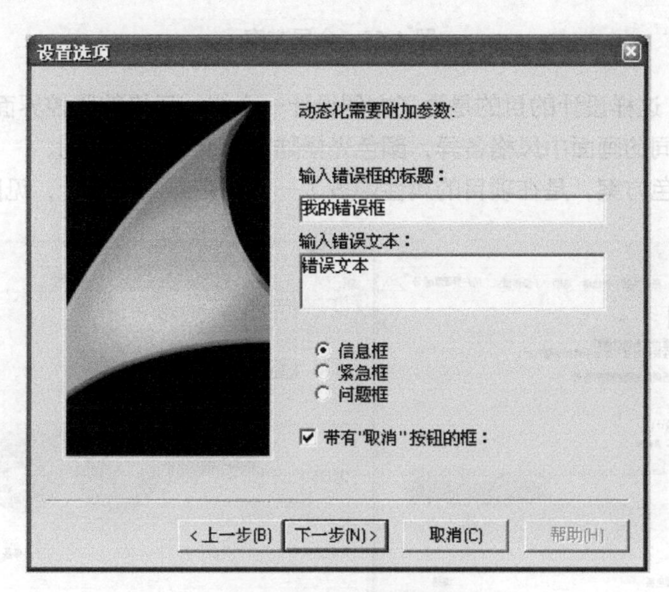

图 4-53　对话框设置

图 4-54　对话框运行

【万泉河 TIPS】别小瞧了这些用向导生成的脚本，它们虽然实现的功能比较简单，但如果我们遇到某些需要多个功能整合的场合，在这里生成脚本，复制粘贴在一起，就可以在不需要懂多少语法，也不需要调试的情况下完成一个相对复杂的任务。

4.5 V7.x 画面新功能

从 V7.0 之后，WinCC 有一个全局颜色方案的概念，导致的结果是，当插入一个对象到画面之后，如果静态改变颜色，则发现改不了了；动态动作中修改颜色，也无了动态效果。

这是因为缺省状态下，对象的全局颜色方案是打开的，如果要沿用 V6.x 的设计风格，则需要每个控件关掉此属性，见图 4-55。

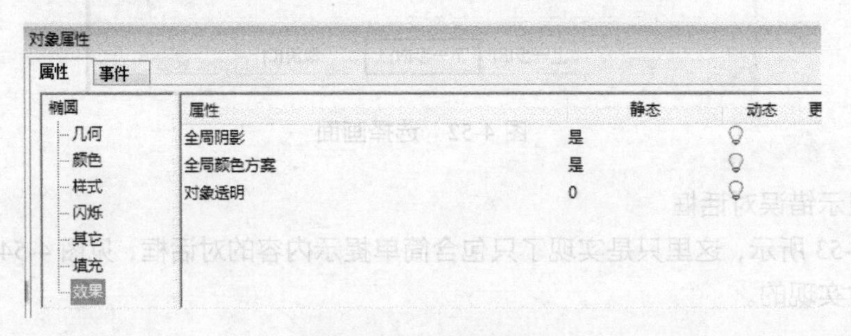

图 4-55　全局方案

其实 WinCC 这样设计的目的是为了方便设计一个统一风格的监控界面，不会同一类的操作对象，在不同的画面中风格各异，颜色光怪陆离，反而难以识别。

这个全局颜色方案，是在项目的属性中多了一个用户界面和设计，见图 4-56。

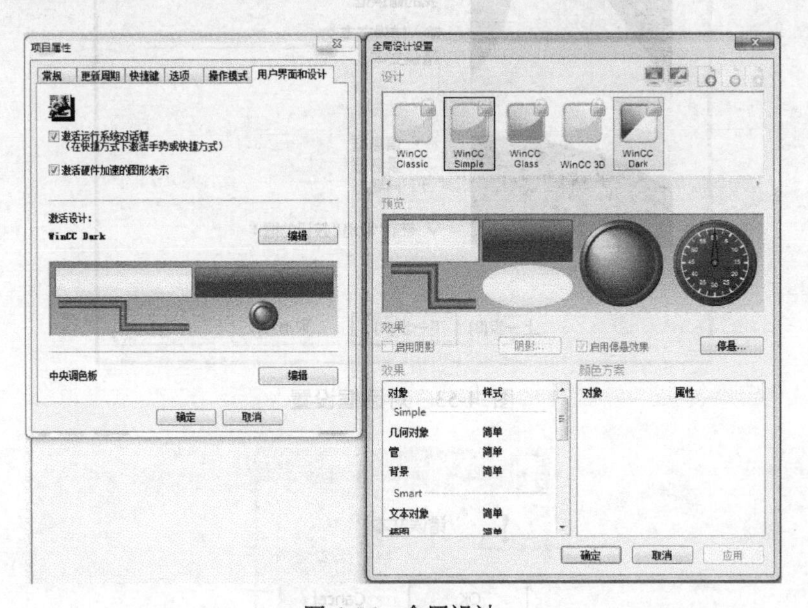

图 4-56　全局设计

新增的图形对象见图 4-57。

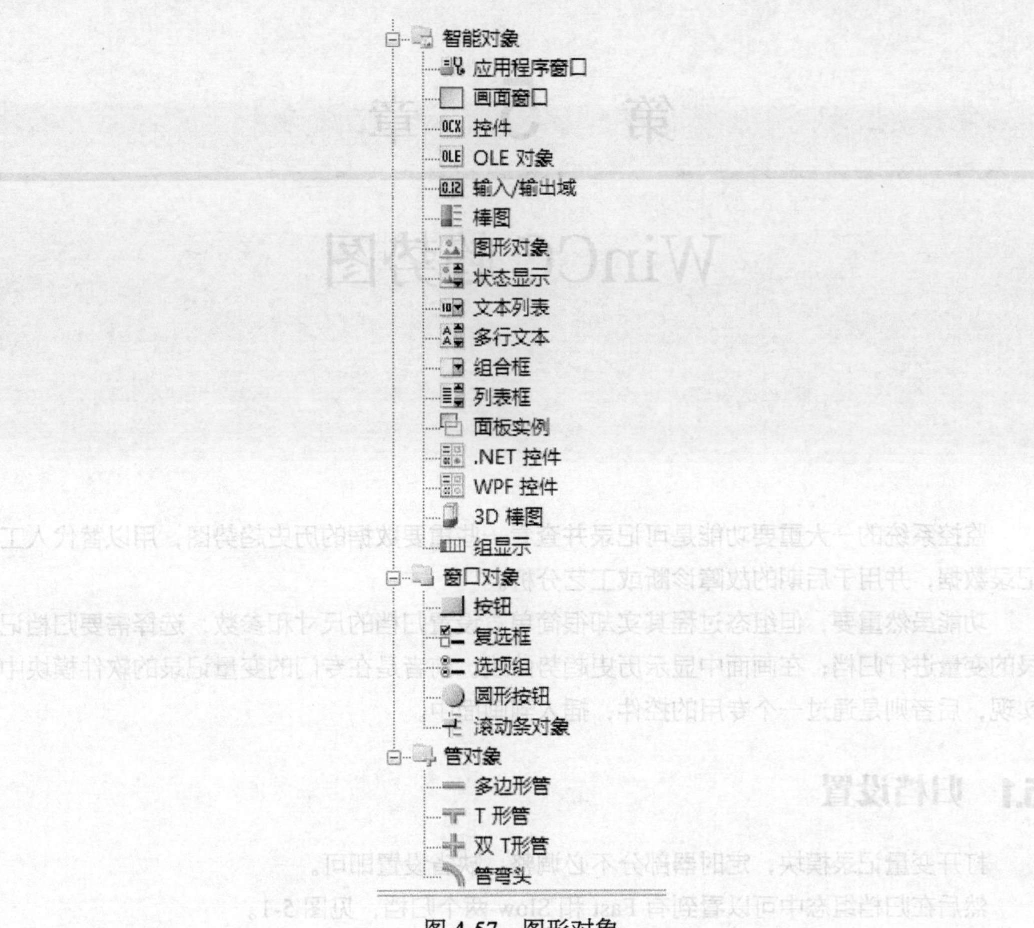

图 4-57　图形对象

其中，最重要的是多了管对象，可以直接一笔绘制出复杂的管路走向图，而不再需要从库中挑选管件费力搭接。

增加了 3D 棒图和圆形按钮，可以让画面更圆润，更有质感。

另外，属性按钮和库按钮在工具栏上的图标变了，变为了，貌似反而还不如老版本容易识别了。

从 V7.3 开始，WinCC 的画面文件可以单独设置密码保护了，这对设计者保护设计版权还是有很大帮助的。

第 5 章

WinCC 趋势图

监控系统的一大重要功能是可记录并查看一些重要数据的历史趋势图，用以替代人工记录数据，并用于后期的故障诊断或工艺分析。

功能虽然重要，但组态过程其实却很简单，设置归档的尺寸和参数，选择需要归档记录的变量进行归档；在画面中显示历史趋势曲线。前者是在专门的变量记录的软件模块中实现，后者则是通过一个专用的控件，插入到画面中。

5.1 归档设置

打开变量记录模块，定时器部分不必调整，缺省设置即可。

然后在归档组态中可以看到有 Fast 和 Slow 两个归档，见图 5-1。

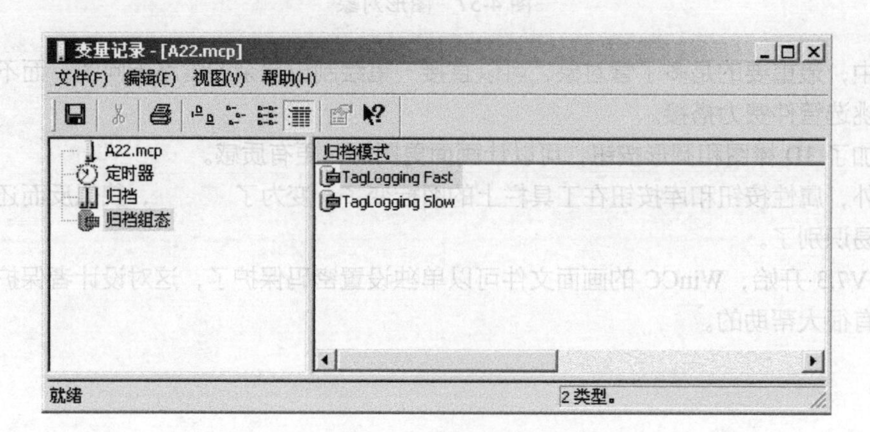

图 5-1 变量记录

可以分别设置两个归档的归档组态，包括归档的最长时间和最大尺寸，以及为了查询速度，而做的分段设置，见图 5-2。

系统缺省的分段时间只有 1 周/1 日，所以如果这里不设置，所能记录的历史数据最大只有 1 周，通常不满足使用要求。 现在的硬盘尺寸也足够，所以设置为 1 年/1 周还是比较合适的。

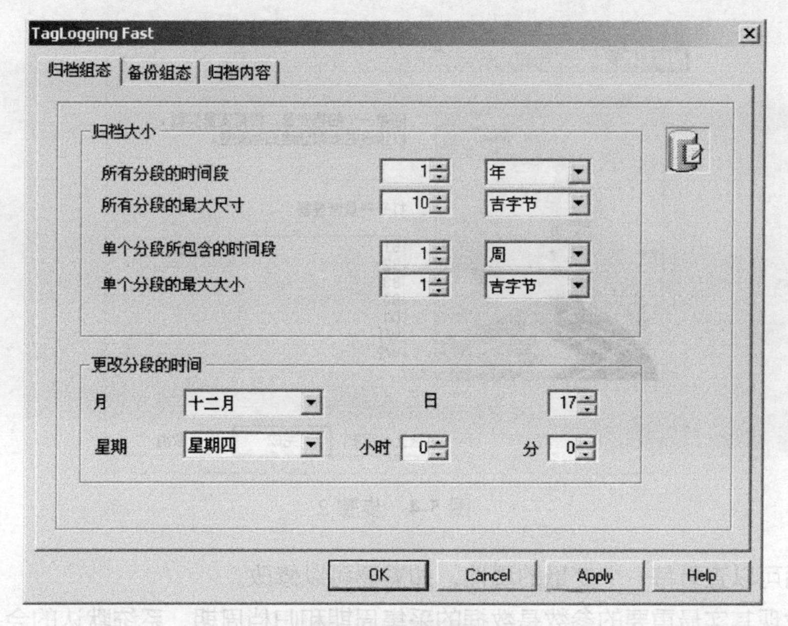

图 5-2　归档组态

另外，Fast 的设置中，还多一个归档内容的选项，用于指定区分一个变量是进入快速归档还是慢速归档的分界。在老的 WinCC 软件中，慢速归档不压缩，而只有快速归档压缩，而 V6.2 之后，所有归档数据都压缩了，所以这里其实已无多少意义，无需更改。

5.2　归档变量

运行归档向导，见图 5-3。

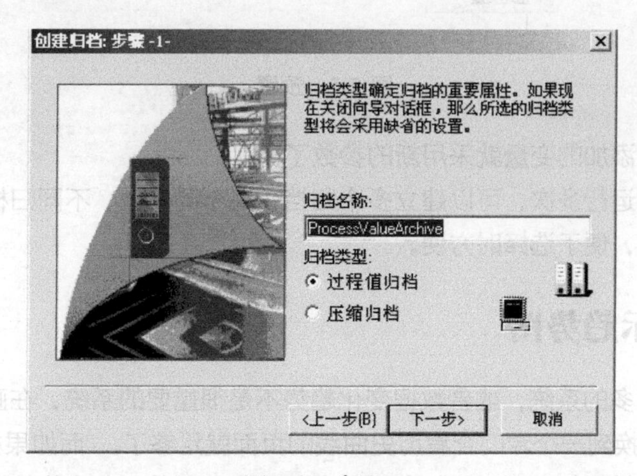

图 5-3　步骤 1

选择过程值归档，见图 5-4。

在变量表内挑选选择需要归档的变量，可以归档模拟量，也可以归档二进制的 bool 量，完成即可。

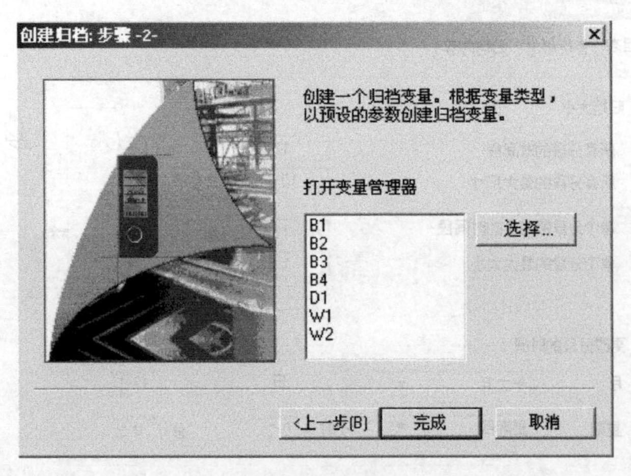

图 5-4　步骤 2

完成后可以查看每一个变量的属性，如需要可以修改。

可以发现其实最重要的参数是数据的采集周期和归档周期，系统默认的会是 500ms，如果认为太短，可以改长些，在变量数太多的情况下，逐个修改效率太低，可以选择在挑选变量之前首先进行参数的预置，见图 5-5。

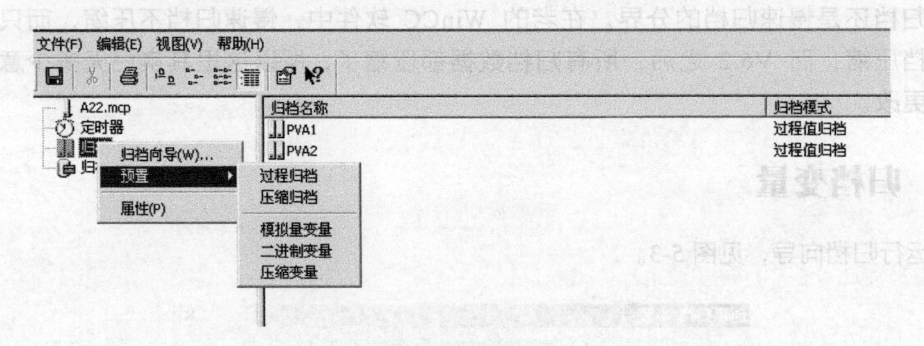

图 5-5　预置

预置之后，再添加的变量就采用新的参数了。

归档向导可以运行多次，可以建立多个归档，对不同类型、不同归档时间的变量，分组在不同的归档中，便于选择时方便。

5.3　画面显示趋势图

对于模拟量不多的系统，或者数据变化趋势不是很重要的系统，在画面树的根目录放一个按钮，可以切换到一个专门查看历史曲线的页面就足够了。 而如果模拟量较多，趋势变化很重要，就需要根据画面，根据车间，在每一个车间的画面上均放置一个子窗口，调用相关工艺的变量趋势，然后通过一个按钮，来调用这个画面的显示。

总之，趋势就是做到一个单独的 PDL 文件上即可。

对象选项中找到 WinCC Online Trend Control，插入到画面中，见图 5-6。

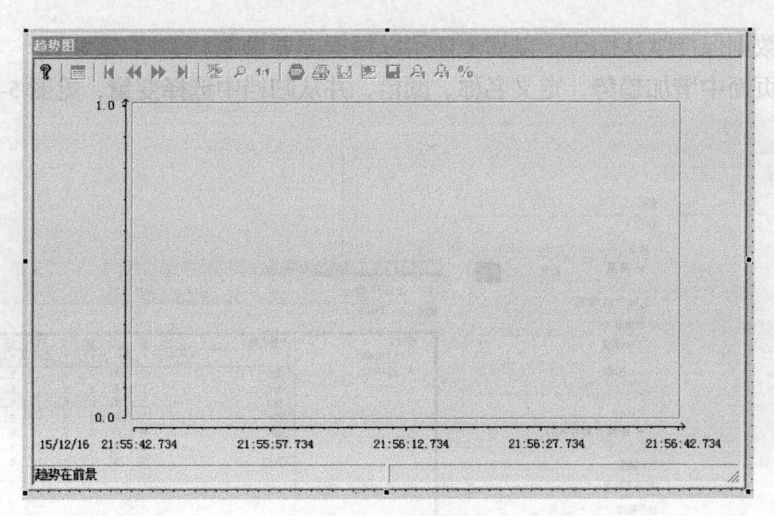

图 5-6 趋势图

组态窗口见图 5-7。

WinCC 在线趋势控件的属性

常规 曲线

窗口标题: ☑ 显示

趋势图

打开画面
☐ 显示标尺
☑ 装载归档数据...

背景颜色
颜色...

公共 X 轴的颜色
☐ 使用颜色
颜色...

显示
☑ 状态栏 ☑ 工具栏
书写方向:
从右
☐ 交错显示趋势
☐ 公共 X 轴
☐ 公共 Y 轴
☐ 单独显示 Y 轴
☑ 可调整大小
☐ 可以关闭
☑ 锁定标尺
☑ 在画面中的标尺
☐ 隐藏变量名

打印作业
☐ 打印背景色
Report Curve Control Contents ...

保持
☐ 在 RT 和 CS 中 ☐ 在 RT 中
操作员权限: 操作员权限:
选择... < 没有访问保护 > 选择... < 没有访问保护 >

确定 取消 应用(A) 帮助

图 5-7 在线趋势控件的属性

打印作业建议选择 Report Curve Control Contents，比原来默认的更方便好用。

其他参数则保持默认即可，以后也还可以根据需要调整。

在曲线页面中增加趋势，定义名称、颜色，并从归档中选择变量，见图 5-8，即完成。

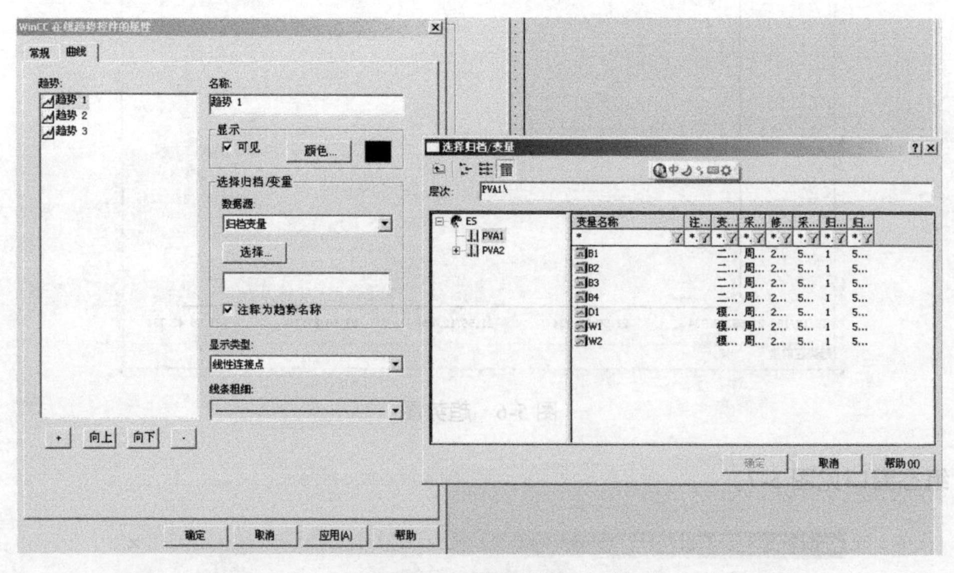

图 5-8　选择变量

完成后，再双击，可以调出完整的参数对话框，见图 5-9。

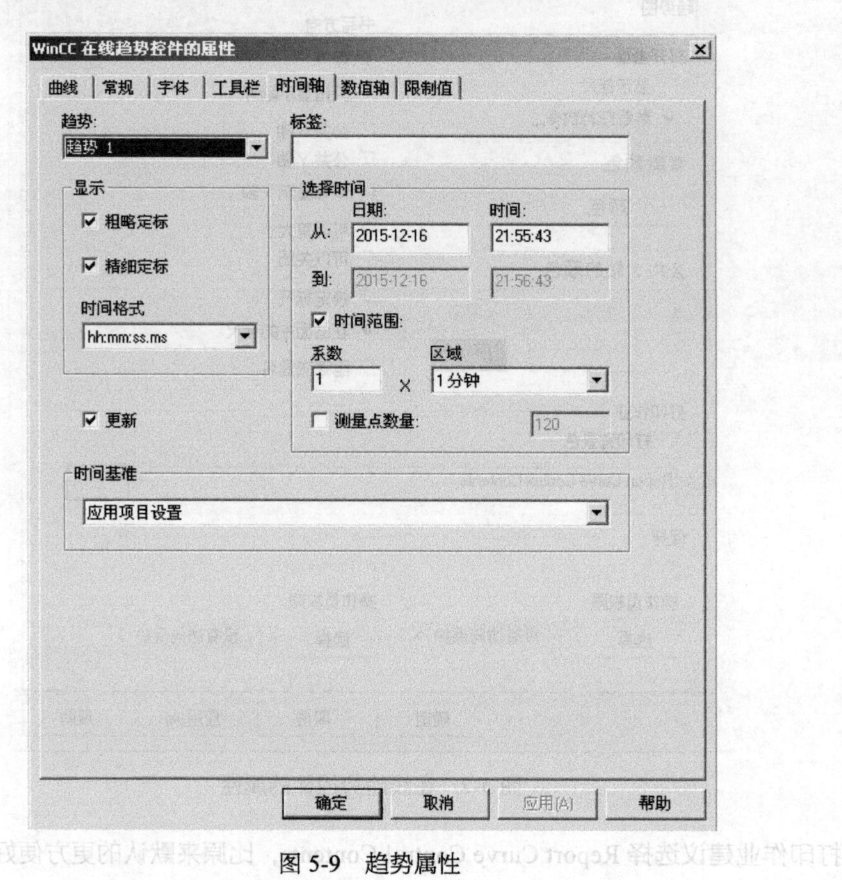

图 5-9　趋势属性

可以调整时间轴和数据轴的跨度，这是两个比较重要的参数。除此之外还有大量的参数可以调整，当然也可以保持默认。这个窗口运行期间也可以调出，用户可以根据需要设置。项目工程师需要的是学会了解每一个细节，将来培训用户使用。

在控件列表中，除了趋势图控件之外，还有 WinCC Online Table Control，是以表格方式展示一组历史数据，一样简单易用。 不再细述。唯独提醒一点，表格控件的打印模板可以使用 Report Table Control Contents，更好用。

【万泉河 TIPS】配置完成启动之后，如果没有数据记录，需要检查计算机属性是否激活了变量记录运行系统模块，很多时候是这里疏忽了。下一章的报警系统也是。

5.4 V7.x 新功能

（1）归档部分

V7.x 的变量归档界面和变量管理集成为了一个，见图 5-10，同样是仿 EXCEL 方式管理。

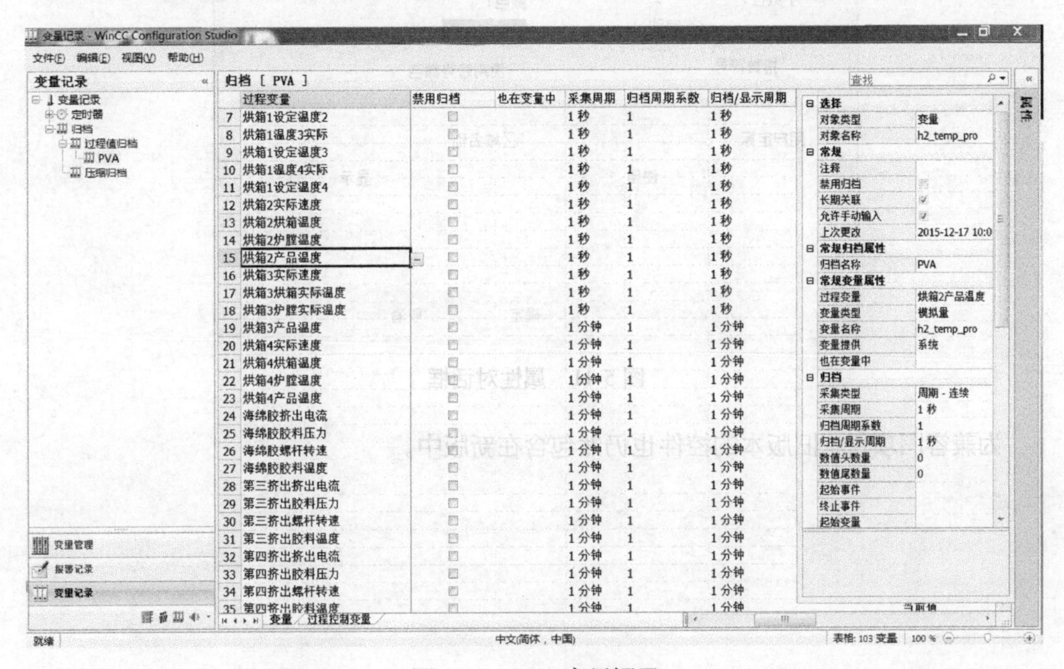

图 5-10 V7.x 变量记录

所以要改动各种参数时非常方便，直接用拖拉方式就可以完成批量修改。因而也就不再有 V6.x 中的预置功能。

（2）趋势图控件

V7.2 之后趋势图控件有了一个新版本，界面更漂亮，见图 5-11，参数对话框内容有增加。

其中最大的亮点是新控件支持多个数据轴和多个时间轴。这样的好处是如果在同一个趋势界面比较多个物理量纲或时间尺度差距较大的变量趋势，可以归类到几个数据轴时间轴。比起过去要么只能曲线使用各自的数据轴，要么只能所有曲线共用一个数据轴的方式，既灵活，又方便。

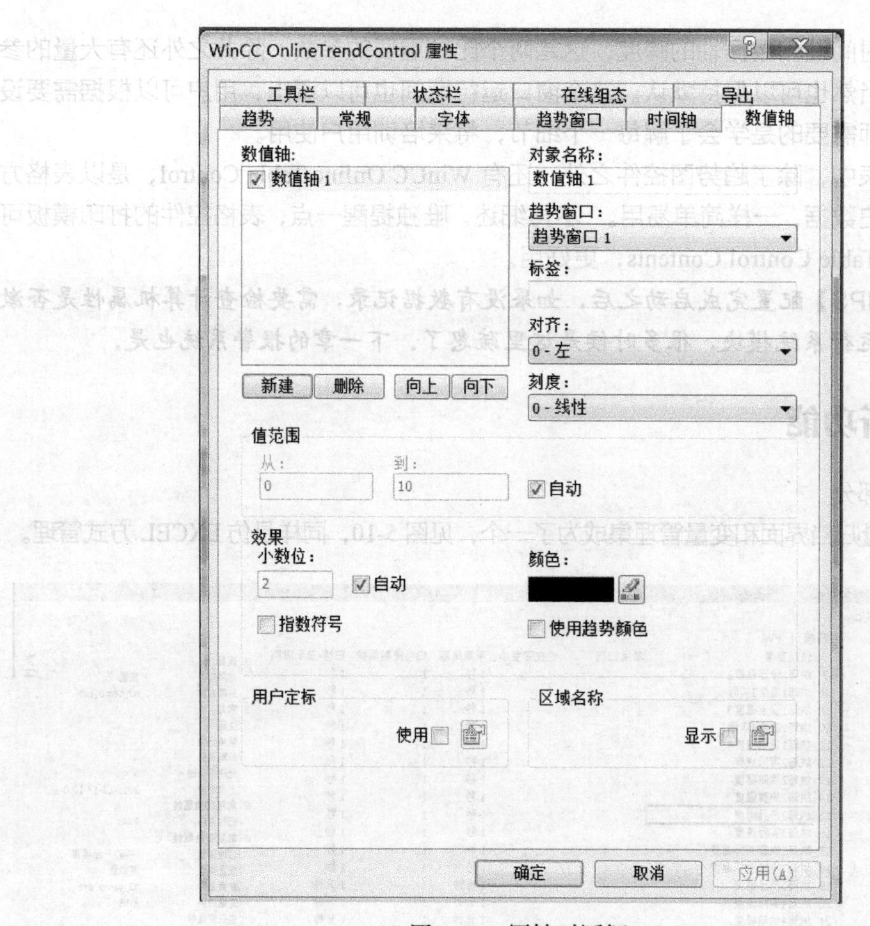

图 5-11　属性对话框

为兼容旧项目，旧版本的控件也仍然包含在新版中。

第 6 章

WinCC 报警记录

与变量记录趋势图类似，监控系统的另一大重要功能是可记录并查看一些重要消息和设备故障的发生记录，并用于后期的故障诊断或工艺分析。

组态过程与变量趋势图的过程也相当类似，设置归档的尺寸和参数，选择需要归档记录的变量消息；在画面中显示消息列表。前者是在专门的报警系统的软件模块中实现，后者则是通过一个专用的控件，插入到画面中。

6.1 归档设置

打开报警记录模块，先设置归档组态，见图 6-1，以免以后忘记。

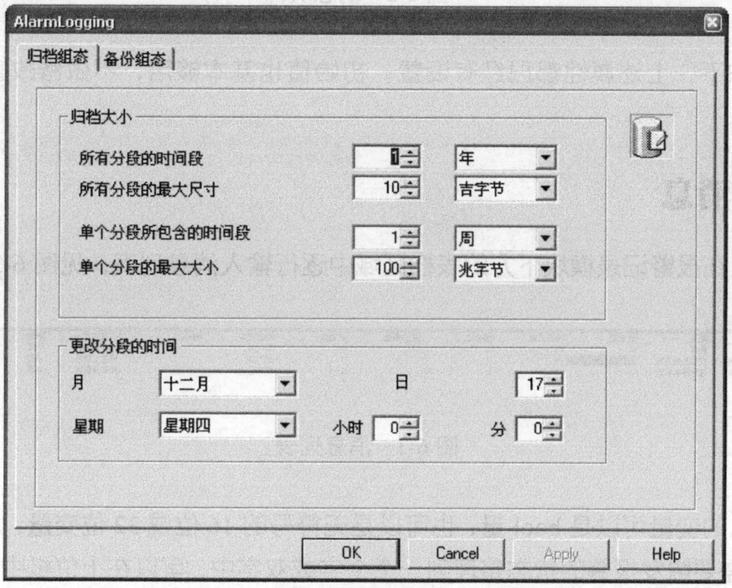

图 6-1 归档组态

和变量记录相似，报警记录也是包含所有归档和单个分段两套参数，系统缺省的分段时间只有 1 周/1 日，如果忘记设置，系统运行后很容易丢失历史数据。建议改为 1 ~ 2 年/1 周。

6.2 消息属性和类别

对一条报警消息来说，最主要的信息包括触发消息的变量，消息的文本描述以及一条消息发生的时间和结束的时间。

在 WinCC 的模式里，消息的时间只有一个，所以当事件发生时，触发一条消息，而当事件结束时，再另外触发一条消息。区分方法是把消息分为了进入、离开和确认三种状态。

除此之外还可以增加一些附加的属性，比如报警发生的车间地点，报警发生时关键变量的值。这些就是用户文本块和过程值块。

为了方便管理，还可以对消息进行分类，包括消息的级别，是不是需要确认，然后还可以根据分类的结果，设定消息发生时的颜色和闪烁属性。见图 6-2。

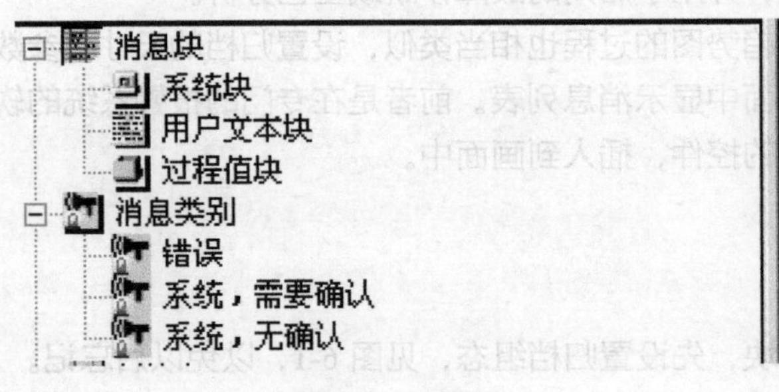

图 6-2　消息块

默认状态下，上述属性都已经有设置。初始值也基本够用，不做修改直接用也完全可以。

6.3 组态消息

然后可以在报警记录模块下方的表格区域中逐行输入消息列表，见图 6-3。

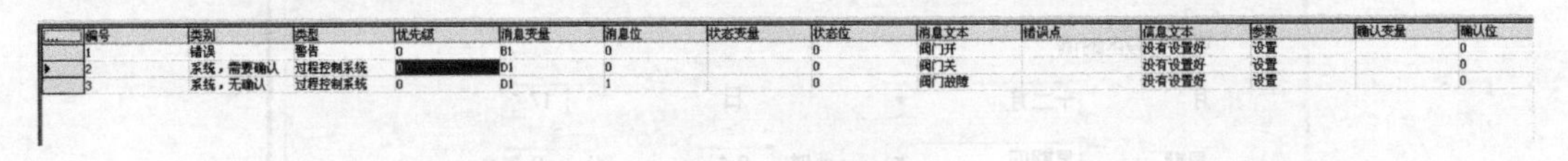

编号	类别	类型	优先级	消息变量	消息位	状态变量	状态位	消息文本	错误点	信息文本	参数	确认变量	确认位
1	错误	警告	0	B1	0		0	阀门开		没有设置好	设置		0
2	系统，需要确认	过程控制系统	0	D1	0		0	阀门关		没有设置好	设置		0
3	系统，无确认	过程控制系统	0	D1	1		0	阀门故障		没有设置好	设置		0

图 6-3　消息列表

触发消息的变量可以是 bool 量，也可以是无符号的 16 位或 32 位变量，意思就是可以在 PLC 中把需要触发报警的状态整理到一个个字或双字中，可以在上位机中拆位使用。所以就需要输入消息位。

简单应用只需要输入消息文本即可。使用中如果发现可输入的消息文本长度被限制不够用的话，需要在消息块中设置消息文本的字符长度，见图 6-4。

每条消息还可以通过属性调出对话框，见图 6-5，具体更细节的参数可以在其中修改。

图 6-4　文本长度

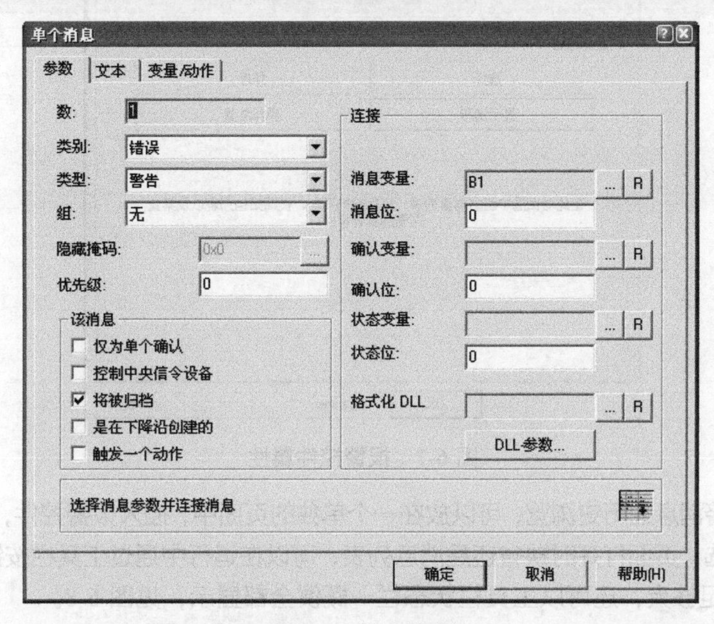

图 6-5　单个消息

6.4　WinCC 画面显示报警消息

在系统运行中，报警的显示有两类：一类是当前正激活的报警，或者说正在发生的重要消息；另一类是作为历史数据查询的列表。

正在激活的报警，通常要放在主画面上，以方便报警发生时，不管画面运行在哪个画面，操作员随时可以看到报警信息的提示。

为不占用过多画面空间，通常都只显示 1 ~ 2 行。

主画面中顶端插入 WinCC Alarm Control 控件，见图 6-6。

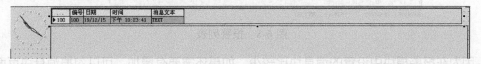

图 6-6　报警提示

在属性中设置显示为消息列表，见图 6-7，把消息文本列加入到选定列表中，并调整先后顺序。

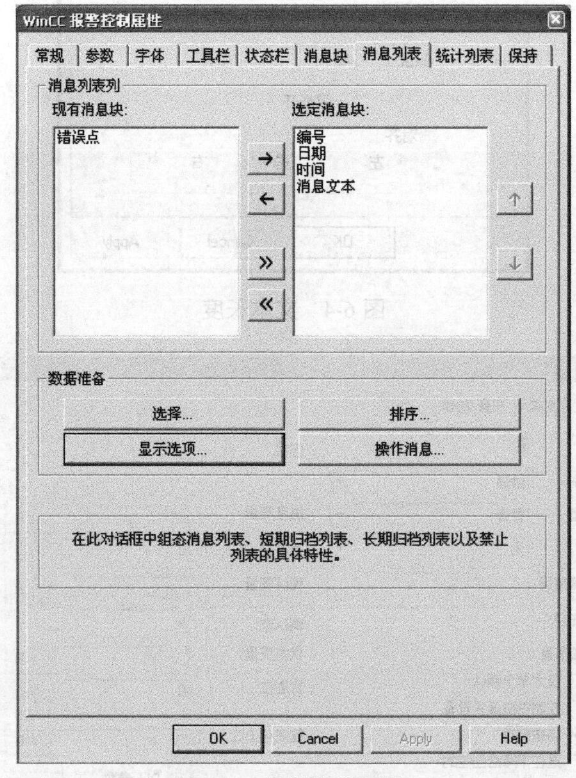

图 6-7　报警控件属性

然后是报警消息的历史浏览，可以放在一个单独的页面中，插入报警控件，选择短期消息列表（如果不选，页面打开时缺省还是消息列表，可以在运行中通过工具栏按钮来切换）。

因为空间足够大，还可以工具栏状态栏一概俱全都显示，见图 6-8。

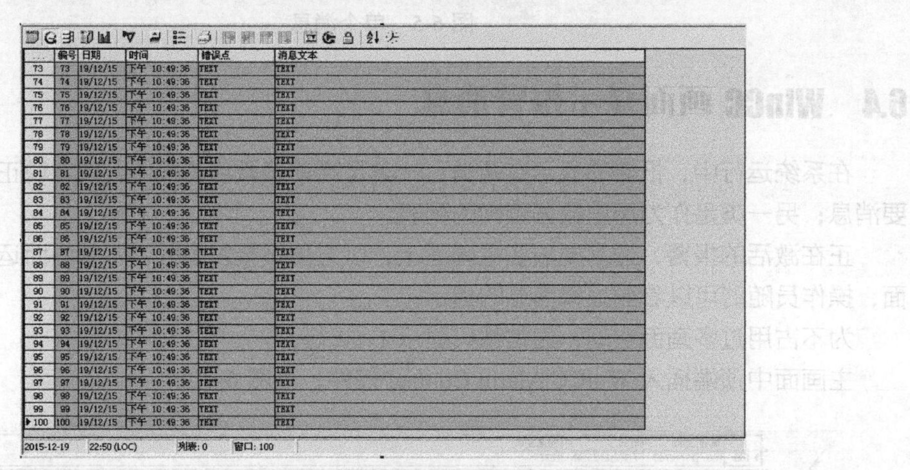

图 6-8　报警列表

因为在报警模块中设置的消息块比较少，如果还需要有增加，可以勾掉消息块页面的应用项目属性的列属性和列宽，然后就可以添加显示其他感兴趣的块了，见图 6-9。

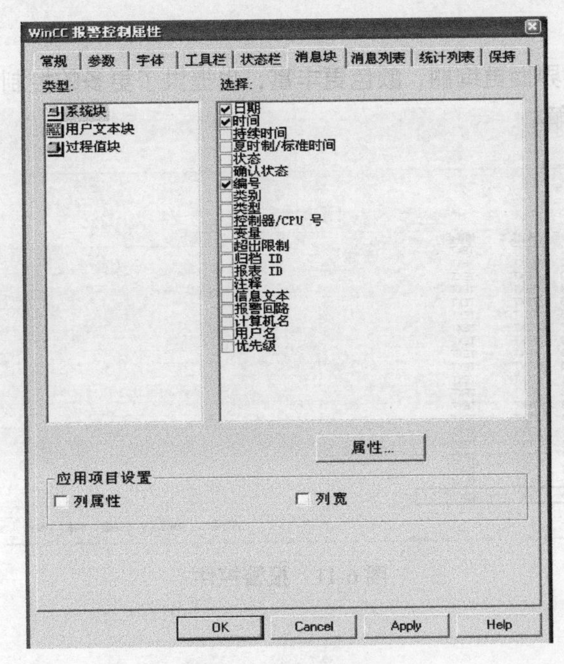

图 6-9　消息块选择

列宽属性勾掉以后，可以在控件上直接调整列宽，以充满画面。方法是按 CTRL 键的同时双击控件。再点下自动滚动按钮后，原本不可调的每个表格列的宽度现在就可以调整了。

6.5　V7.x 新功能

（1）归档部分

与上一章的变量记录一样，V7.x 的报警管理也与变量管理在同一个界面中，见图 6-10，EXCEL 方式的编辑方式变得尤为便捷。

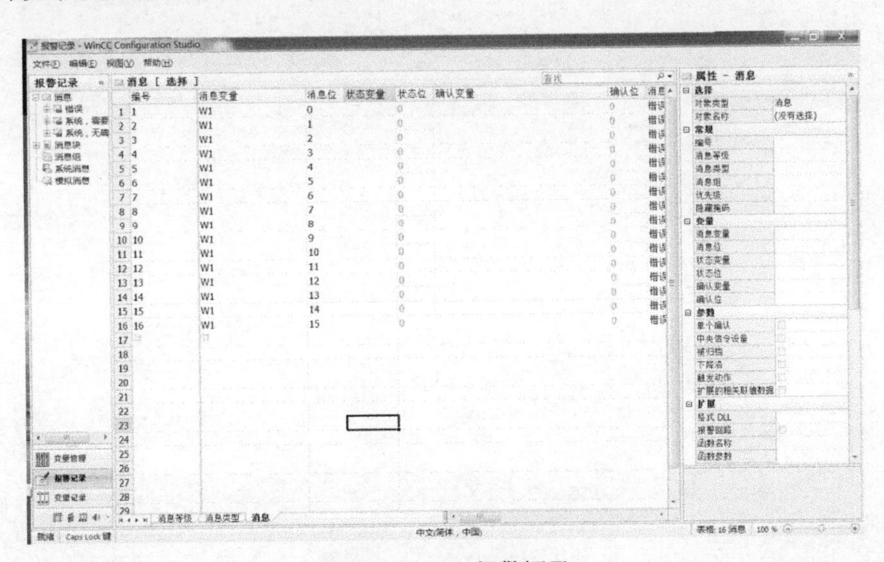

图 6-10　V7.x 报警记录

（2）报警控件

V7.3 的报警控件界面更绚丽，颜色更丰富，也提供了更多的控制选项，见图 6-11，可以在实践中适应、了解。

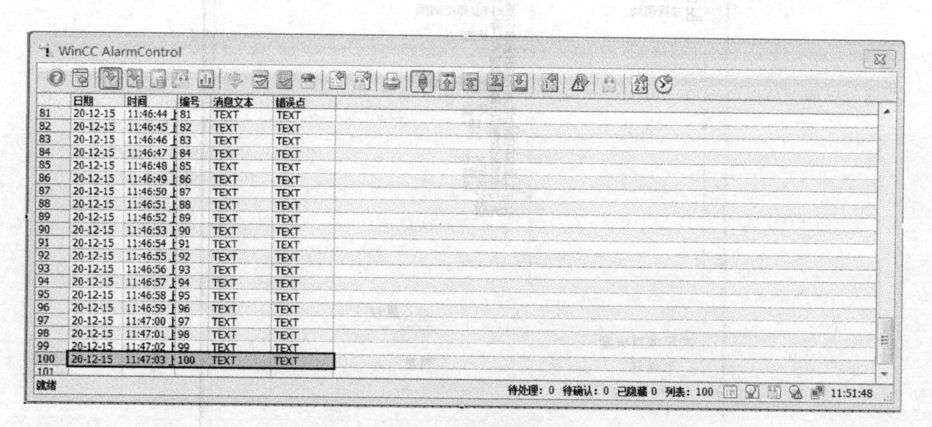

图 6-11　报警控件

第 7 章

WinCC 用户管理

大部分的工业项目，都会要求在上位机界面操作中对一些重要的操作设定权限，只有特定的人员、特定的资质，才可以操作。

类似管理功能，在 Windows 系统中也一样存在。 实现的模式也是大致相同，就是在管理上分成两层，首先是定义一系列的权限，对某个具体的操作，只有对应的权限才可以。其次是用户角色的管理，给不同的用户分配不同的权限，那么当某个用户登录之后，根据他本身拥有的权限列表中，具有某个操作所要求的权限的时候，那么他就被允许执行这个操作。

7.1 用户权限分配

打开用户管理模块，见图 7-1。

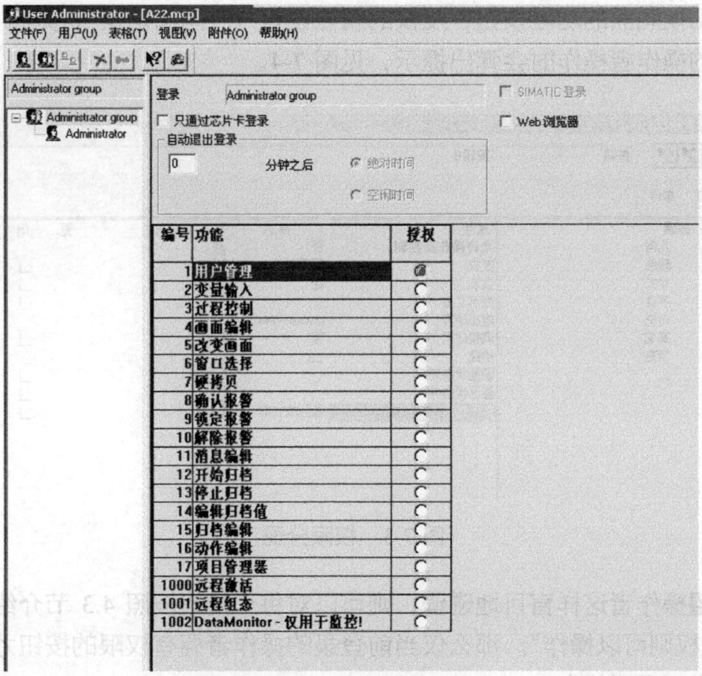

图 7-1 用户管理器

首先看到的有一个缺省的 Administrator group 的分组和缺省的一系列权限功能描述。

这些缺省的功能描述其实来自 PCS7，但在 WinCC 这里不得不说，定义的很差劲，所以会导致初学者不明所以。其实这些描述的文字根本不重要，都是可以修改的。比如我们把其中的 4 ~ 6 号功能如图 7-2 所示改名字为“启动设备”、“画面切换”和“参数修改”，是不是就非常容易理解了？

4	启动设备	○
5	画面切换	○
6	参数修改	○

图 7-2　功能描述

后面我们将在画面中给启动设备的按钮和切换画面的按钮分别分配这样的权限。

现在可以建立用户，设置用户登录密码，并根据需要给用户分配权限。通常来说管理员拥有最高权限，包括用户管理的权限，而其他人员可以拥有的权限则根据需要设置。权限本身并无高低之分。也可以有些权限只有普通用户拥有，而管理员不拥有。

如果用户较多，可以创建用户分组，并给用户分组设置初始权限，这样当在这个用户组下创建新用户的时候，就可以缺省统一拥有这些权限。

分组创建可以有工程师和操作员之分，工程师可以拥有修改设备运行参数以及关机停止 WinCC 进行维护的权限。

7.2　画面分配权限

给每一个切换画面的功能按钮，授权的属性设置为“画面切换”，见图 7-3。然后运行中，没有授权的操作者操作时会弹出提示，见图 7-4。

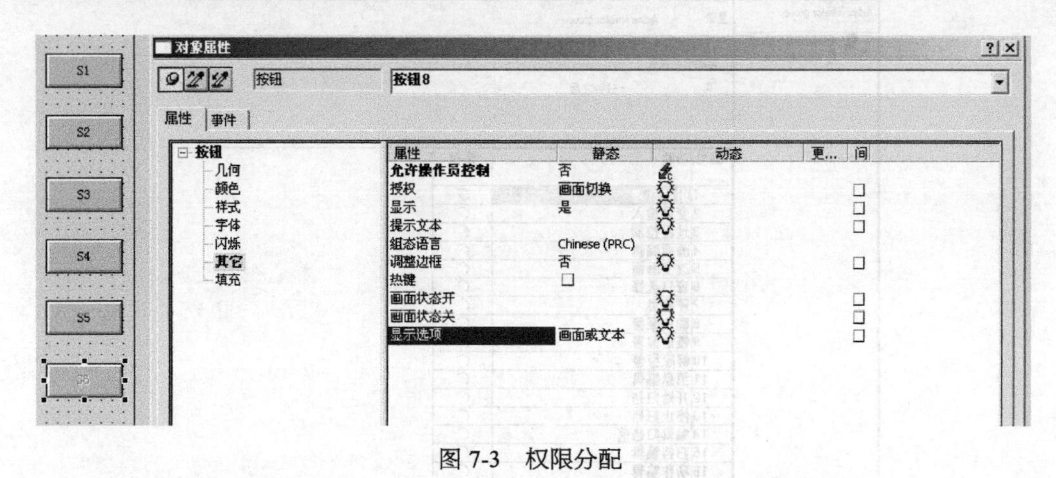

图 7-3　权限分配

如果不希望操作者这样盲目地碰壁，则可以对每个按钮按照 4.3 节介绍的运行动态向导：“如果有授权则可以操作”。那么仅当前登录的操作者拥有权限的按钮才为可用，无权限的按钮自然为不可用状态。

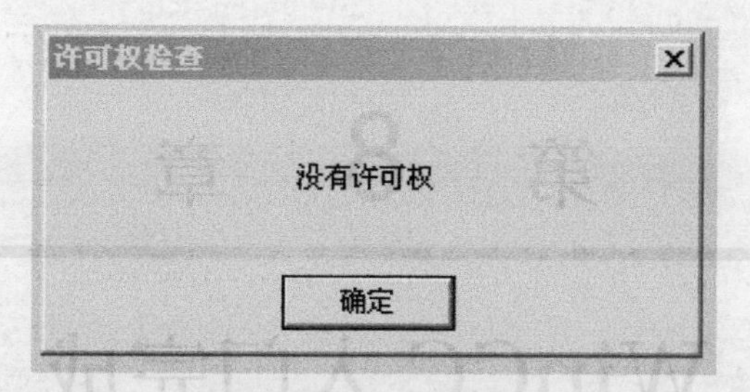

图 7-4　许可权检查

同理修改其他的设备启动的按钮和工艺参数的 I/O 域。

【万泉河 TIPS】如果某个操作按钮需要根据登录用户的权限情况仅在权限满足时显示，否则隐藏该怎么处理？答案是：把上面的动态向导生成的脚本复制到显示属性来。

第 8 章

WinCC 入门完成

8.1 电脑开机自动启动 WinCC 项目

作为一个交给客户操作员使用的完整的监控项目，应该电脑上电开机后自动启动到 WinCC 运行画面。哪怕时间可能有点长，但不需要人工干预操作。

首先，电脑系统要有自动登录功能，开机后自动运行到桌面。方法是，在电脑的开始中运行：Control userpasswords2。

不管是 WinXP 还是 Win7，都会跳出类似的用户账户的窗口，见图 8-1。

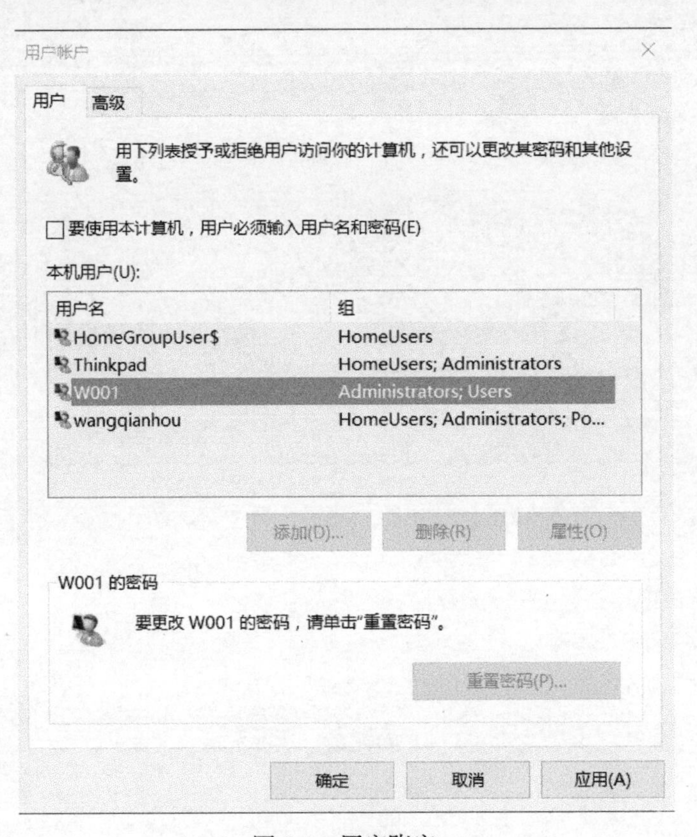

图 8-1 用户账户

选择要自动登录的用户名，然后勾掉上面的“要使用本计算机，用户必须输入用户名和密码”的选项。

确定后会要求重复输入用户的密码即可。

建议：电脑的所有用户，必须有密码。为了交接给用户，需要设置的密码非常简单，但再简单也必须有密码，绝不能为空。否则系统相当于完全裸露，极容易被攻击。

然后，在开始菜单的 WinCC 目录中，运行 Autostart，见图 8-2。

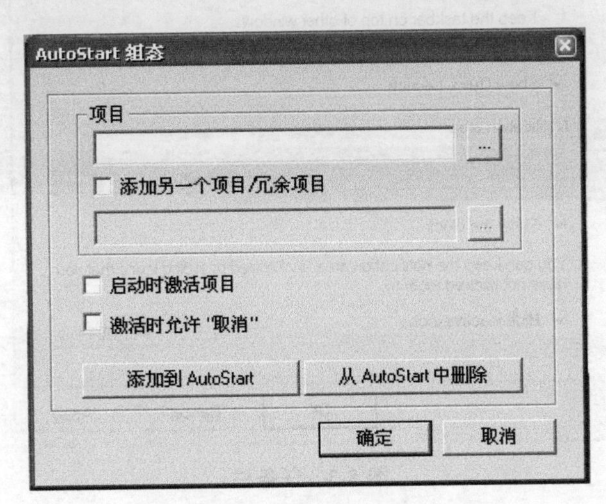

图 8-2　AutoStart 组态

选择已经完成的 WinCC 项目的 MCP 文件，然后勾上各需要的选项，点击添加到 AutoStart，完成。

从此以后电脑开机就自动进入 WinCC 项目的运行状态，而不再需要先打开 WinCC Explore。

8.2　禁用 Windows 任务栏

通常来说，上位电脑作为一个专用的电脑。运行时不允许员工再操作运行其他的程序以防止对监控系统本身产生影响。当然，还有一部分原因是防止员工在电脑上玩游戏。

所以最终的实现形式是：

- WinCC 画面全屏；
- Windows 任务栏被隐藏；
- Win 功能键锁死，不能调出开始菜单，也不能切换到桌面。

再加上上一节的开机自动运行，就避免了员工可以运行任何 Windows 应用程序。

实现方法是：

① 设定任务栏为自动隐藏，并勾掉窗口在最前面，见图 8-3。

② WinCC 项目属性中，禁用所有系统功能键，见图 8-4。

其中 Ctrl+Esc 组合键相当于 WIN 键。

俗话说，“道高一尺，魔高一丈”，没有绝对的安全。 这里也是一样道理，你不可以对这种简单的设置寄托太多的希望。

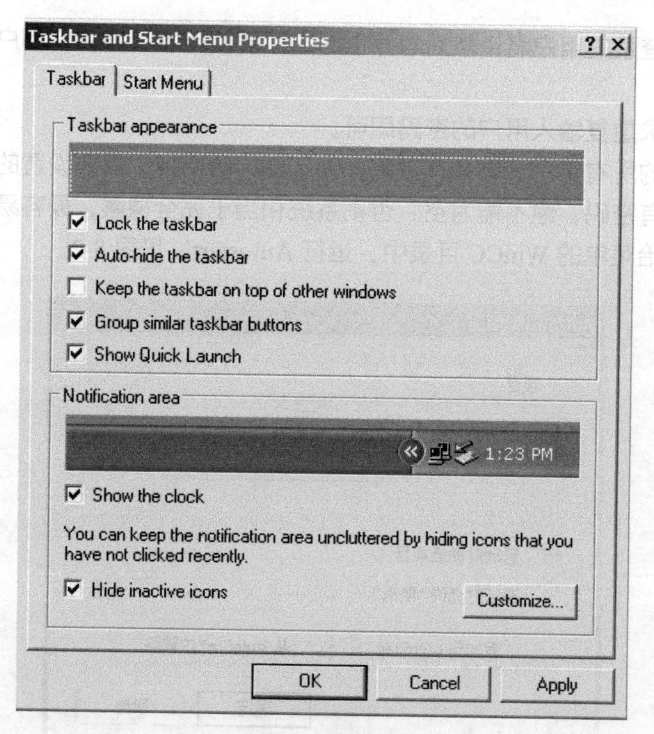

图 8-3　任务栏

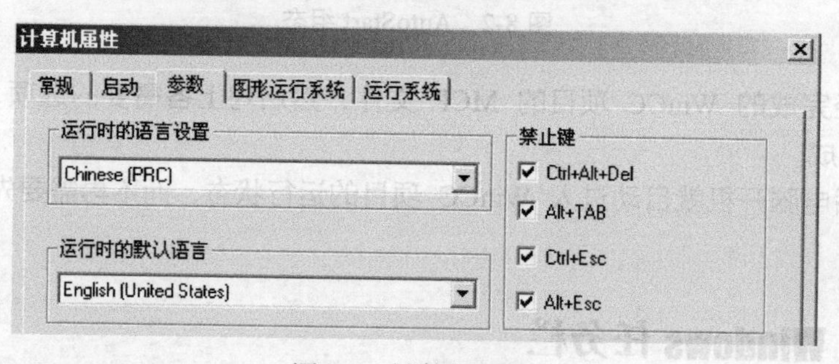

图 8-4　计算机属性

但经过上述粗略的设置，绝大部分的初级使用者，是可以阻挡住的。剩下的交给工厂的管理规范来保障即可。

8.3　工程项目的归档与分发

一个 WinCC 项目在设计调试过程中需要实时备份，以及完成后需要归档，通常来说，把项目目录压缩之后即可。但如果项目中包含的模拟量过多，记录的历史数据太久，这些数据库文件也包含在项目文件夹中，就会导致压缩文件尺寸过大，有时甚至超过几个 GB。所以必须清除这些已经产生的历史数据。

有两种方法，两种方法都需要在完全停止和退出 WinCC 的状态下操作。

（1）方法一

使用软件提供的小工具“项目复制器”（Project Duplicator），位于开始菜单。WinCC\tools 目录下。运行后的窗口见图 8-5。

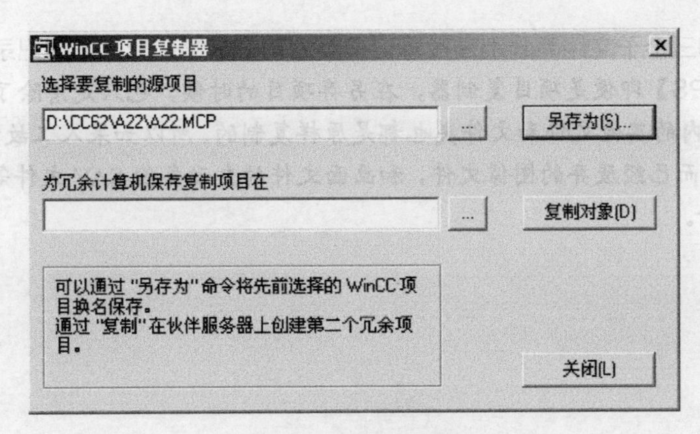

图 8-5　项目复制器

通过“另存为…”按钮，将项目另存在另一个文件夹，因为这里操作的目的只是备份，将来还有可能恢复使用，所以另存之后的名称应该与源项目相同。

另存之后，文件中的历史数据被清除。然后将文件夹压缩即可。

（2）方法二

直接压缩，压缩之后再从压缩文件中删除历史数据所在的文件夹，WinCC 历史数据存放在 ArchiveManager 文件夹中，见图 8-6。

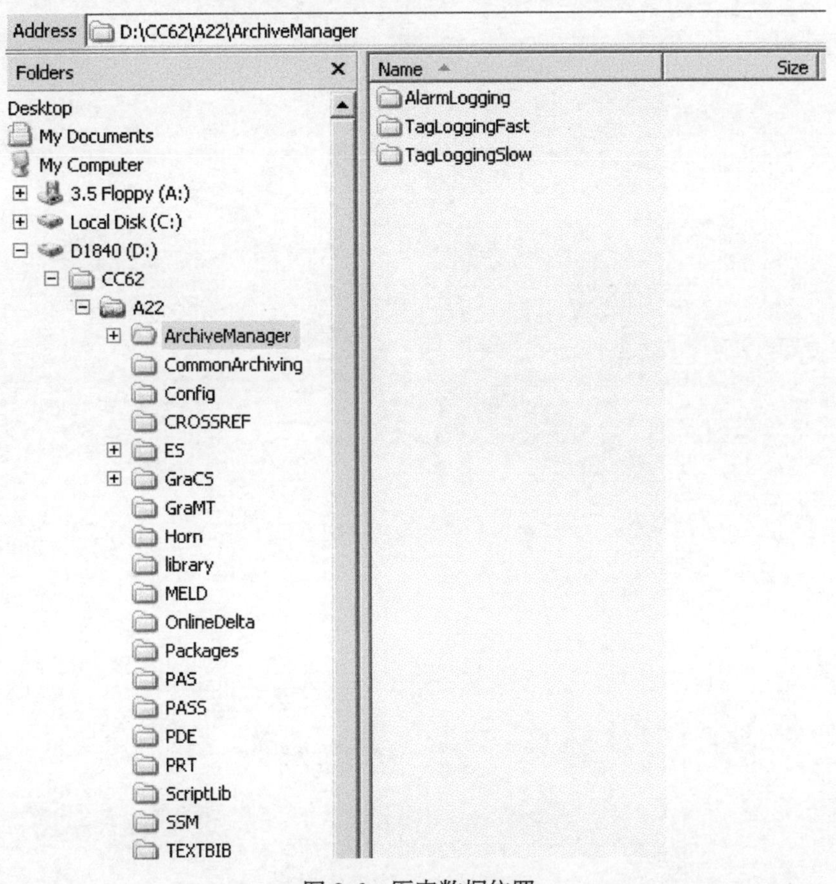

图 8-6　历史数据位置

文件夹下的三个子文件夹分别是报警记录数据和快、慢变量数据的记录。

【万泉河 TIPS】**即便是项目复制器，在另存项目的时候，也只是清除了历史数据。除此之外，文件夹内的其他文件和文件夹也都是原样复制的。所以如果人工故意存放的文件，不必担心漏拷。而已经废弃的图像文件，和画面文件的自动备份 SAV 文件等垃圾文件，都还需要手工清除。**

进阶篇

第 9 章

WinCC 软件补充安装

WinCC 软件中，除了基本功能之外，还有一些选件、附加件和辅助工具。

通常来说，选件是作为购买软件时的可选件，需要单独购买授权，有的选件是跟随软件基本包一起，有的则是另外单独的光盘。而附加件及工具通常是免费的，大部分也是原本就跟随软件光盘一起附加来的。

具体每一个版本的 WinCC 软件，也都会有详细的选件和附加件的列表。

入门篇中介绍的软件安装过程，只是安装了入门阶段需要的基本软件包，而本章节则针对本书后面的章节中会讲解到的内容，所需要的软件功能进行补充安装。

其余更多部分的软件还应根据实际需要从帮助系统中有目的地学习了解。有一个总的趋势是，那些附加软件功能越强大，其实对于使用者来讲就越容易。很多时候只是按照帮助系统的说明，一步一步组态一遍下来即可，反而没有多少需要特殊学习的内容。

9.1 WinCC V6.2 补充安装

根据本书后面章节需要用到的功能，其实也是 WinCC 常见的功能，需要加装的内容有：

- 用户归档：用于配方管理或自定义数据库功能；
- AS-OS Engineering：　用于 WinCC 项目集成到 STEP7 中；
- 用户归档：用于配方控制和自定义的数据库存储；
- 服务器：用于服务器/客户端的项目架构；
- 基本过程控制：简称 BPC, 用于在 WinCC 上简单实现类似 PCS7 的 DCS 效果；
- SMART TOOLS：用于在 EXCEL 中实现对 WinCC 变量的快捷管理工具。

重新插入 WinCC 光盘，可以在各个目录中找到上述组件，见图 9-1 和图 9-2。

AS-OS Engineering 在通信中，安装的前提是需要已经安装了 STEP7 V5.x。

用户归档、服务器和基本过程控制在选项目录中，这三个选项都需要单独的授权。

Configuration Tool 在主菜单的附加软件列表中，见图 9-3，安装的前提是需要有 EXCEL 2003 或更高版本。安装后在 EXCEL 软件中增加了一个 WinCC 的菜单栏。

可以看到，还有很多选件组件本书未提及，这些组件都是用于实现特定的功能。读者感兴趣可以自己单独学习了解。

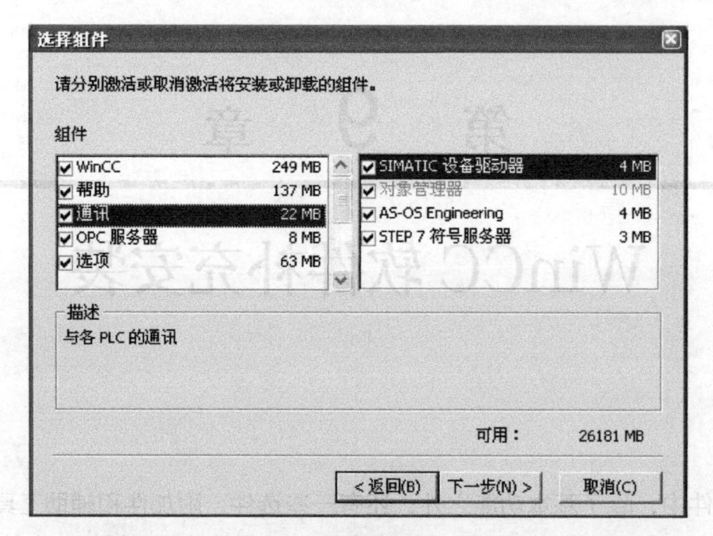

图 9-1 选择组件

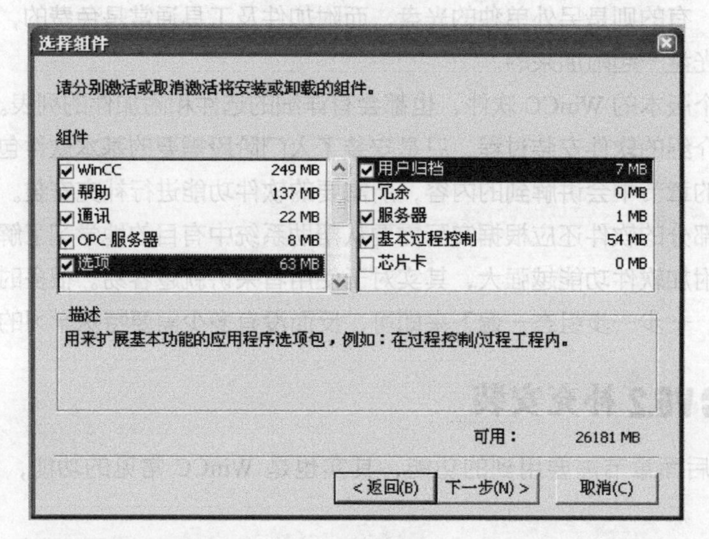

图 9-2 选项

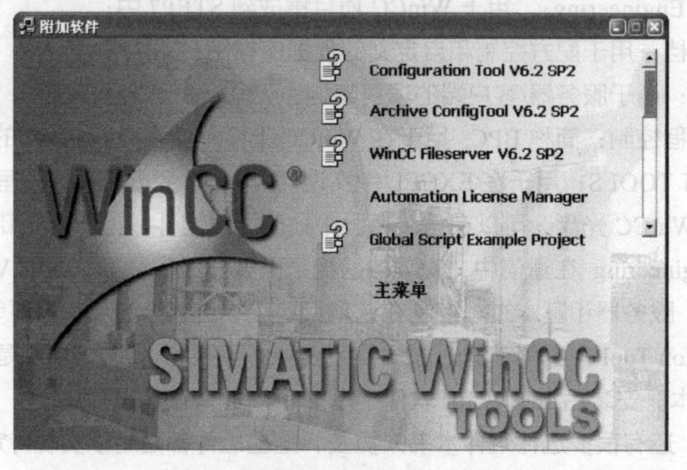

图 9-3 附加软件

9.2 WinCC V7.3 补充安装

V7.3 中上述的用户归档、服务器以及基本过程控制在基本安装时已经装上，而且组态变量等已经不再需要辅助工具，所以只剩下 AS-OS-Engineering 需要安装，从自定义安装中选择，见图 9-4。

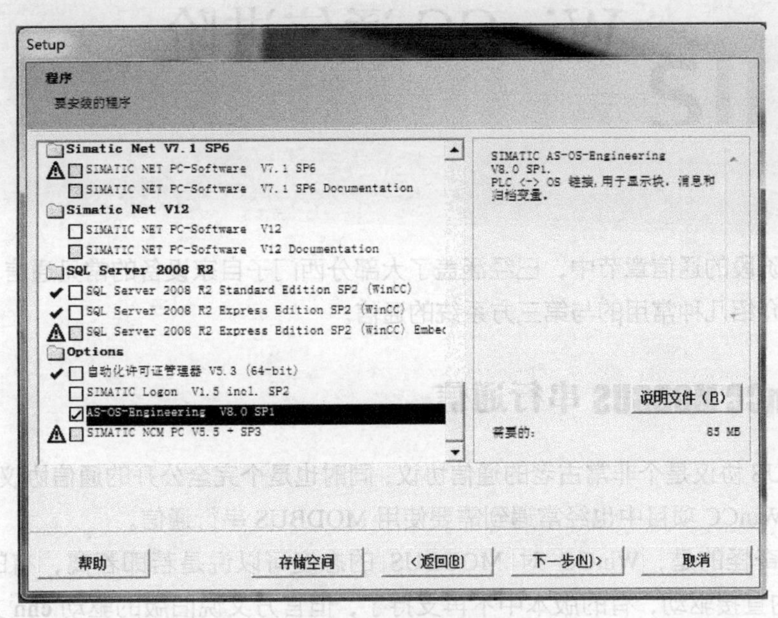

图 9-4 要安装的程序

当然前提仍然是需要 STEP7 V5.x 已经安装在系统中。

第 10 章

WinCC 通信进阶

在入门阶段的通信章节中，已经涵盖了大部分西门子自家设备的常见通信，在进阶阶段，则着力介绍几种常用的与第三方系统的通信。

10.1 WinCC MODBUS 串行通信

MODBUS 协议是个非常古老的通信协议，同时也是个完全公开的通信协议，所以应用非常广泛。WinCC 项目中也经常遇到需要使用 MODBUS 串行通信。

但非常奇怪的是，WinCC 对 MODBUS 的态度可以说是若即若离，有的版本中有 MODBUS 的直接驱动，有的版本中不再支持了，但官方又说旧版的驱动 chn 文件还可以使用。

有兴趣的读者可以去练习使用 MODBUS 串行驱动进行通信的实验，咱们这里则就简单通过 OPC 实现了。

因为 MODBUS 是最古老的公开协议，所以任何一个 OPC 服务器软件都会首先支持它，以便于测试和推广。所以我们就简单使用 KEPSERVER 来实现。

软硬件列表：

① S7-200 CPU 用于仿真 MODBUS SLAVE；

② WinCC V6.2；

③ USB/RS485；

④ KEPware SetupSSP V4.160.317。

步骤：

第一步，S7-200 PLC 中，编制如图 10-1 所示的程序，即可简单配置 PORT0 为 MODBUS SLAVE。

第二步，在电脑上用 MODSCAN 测试，见图 10-2，验证数据通信正常。

KEP 软件中定义驱动和链接，并定义变量，链接到 400001，如图 10-3。

链接建立后还可以在 KEP 下使用 OPC Quick Client 验证数据正常。

第三步，在 WinCC 中，通过 OPC 通道选择添加变量，见图 10-4。

添加以后，在运行画面验证数据通信正常，并可以手动修改数值。

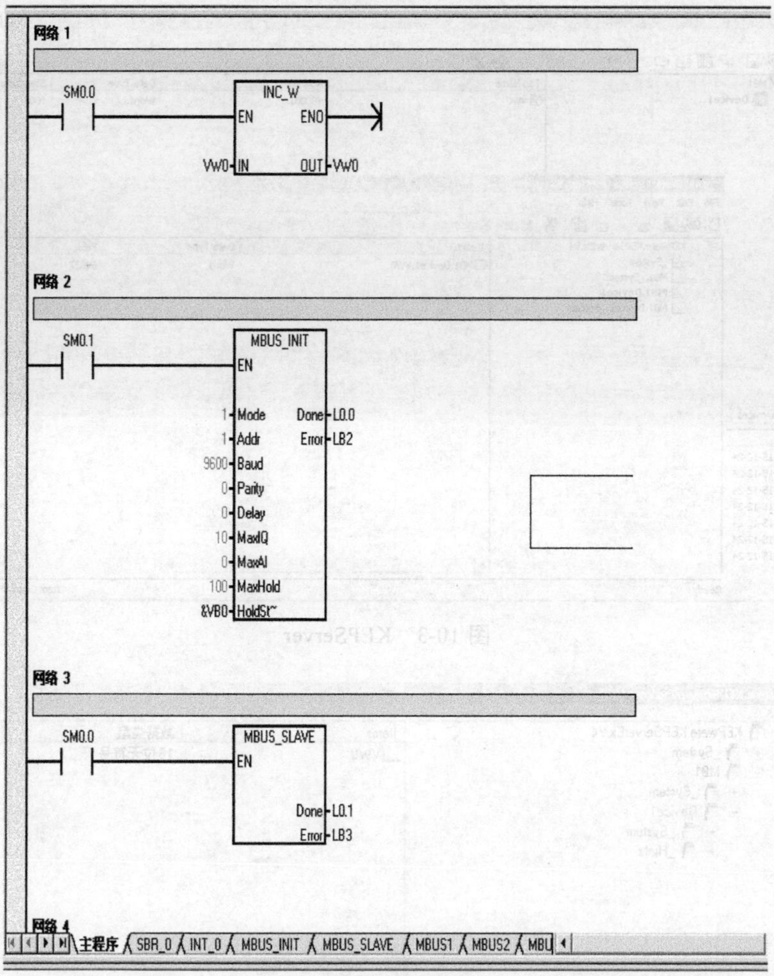

图 10-1　PLC 程序

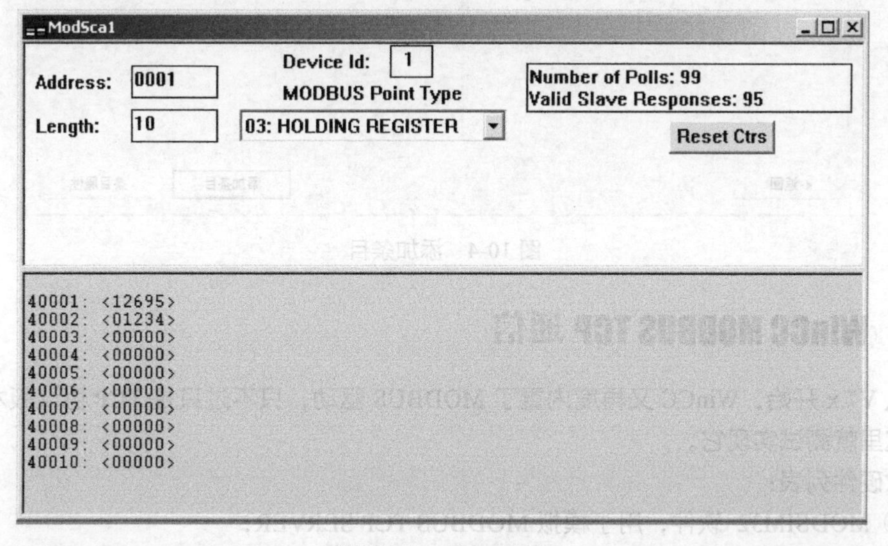

图 10-2　MODSCAN

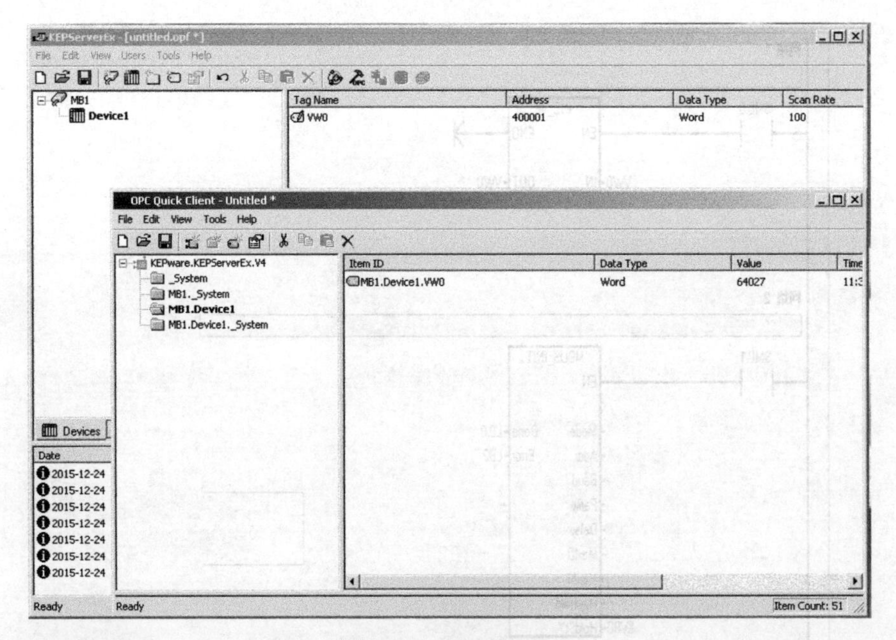

图 10-3　KEPServer

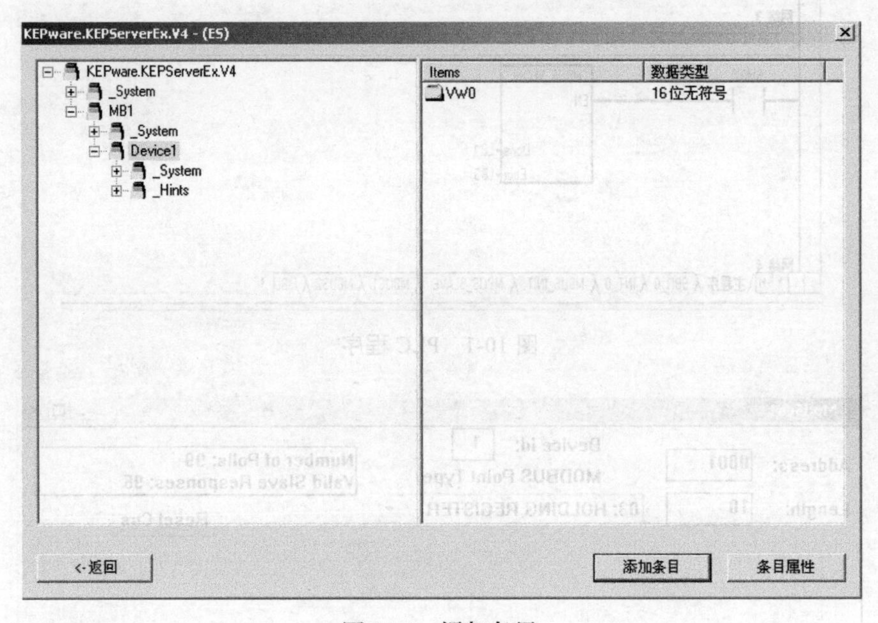

图 10-4　添加条目

10.2　WinCC MODBUS TCP 通信

从 V7.x 开始，WinCC 又再度内置了 MODBUS 驱动，只不过只是 TCP 协议版本。这里就测试实现它。

软硬件列表：

① MODSIM32 软件，用于模拟 MODBUS TCP SERVER；

② WinCC V7.3SE。

步骤：

第一步，运行 MODSIM 并连接到 MODBUS/TCP Svr，激活后设置 40001 的数据自动增长，见图 10-5。

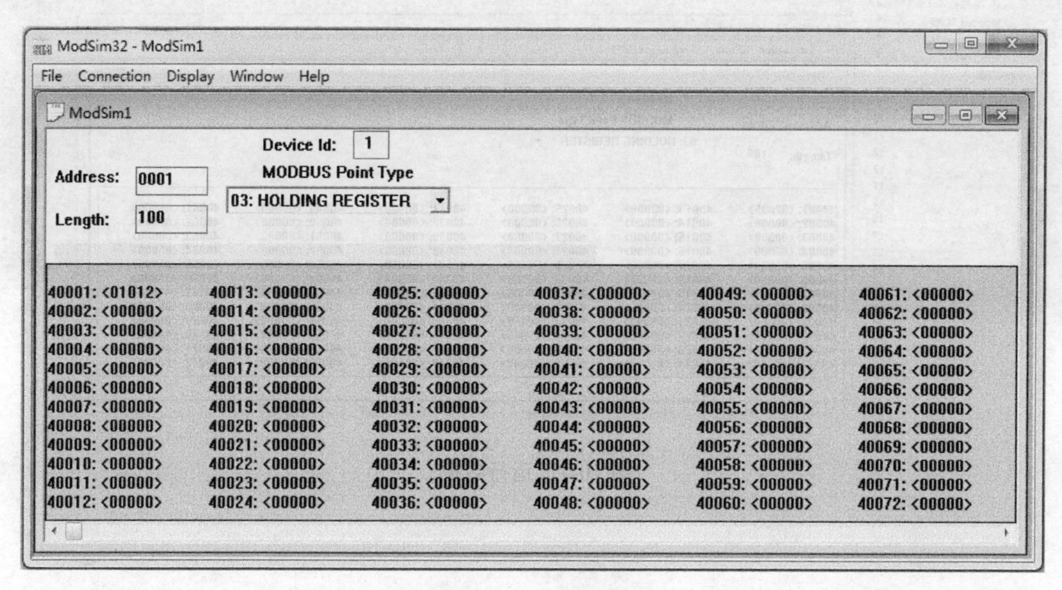

图 10-5 MODSIM

第二步，WinCC 中增加 MODBUS TCPIP 驱动，并建立新连接，设定链接参数，见图 10-6。由于是和本机通信，所以 IP 地址直接为 127.0.0.1。

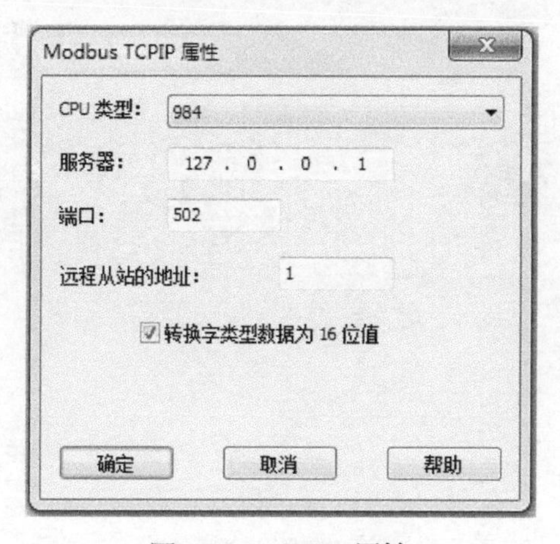

图 10-6 TCPIP 属性

建立新变量，地址到 40001，然后在 WinCC 运行状态下，把当前运行值的列取消隐藏，见图 10-7。

对比数值可以看到通信已经成功，WinCC 成功从 MODSIM 中读到了数据。

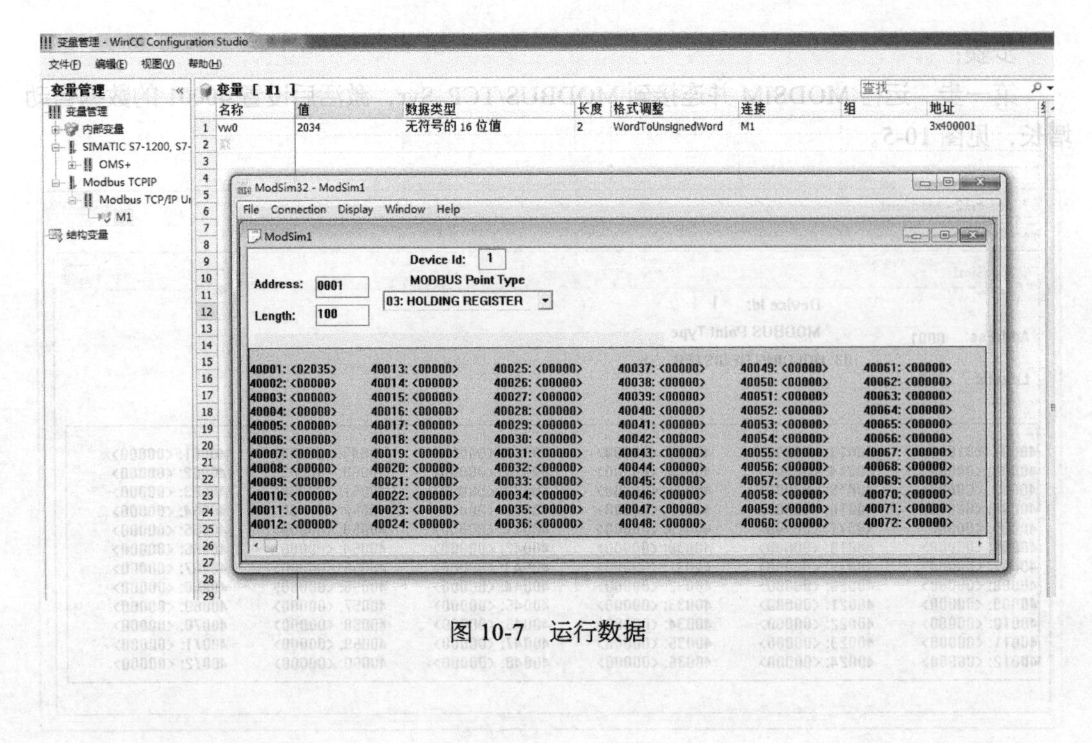
变量管理 - WinCC Configuration Studio
文件(F) 编辑(E) 视图(V) 帮助(H)
变量管理
变量 [M1]
查找
变量管理
内部变量
SIMATIC S7-1200, S7-
OMS+
Modbus TCPIP
Modbus TCP/IP U
M1
结构变量
名称 值 数据类型 长度 格式调整 连接 组 地址
vw0 2034 无符号的 16 位值 2 WordToUnsignedWord M1 3x400001
ModSim32 - ModSim1
File Connection Display Window Help
ModSim1
Device Id: 1
MODBUS Point Type
Address: 0001
Length: 100
03: HOLDING REGISTER
40001: <02035>
40002: <00000>
40013: <00000>
40025: <00000>
40037: <00000>
40049: <00000>
40061: <00000>
40072: <00000>

图 10-7　运行数据

第 11 章

WinCC 变量管理进阶

在学习入门篇的基础上，读者还应该顺便把帮助系统中介绍的其他的变量数据格式都了解一下，便于后面的学习。

本篇仍然不会涉及所有的数据类型，而是把变量管理中有特色的几个重点再做个进阶介绍。

11.1 文本变量

在计算机系统中，字符是一种比较重要的存储信息的数据格式，而且往往都以字符串的形式存在。WinCC 也支持这种变量格式，通常有两种，分别是“文本变量 8 位字符集”和“文本变量 16 位字符集”。

两种字符集在实际使用中差别并不大，即便 8 位字符集，也可以支持中文，所以简单使用时不需要严格区分。

文本变量主要应用在内部变量，用于应用界面和数据库存储等场合。系统内部变量中的@CurrentUser（当前登录的用户名）便是一个典型的内部字符串变量。

在一些极特殊的场合，也有可能用到文本类型的外部变量。但由于各 PLC 内部对字符串型变量的定义规则不同，在 WinCC 中定义地址的方式也不同。 通常是通过指定首字节地址来实现。

如图 11-1 所示，STEP7 中建立数据块，定义字符，长度为 20，并指定缺省内容。

DB1 -- S71\cpu314\CPU 314C-2 PN/DP

Address	Name	Type	Initial value	Comment
0.0		STRUCT		
+0.0	S1	STRING[20]	'SIEMENS'	
=22.0		END_STRUCT		

图 11-1 PLC 数据块

监控 PLC 中的运行值，见图 11-2。

持续注意观察内容变化后的 DBB1 字节的变化情况。

WinCC 中建立文本变量，见图 11-3。

	Address	Display format	Status value	Modify value
1				
2	DB1.DBB 0	DEC	20	
3	DB1.DBB 1	DEC	7	
4	DB1.DBB 2	CHARACTER	'S'	
5	DB1.DBB 3	CHARACTER	'I'	
6	DB1.DBB 4	CHARACTER	'E'	
7	DB1.DBB 5	CHARACTER	'M'	
8	DB1.DBB 6	CHARACTER	'E'	
9	DB1.DBB 7	CHARACTER	'N'	
10	DB1.DBB 8	CHARACTER	'S'	
11	DB1.DBB 9	CHARACTER	B#16#00	
12	DB1.DBB 10	CHARACTER	B#16#00	
13	DB1.DBB 11	CHARACTER	B#16#00	
14	DB1.DBB 12	CHARACTER	B#16#00	
15	DB1.DBB 13	CHARACTER	B#16#00	
16	DB1.DBB 14	CHARACTER	B#16#00	
17	DB1.DBB 15	CHARACTER	B#16#00	
18	DB1.DBB 16	CHARACTER	B#16#00	
19	DB1.DBB 17	CHARACTER	B#16#00	
20	DB1.DBB 18	CHARACTER	B#16#00	
21	DB1.DBB 19	CHARACTER	B#16#00	
22	DB1.DBB 20	CHARACTER	B#16#00	
23	DB1.DBB 21	CHARACTER	B#16#00	
24				

图 11-2 PLC 监控

变量属性
常规 | 限制/报告
变量属性
名称(N): S1
数据类型(T): 文本变量 8 位字符集
长度: 20
地址(A): DB1,DBB0 选择(S)
调整格式(F):
项目范围内更新(P) 计算机本地更新(C)
变量同步
线性标定
过程值范围 值1 0 值2 0
变量值范围 值1 0 值2 0
OK Cancel Help

图 11-3 变量属性

在画面中运行的结果见图 11-4。

修改其内容，见图 11-5。

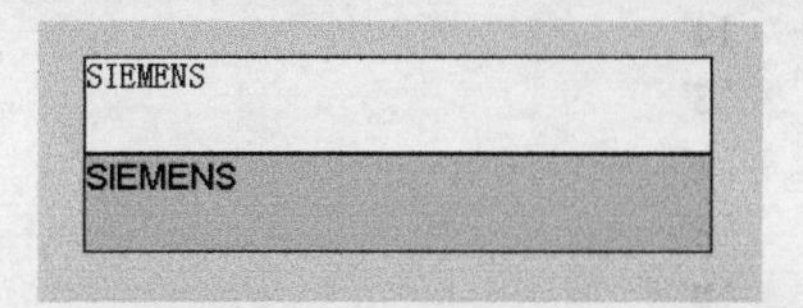

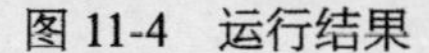

图 11-4　运行结果

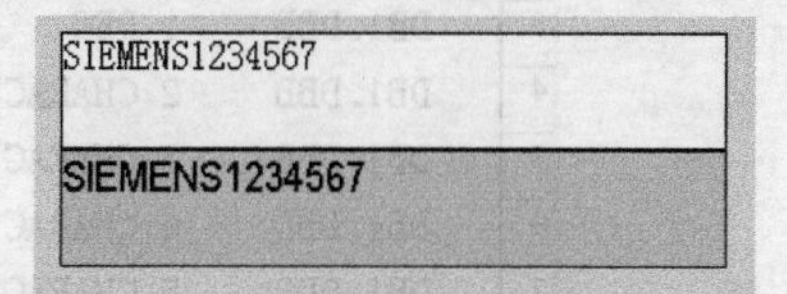

图 11-5　修改文字内容

PLC 监控如图 11-6 所示，不仅后面的字符内容变化了，前面 DBB1 的值也变化了。

	Address		Display format	Status value	Modify value
1					
2	DB1.DBB	0	DEC	20	
3	DB1.DBB	1	DEC	14	
4	DB1.DBB	2	CHARACTER	'S'	
5	DB1.DBB	3	CHARACTER	'I'	
6	DB1.DBB	4	CHARACTER	'E'	
7	DB1.DBB	5	CHARACTER	'M'	
8	DB1.DBB	6	CHARACTER	'E'	
9	DB1.DBB	7	CHARACTER	'N'	
10	DB1.DBB	8	CHARACTER	'S'	
11	DB1.DBB	9	CHARACTER	'1'	
12	DB1.DBB	10	CHARACTER	'2'	
13	DB1.DBB	11	CHARACTER	'3'	
14	DB1.DBB	12	CHARACTER	'4'	
15	DB1.DBB	13	CHARACTER	'5'	
16	DB1.DBB	14	CHARACTER	'6'	
17	DB1.DBB	15	CHARACTER	'7'	
18	DB1.DBB	16	CHARACTER	B#16#00	
19	DB1.DBB	17	CHARACTER	B#16#00	
20	DB1.DBB	18	CHARACTER	B#16#00	
21	DB1.DBB	19	CHARACTER	B#16#00	
22	DB1.DBB	20	CHARACTER	B#16#00	
23	DB1.DBB	21	CHARACTER	B#16#00	
24					

图 11-6　PLC 监控

修改文字中嵌入中文，见图 11-7。

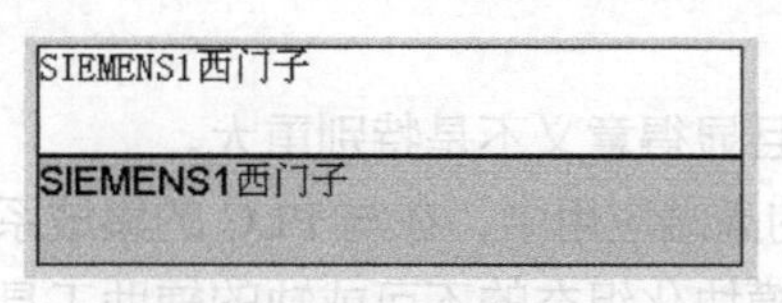

图 11-7　中文文字

以字节显示的中文部分为问号，但增加监控，见图 11-8，以字（WORD）为单位，监控这些字符值，则看到了中文字样。

	Address	Display format	Status value	Modify value
1				
2	DB1.DBB 0	DEC	20	
3	DB1.DBB 1	DEC	14	
4	DB1.DBB 2	CHARACTER	'S'	
5	DB1.DBB 3	CHARACTER	'I'	
6	DB1.DBB 4	CHARACTER	'E'	
7	DB1.DBB 5	CHARACTER	'M'	
8	DB1.DBB 6	CHARACTER	'E'	
9	DB1.DBB 7	CHARACTER	'N'	
10	DB1.DBB 8	CHARACTER	'S'	
11	DB1.DBB 9	CHARACTER	'1'	
12	DB1.DBB 10	CHARACTER	'?	
13	DB1.DBB 11	CHARACTER	'?	
14	DB1.DBB 12	CHARACTER	'?	
15	DB1.DBB 13	CHARACTER	'?	
16	DB1.DBB 14	CHARACTER	'?	
17	DB1.DBB 15	CHARACTER	'?	
18	DB1.DBB 16	CHARACTER	B#16#00	
19	DB1.DBB 17	CHARACTER	B#16#00	
20	DB1.DBB 18	CHARACTER	B#16#00	
21	DB1.DBB 19	CHARACTER	B#16#00	
22	DB1.DBB 20	CHARACTER	B#16#00	
23	DB1.DBB 21	CHARACTER	B#16#00	
24	DB1.DBW 10	CHARACTER	'西'	
25	DB1.DBW 12	CHARACTER	'门'	
26	DB1.DBW 14	CHARACTER	'子'	
27				

图 11-8　中文监控

尽管可以在 PLC 和 WinCC 的通信中成功使用中文字符，但因为中文字符集的复杂性，后台还是有很多技术问题。比如相同的字符到触摸屏可能就无法显示识别，PLC 编程中要对字符进行比较判断也会有问题。所以在计划使用中文字符的技术路线的时候，一定要小心。

11.2 结构变量

关于结构变量的解释和建立过程，在《WinCC 信息系统》和手册中有专门的章节进行了详细的描述，见图 11-9。

这些描述非常枯燥，而且显得意义不是特别重大。

而实际上，在 WinCC 的高端应用中，在与 PLC 的集成系统中，要实现快速高效的组态工作，结构变量都是实现模块化组态的不可或缺的辅助工具。

比如在 PCS7 中，大量的数据都是通过结构变量的形式最后展示在 WinCC 中的。 当然，那些数据结构都是自动生成的。但我们在现阶段了解结构变量的手动定义和建立的过程，对将来了解 TIA 和 PCS7 的机制都有很大的帮助作用。

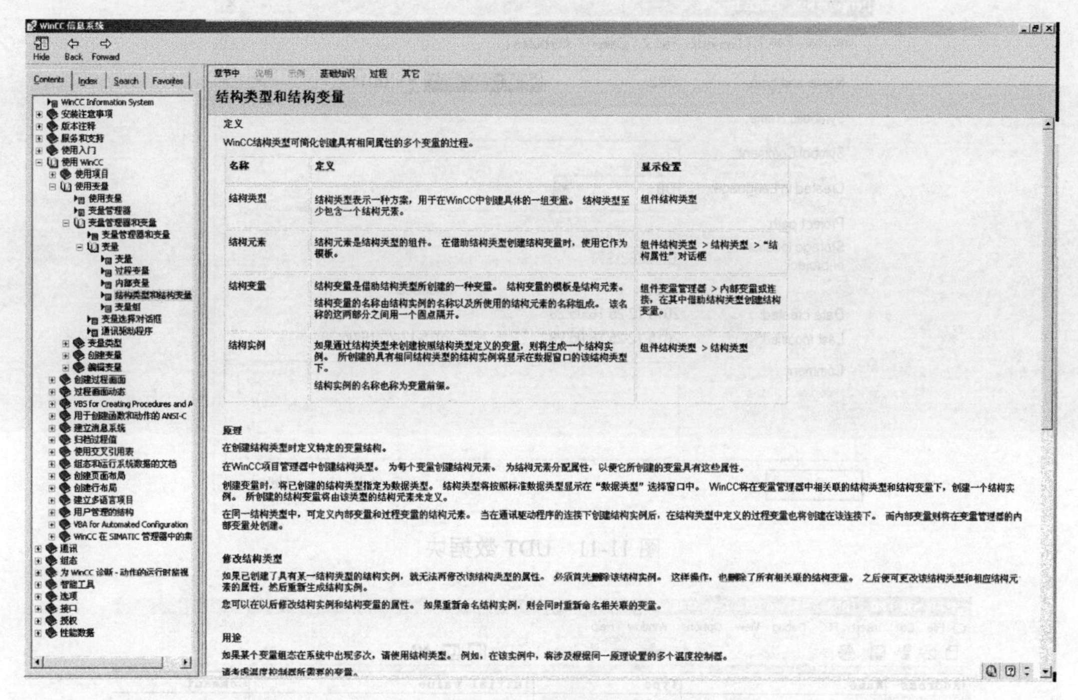

图 11-9　帮助系统

另外在某些场合，比如 OPC 通信，不支持建结构变量，但这种模块化思想本身还是非常有参考意义的。

本节通过在 STEP7 中建立 UDT，并在 WinCC 中相对应的建立结构变量的方法，来演示这一理念的实现过程。

首先，在 STEP7 中建立 UDT1，并按如图 11-10 定义。

UDT1 -- S71\cpu314\CPU 314C-2 PN/DP

Address	Name	Type	Initial value	Comment
0.0		STRUCT		
+0.0	B1	BOOL	FALSE	
+0.1	B2	BOOL	FALSE	
+2.0	W1	WORD	W#16#0	
+4.0	W2	WORD	W#16#0	
+6.0	INT1	INT	123	
+8.0	INT2	INT	5	
+10.0	F1	REAL	0.000000e+000	
+14.0	F2	REAL	0.000000e+000	
+18.0	S1	STRING[20]	''	
=40.0		END_STRUCT		

图 11-10　UDT

然后建立 DB 块，类型选择为 UDT1，见图 11-11。

也可以如图 11-12，在建立的 DB 块中建立变量，而数据类型选择为 UDT1。

回到 WinCC，见图 11-13，在 WinCC 中建立结构变量，对照上述的 UDT 的格式，偏移量和 UDT 中相同。

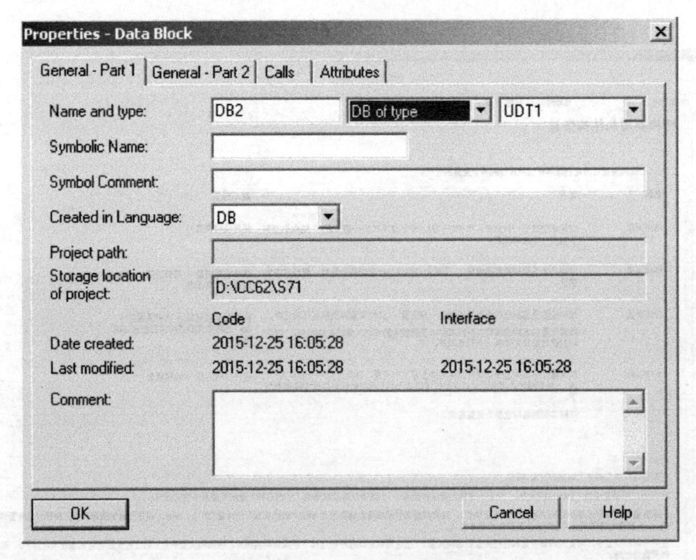

图 11-11　UDT 数据块

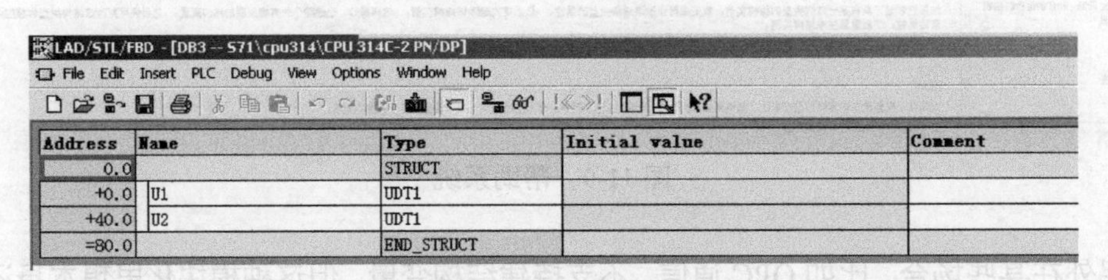

Address	Name	Type	Initial value	Comment
0.0		STRUCT		
+0.0	U1	UDT1		
+40.0	U2	UDT1		
=80.0		END_STRUCT		

图 11-12　UDT 数据结构

结构属性

常规

OS

从...中使用附加的格式改编

无单位

UDTI

BIT B1

BIT B2

WORD W1

SHORT INT1

FLOAT F1

TEXT8 S1

TEXT8 S2

外部变量(X)　内部变量(I)　新建元素(N)

类型转换(T)　删除元素(D)

AS

长度

20

偏移量

18

位

0

线性标定

过程值范围　值1　值2

变量值范围　值1　值2

改变 AS 的偏移量

OK　Cancel　Help

图 11-13　结构属性

可以看到：

结构变量中建立的元素列表可以与 PLC 中不完全对应，就是如果一些变量在 PLC 中用到的，而 WinCC 中用不到，则完全可以跳过。只需要用到的变量的偏移量与 UDT 中对应即可。

还可以建立内部变量，夹杂在其中。此时无需偏移量。

在 S7 驱动中建立结构变量的实例，见图 11-14，类型为 UDT1，而地址为 UDT 在数据块中的首地址。

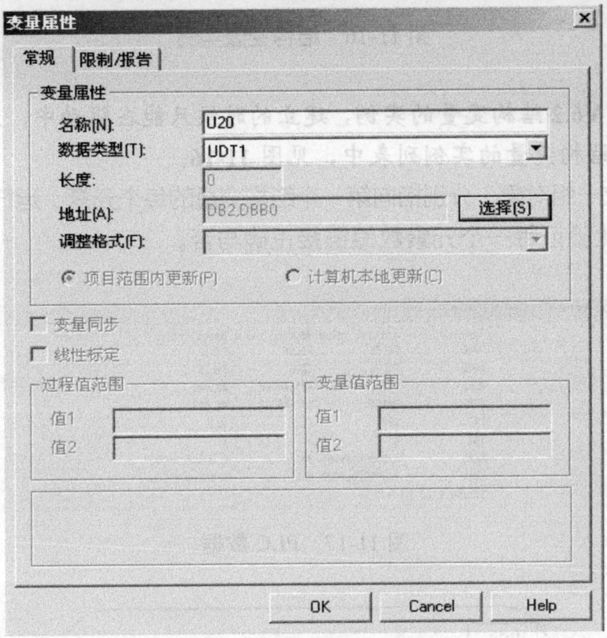

图 11-14　变量属性

同样步骤，可以快速建立另外的变量实例，见图 11-15，检查每个变量元素的具体地址，应该都与 DB 块中对应正确。

图 11-15　变量列表

所建立的多个结构变量的实例，可以从结构变量的目录中找到，见图 11-16。

在 V6.2 下，结构变量一旦有实例建立，则不再可以修改。如果需要修改结构变量的定义，则只能先删除所有实例，修改之后再重新逐个建立每一个实例而到 V7.2 之后，功能升级了，不再有这个限制了。

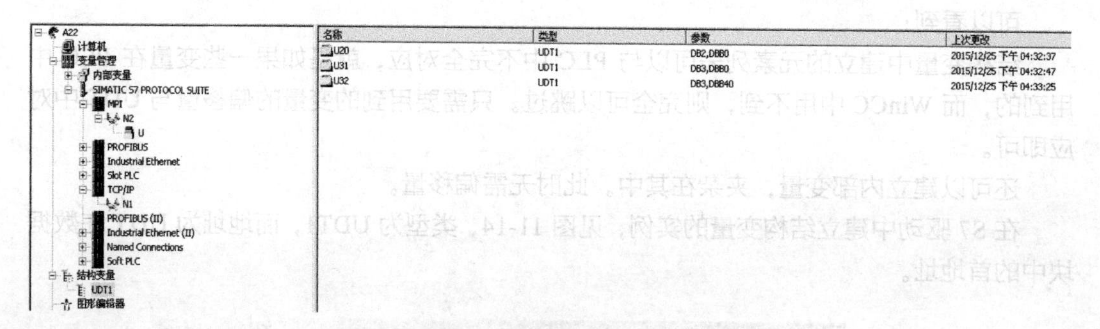

图 11-16　结构变量实例

注意：WinCC V6.2 结构变量的实例，建立的时候只能在驱动中，见图 11-15，而要删除的时候却只能在结构变量的实例列表中，见图 11-16。

在画面中，建立一组对象，分别指向第一个结构变量的每个元素，运行，结果见图 11-18，可以与图 11-17 对比验证每一个元素数值链接正确与否。

@DB2 -- S71\cpu314\CPU 314C-2 PN/DP ONLINE

	Address	Name	Type	Initial value	@Actual value	Actual value	Comment
1	0.0	B1	BOOL	FALSE	FALSE	FALSE	
2	0.1	B2	BOOL	FALSE	TRUE	FALSE	
3	2.0	W1	WORD	W#16#0	W#16#0008	W#16#0	
4	4.0	W2	WORD	W#16#0	W#16#0000	W#16#0	
5	6.0	INT1	INT	123	123	123	
6	8.0	INT2	INT	5	5	5	
7	10.0	F1	REAL	0.000000e+000	30.5	0.000000e+000	
8	14.0	F2	REAL	0.000000e+000	0.0	0.000000e+000	
9	18.0	S1	STRING [20]	''		''	

图 11-17　PLC 数据

U20
B1
B2
INT1 : 123
W1 : 8
F1 : 30.500
S1 : AAAA
S2 : BBBB

图 11-18　运行数据

把上面的所有元素选择，组合，然后另复制一套，与原来的并排。

选中新复制的组，点击鼠标右键“链接\变量连接…”，弹出对话框，见图 11-19。

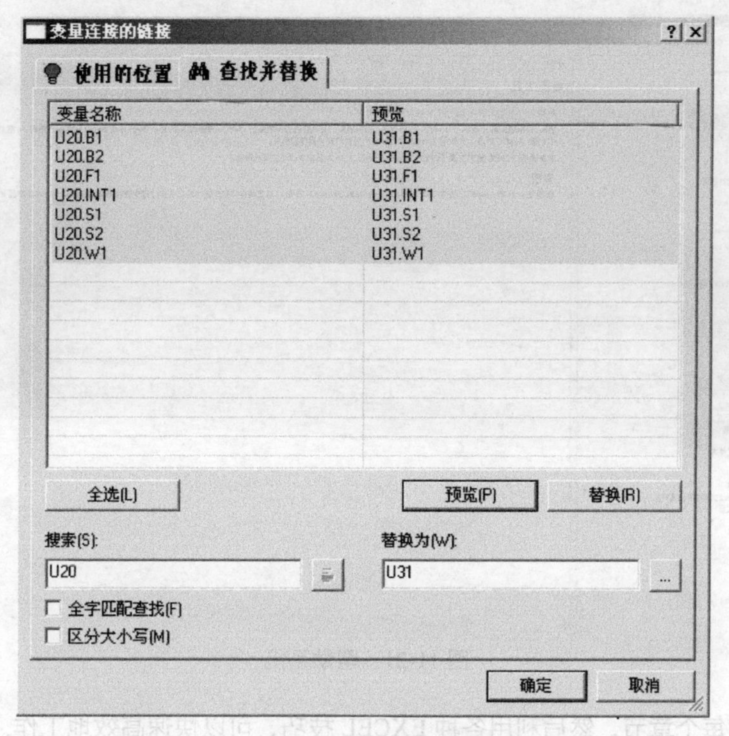

图 11-19　查找替换

进行变量名字的集体替换，完成后的运行效果见图 11-20。

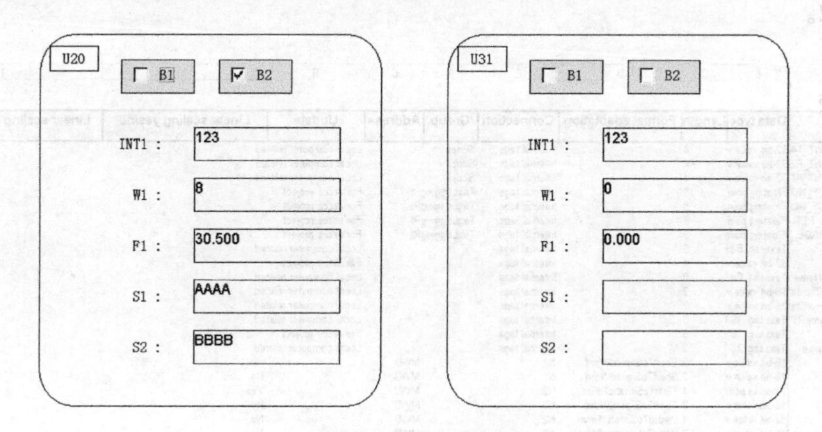

图 11-20　运行效果

想象一下，如果同样的设备有 20 套，那做复制并重新绑定链接的时间也就 10 分钟就可以搞定。由此，我们可以体会在多个同类型设备的情况下，进行快速高效组态工作的基本方法。但这还远远不是全部，利用结构变量，能做的事情还很多，本书后面还会多次涉及。

11.3　变量批量编辑 V6.2

在 V6.2 时代，要进行快速变量批量编辑的工具是 WinCC configuration tool，在《WinCC 信息系统》中的位置如图 11-21。

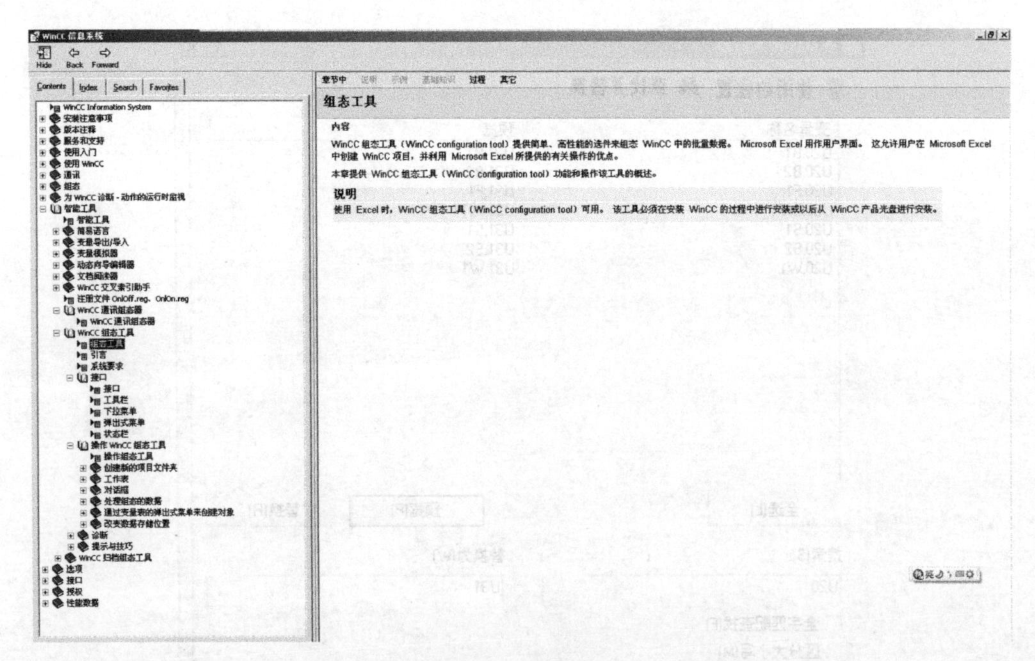

图 11-21 帮助系统

仔细阅读每个章节，然后利用各种 EXCEL 技巧，可以快速高效地工作。

按照帮助的指导，在 EXCEL 中，运行 WinCC 菜单下的指令，建立至现有项目的连接，得到项目相关的数据表格，其中，通信连接在 Connections 页中，而变量表在 Tags 页中，见图 11-22。

	A	B	C	D	E	F	G	H	I	J
1	Tags									
2	Name	Data type	Length	Format adaptation	Connection	Group	Address	Update	Linear scaling yes/no	Linear scaling process from
3	@SCRIPT_COUNT_TA	32-bit value w	4		Internal tags	Script		Local computer related		
4	@SCRIPT_COUNT_RE	32-bit value w	4		Internal tags	Script		Local computer related		
5	@SCRIPT_COUNT_AC	32-bit value w	4		Internal tags	Script		Local computer related		
6	@TLGRT_SIZEOF_NO	Floating poin	8		Internal tags	TagLoggingRt		For entire project		
7	@TLGRT_SIZEOF_NLL	Floating poin	8		Internal tags	TagLoggingRt		For entire project		
8	@TLGRT_TAGS_PER	Floating poin	8		Internal tags	TagLoggingRt		For entire project		
9	@TLGRT_AVERAGE_	Floating poin	8		Internal tags	TagLoggingRt		For entire project		
10	@CurrentUser	Text tag, 8-bi	0		Internal tags			Local computer related		
11	@DeltaLoaded	32-bit value w	4		Internal tags			For entire project		
12	@LocalMachineName	Text tag, 8-bi	0		Internal tags			Local computer related		
13	@ConnectedRTClients	16-bit value w	2		Internal tags			Local computer related		
14	@RedundantServerStat	16-bit value w	2		Internal tags			Local computer related		
15	@DatasourceNameRT	Text tag, 16-l	0		Internal tags			Local computer related		
16	@ServerName	Text tag, 16-l	0		Internal tags			For entire project		
17	@CurrentUserName	Text tag, 16-l	0		Internal tags			Local computer related		
18	NewTag	16-bit value w	2	ShortToSignedWord	N1		MW0		No	
19	NewTag_1	16-bit value w	2	ShortToSignedWord	N1		MW0		No	
20	NewTag_2	Floating poin	4	FloatToSimaticTimer	N2		MW0		Yes	0
21	NewTag_3	16-bit value w	2	ShortToSignedWord	N2		MW0		No	
22	NewTag_4	32-bit value w	4	DwordToSimaticTimer	N2		MW0		No	
23	W1	16-bit value w	2	WordToUnsignedWord	N2		MW0		No	
24	W2	16-bit value w	2		Internal tags			For entire project		
25	B1	Binary tag	1		Internal tags			For entire project		
26	B2	Binary tag	1		Internal tags			For entire project		
27	B3	Binary tag	1		Internal tags			For entire project		
28	B4	Binary tag	1		Internal tags			For entire project		
29	D1	32-bit value w	4		Internal tags			For entire project		
30	S1	Text tag, 8-bi	20		N2		DB1,DBB0			
31	U20.B1	Binary tag	1		N2	U	DB2,D0.0			
32	U20.B2	Binary tag	1		N2	U	DB2,D0.1			
33	U20.W1	16-bit value w	2	WordToUnsignedWord	N2	U	DB2,DW2		No	
34	U20.INT1	16-bit value w	2	ShortToSignedWord	N2	U	DB2,DW6		No	
35	U20.F1	Floating poin	4	FloatToFloat	N2	U	DB2,DD10		No	
36	U20.S1	Text tag, 8-bi	20		N2	U	DB2,DBB18			
37	U20.S2	Text tag, 8-bi	0		Internal tags			For entire project		

Project properties / DM_default values / Connections / Tags / Structure tag / Structure types / ALG_default values / Messa

图 11-22 EXCEL 导出

如果要批量建立新变量，可以先从手动建立通信以及手动建立少数几个变量开始，导出到 EXCEL 中后，再复制 Tags 页的内容到新建的 EXCEL 文件中，以此为模板，可以建立新变量，完成后整体复制回 Tags 页中。

有时候一次复制得到的变量格式会不完整，信息不全，可以再复制一次。

完成后，在 EXCEL 的 WinCC 菜单中，调用 Write to WinCC 指令，写回到 WinCC，可以每次修改一部分即写回，下次再需要修改的时候再次导出，再次编辑，再次写回，一个项目的变量数据往往需要多次导出编辑，多次写回。

报警信息列表在 Single Message 页中,可以用与变量同样的方法,在外面另外的 EXCEL 文件中整理，然后复制进来，如图 11-23。

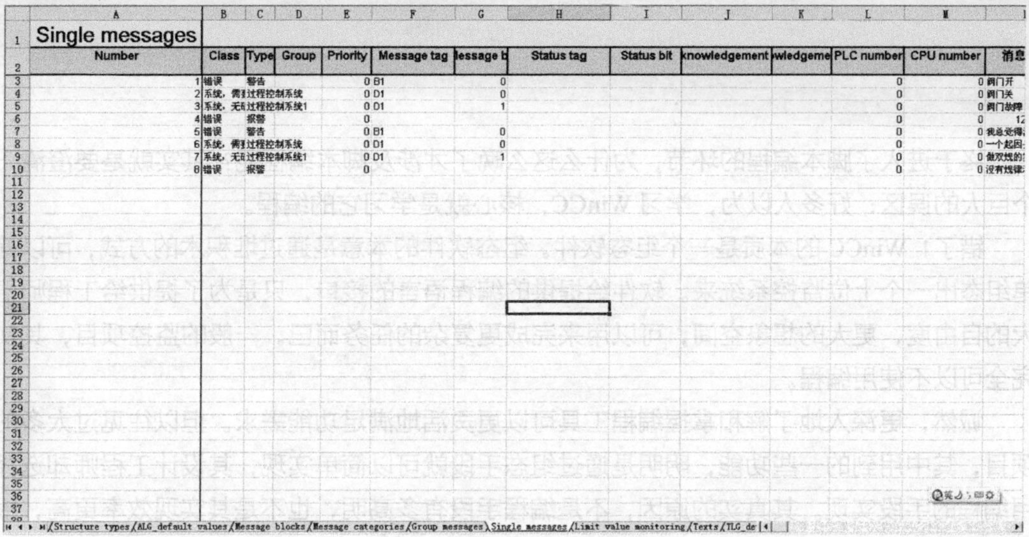

Single messages

Number	Class	Type	Group	Priority	Message tag	lessage b	Status tag	Status bit	knowledgement	wledgeme	PLC number	CPU number	消息
1	错误	警告		0	B1	0					0	0	阀门开
2	系统，需	过程控制系统		0	D1	0					0	0	阀门关
3	系统，无	过程控制系统1		0	D1	1					0	0	阀门故障
4	错误	报警		0							0	0	12
5	错误	警告		0	B1	0					0	0	我总觉得
6	系统，需	过程控制系统		0	D1	0					0	0	一个起因
7	系统，无	过程控制系统1		0	D1	1					0	0	做双拋的
8	错误	报警		0							0	0	没有规律

Structure types / ALG_default values / Message blocks / Message categories / Group messages / Single messages / Limit value monitoring / Texts / TLG_de

图 11-23　报警信息

报警信息文本是和项目的文本库相链接的，在新建立一条报警信息的时候，其实是先到文本库中帮我们建立一条文本信息，而每条文本信息都对应了一个唯一的 ID，然后报警信息引用这个文本的 ID。这里的操作，EXCEL 后台自动完成了对文本库的刷新，所以不再需要关心文本库的问题，比报警信息软件模块自身带的导入和导出功能方便多了。

11.4　变量批量编辑 V7.3

V7.2/V7.3 之后不管变量还是报警信息，都可以直接在 WinCC 软件内部快捷完成，也完全无缝兼容 EXCEL 单元格复制导入和导出，所以这里只是再次强调一下：非常方便！

仅冲着这一点，升级到新版本都非常值得。

第 12 章

WinCC 脚本编程

终于进入了脚本编程的环节，为什么这么晚了才涉及脚本编程呢？其实就是要澄清一个巨大的误区：好多人以为，学习 WinCC，核心就是学习它的编程。

错了！WinCC 的本质是一个组态软件。组态软件的本意是通过堆积木的方式，可以简单组态出一个上位监控系统来。软件给提供的编程语言的接口，只是为了提供给工程师更大的自由度，更大的想象空间，可以用来完成更复杂的任务而已。一般的监控项目，其实完全可以不使用编程。

诚然，更深入地了解和掌握编程工具可以更灵活地满足功能需求。但以往见过太多的项目，其中用到的一些功能，明明是通过组态手段就可以简单实现，其设计工程师却选择用编程的手段实现。其真实的原因，不是编程手段有多高明，也不是其实现效率更高，根本原因还是对 WinCC 自身的功能不熟悉而已。

给大家一个忠告，所有用到脚本编程的场合，都有三个字：不得已。

当有一项具体功能需求，先换位思考，站在西门子的开发人员角度想想，如果是您，这个功能是不是常见的功能，会不会给内置呢？如果确定是个不常见的功能，决定要用脚本编程来实现之前，也先查找下各种帮助方法，或者网络社群请教一下有经验的高手，这个功能是不是只能通过脚本编程来实现了呢？是真的不得已吗？

如果真的确定是，再开始编写、调试程序，不迟。毕竟程序调试是一项费时费力的工作，一旦开始，有可能遇到各种错误、各种困难，特别是在没有前期积累的情况下，耗费时间长，需要有足够的思想准备。

在 WinCC 中，脚本的主要应用场合有三种：全局动作；运行画面中对象的属性；运行画面中对象的事件。

全局动作是 WinCC 单独的软件模块，要启用全局脚本功能，需要在 WinCC 项目的启动项中激活“全局脚本运行系统”，然后在其中创建动作。动作可以有多个，为每一个动作设置不同的触发器，包括周期或者非周期以及根据变量的变化来触发等。

全局动作能实现的功能大多与 PLC 功能相似，或者说在全局脚本中能实现的很多功能大多在 PLC 中就能实现，而且在 PLC 逻辑中实现更可靠，稳定性更高。

由于全局动作可以支持的同时运行的线程数量有限，所以如果编制了过多的全局动作，或者全局动作的脚本过于复杂，会引起线程堵塞，最终导致 WinCC 运行响应迟钝，甚至死机。

所以，如果要选择全局动作实现某个功能，首先也要分析下是不是确实到了万不得已的情况？但凡可以在 PLC 中实现的，或者能以其他方式实现的功能，请尽量不要使用全局动作。

运行画面对象的属性中实现的脚本，也是有一个触发器，在触发器条件满足的情况下运行。脚本有返回值，返回值用作设置了对象的属性数值。但也可以不给返回值赋值，那么对象的属性没有改变，而只是脚本实现了与全局动作一样的功能，形式上就和全局动作相似了，唯一的区别是，这段脚本只在本画面打开时才运行，而画面改变后，则不再运行。

所以一些时候可以使用属性中的脚本来实现一些功能，而避开使用全局动作。

画面对象的事件触发的动作，通常最多使用的是按钮的鼠标动作，因为是只在操作鼠标时脚本运行，所以平时并不占用系统资源，是脚本最多的使用场合。

WinCC 提供了两种编程接口，分别是 C 脚本和 VBS 脚本，而且两者实现的功能范围差不多，只有极少数的功能，只有 C 或者只有 VBS 能实现。

为啥会有两种脚本呢？其实在早期的软件版本中，WinCC 只提供了 C 脚本一种编程接口。但由于 C 语言的语法太苛刻，学习使用困难，所以后来的版本提供了 VBS 脚本的接口，并在后来的版本升级过程中逐渐完善强大。

所以，使用哪种脚本语言作为主要的编程语言，完全取决于工程师自己的特长和偏好。在选择其中一种的基础上，对另外的语言只需要简单的了解即可。

12.1 C 脚本编程入门

WinCC 所使用的 C 脚本完整的名称叫做 ANSI-C，是一种标准的 C 语言。 掌握它的前提最好是先期学过 C 语言或 C++等。

如果没学过，可以完全跳过本节，忽略不学，或者留待以后再学。

C 语言的本质是函数。在 WinCC 中内置了大量的与 WinCC 对象相关函数都是以前其他语言中没有的。而在 WinCC 中使用 C 脚本编程的时候，往往不需要太多的循环与计算。所以在普通 C 语言中作为重点的那些精妙的算法，其实用到的机会并不多。

简单学习，还是从《WinCC 信息系统》开始就可以，见图 12-1。

根据帮助系统的提示，在 C 脚本编辑器的界面中创建编辑函数。而用户自定义的函数的核心，仍然是调用系统函数。列表如图 12-2。

这些函数的解释，在信息系统最后的 ANSI-C function descriptions 章节中有详细介绍，这些解释是英文的，如果需要中文的可以从 WinCC 手册中得到。但强烈不建议去逐个学习，因为在没有需求没有案例的情况下，大部分函数帮助看了也看不懂。只有在应用到的时候再来搜索查找才有意义。

信息系统章节中最后给出了一批这些函数的调用例子，如图 12-3，可以挑选有兴趣的几个学习并测试。

这些例子的源代码都是可以直接复制使用的。

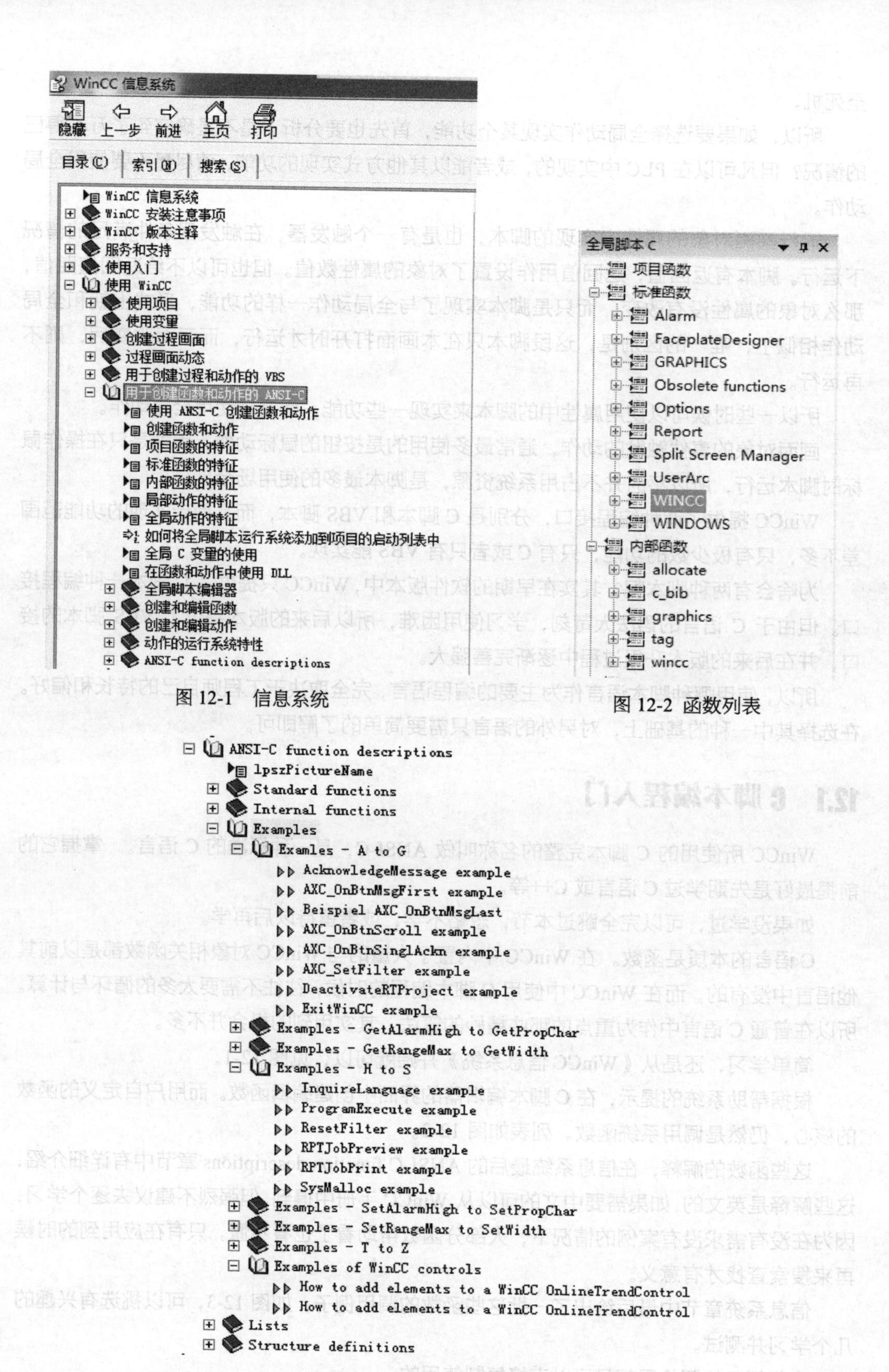

图 12-1 信息系统

图 12-2 函数列表

图 12-3 帮助系统中的例程

学习脚本，我们可以从已有的代码读起。

首先是4.4节动态向导中帮我们自动生成的那些C脚本，现在可以拿出来解读一下。

（1）置位一个字中的某个位

我们当初选择的是第5位。

```
#include "apdefap.h"
void OnClick(char* lpszPictureName, char* lpszObjectName, char* lpszPropertyName)
{

// WinCC:TAGNAME_SECTION_START
// syntax: #define TagNameInAction "DMTagName"
// next TagID : 1
#define TAG_0 "W1"
// WinCC:TAGNAME_SECTION_END

// WinCC:PICNAME_SECTION_START
// syntax: #define PicNameInAction "PictureName"
// next PicID : 1
// WinCC:PICNAME_SECTION_END

DWORD dwHelp1,dwHelp2;
dwHelp1=GetTagWordWait(TAG_0);
dwHelp2=dwHelp1|32;
SetTagWordWait(TAG_0,(WORD)dwHelp2);
}
```

解读：

① lpszPictureName：这是在WinCC画面脚本中随时可见的一个内部变量，代表的是当前操作的对象所在的画面的名字。如果是在窗口中操作，则包含的是从根画面加上一层一层的窗口信息，最后一个子窗口的名字。

通常不需要特别处理，很多函数中需要用到它，直接使用即可。

② lpszObjectName，lpszPropertyName：是当前控件的名字和属性名，也有可能在一些函数中用到。

③ // WinCC:TAGNAME_SECTION_START：从START到END，被注释掉的一段符号，但格式是按照WinCC系统约定的规范格式。

程序中对WinCC变量的使用，需要在这段注释之间定义为常量，然后在程序中使用常量。只有这样的使用方式，才可以在WinCC系统的交叉索引中搜索到对这些变量的访问列表。

当然也可以不理会这些，直接在程序中进行访问变量，但因为不规范，将来交叉索引中查找不到，不方便自己或者他人维护程序。

到VBS语言之后没有这样的规范。所以这里权当作WinCC的缺陷好了。

④ // WinCC:PICNAME_SECTION_START：对画面使用便于交叉索引的规范。与变量

相似。

⑤ GetTagWordWait，SetTagWordWait：读取和写入 WinCC word 类型变量的值。这里是同步读取和写入的。通常用得较多的是异步读写，即函数没有 Wait。帮助里面都有例子进行了介绍。

⑥ dwHelp2=dwHelp1|32；我们知道，32=2^5=B#0000 0000 0010 0000，即代表在第 5 位有个 1，整个字与读到的变量值取或计算的时候，就使得第 5bit 结果必然为 1 了，完成了置位单个位的功能。

C 语言本身没有 bool 变量，所以在做逻辑运算的时候全是以字逻辑的运算实现的。

（2）显示错误框

```
#include "apdefap.h"
void OnClick(char* lpszPictureName, char* lpszObjectName, char* lpszPropertyName)
{

// WinCC:TAGNAME_SECTION_START
// syntax: #define TagNameInAction "DMTagName"
// next TagID : 1
// WinCC:TAGNAME_SECTION_END

// WinCC:PICNAME_SECTION_START
// syntax: #define PicNameInAction "PictureName"
// next PicID : 1
// WinCC:PICNAME_SECTION_END

MessageBox(NULL,"错误文本","我的错误框", MB_OK | MB_ICONEXCLAMATION |
MB_SETFOREGROUND | MB_SYSTEMMODAL);
}
```

解读：

① 这里给出了 MessageBox 在 C 脚本中调用的标准格式，还有更多的带选择结果判断的格式应用，需要翻阅 C 语言的相关帮助。后面的常量参数有更多的选项可用。

② 消息框的提示内容可以为字符串变量。比如想知道某个字符串的当下值，则可以用 MessageBox 输出到运行窗口。所以有的时候 MessageBox 也可以作为一种调试的手段。

③ 如果调试的变量为数值，则需要先用 Sprintf 函数，把数值按格式输出到字符串。

（3）如果有授权则可以操作

```
#include "apdefap.h"
BOOL _main(char* lpszPictureName, char* lpszObjectName, char* lpszPropertyName)
{
```

```
#pragma option(mbcs)

#pragma code ("UseAdmin.DLL")
#include "pwrt_api.h"
#pragma code ()
#define NO_MESSAGEBOX 1
CMN_ERROR err;
DWORD pwlevel = 0;
pwlevel = (DWORD) GetPasswordLevel(lpszPictureName,lpszObjectName);
if (pwlevel==0)
  return(TRUE);
else

return(PWRTCheckPermissionOnPicture(pwlevel,lpszPictureName,NO_MESSAGEBO
X,&err));

}
```

解读：

① #pragma code ("UseAdmin.DLL")：这里演示了调用 DLL 函数的方法。几乎所有的 Windows 环境的 DLL 函数，都可以在 C 脚本中被调用。只要知道里面的函数的定义。

② GetPasswordLevel，PWRTCheckPermissionOnPicture：这两个便是引用的 DLL 库中的函数。

（4）动态对话框设置对象的颜色属性

用 C 脚本打开之后，显示的脚本为

```
#include "apdefap.h"
long _main(char* lpszPictureName, char* lpszObjectName, char* lpszPropertyName)
{
#pragma option(mbcs)
#define TAG_1 "U32.F1"

static double limitValue[4] = {100.0, 200.0, 300.0, 400.0, };
static long value[5] = {255,65280,16711680,16777215,0,};
return value[Check_LimitsD (GetTagDouble (TAG_1), 5, &limitValue[0])];
}
```

解读：

① 颜色属性的本质是一个 DWORD, RGB 三种颜色各占一个字节，最大 255 。

② 255=0xFF，即为红色；65280=0xFF00，即为绿色；16711680=0xFF0000，即为蓝色。

③ 16777215=0xFFFFFF, 三原色均满色，所以是白色。

④ Check_LimitsD 可能是系统内部函数，找不到其原型定义，但是不妨碍我们猜想到它的功能。

⑤ 如果在现有的 WinCC 中看到类似的精炼且难懂的脚本，很多时候不需要详细去理解，它们很可能就是系统自动生成的。

（5）画面库中的 Toggle button 开关的鼠标操作程序

```
#include "apdefap.h"
void OnClick(char* lpszPictureName, char* lpszObjectName, char* lpszPropertyName)
{

BOOL value;
LINKINFO plink;

PDLRTGetPropEx(0,lpszPictureName,lpszObjectName,"Toggle",VT_BOOL,&value,NULL,NULL,0,NULL,NULL);
if(value) value =FALSE;
else value = TRUE;
PDLRTGetLink(0,lpszPictureName,lpszObjectName,"Toggle",&plink,NULL,NULL,NULL);
//Rueckgabe-Typ :BOOL

if (plink.LinkType >2) return;
else SetTagBit (plink.szLinkName,(short int) value);
}
```

解读：

① 我们知道这段代码的功能是读取了对象的 Toggle 属性上面所绑定的 WinCC 变量的名称，然后读取了变量的值，最后进行了取反。

② 现在可以学习这种编程方法，以后编写类似的脚本时，可以来借用。

12.2 VBS 脚本编程入门

WinCC 的 VBS 脚本语言全称叫做 Visual Basic Script，是完整来自微软的脚本系统，与微软用于网页设计的 VBS 编程语言在语法上完全相同，甚至西门子偷懒到在信息系统讲到 VBScript 的基本原理的时候，帮助文件直接链接到了微软提供的用户手册，见图 12-4。

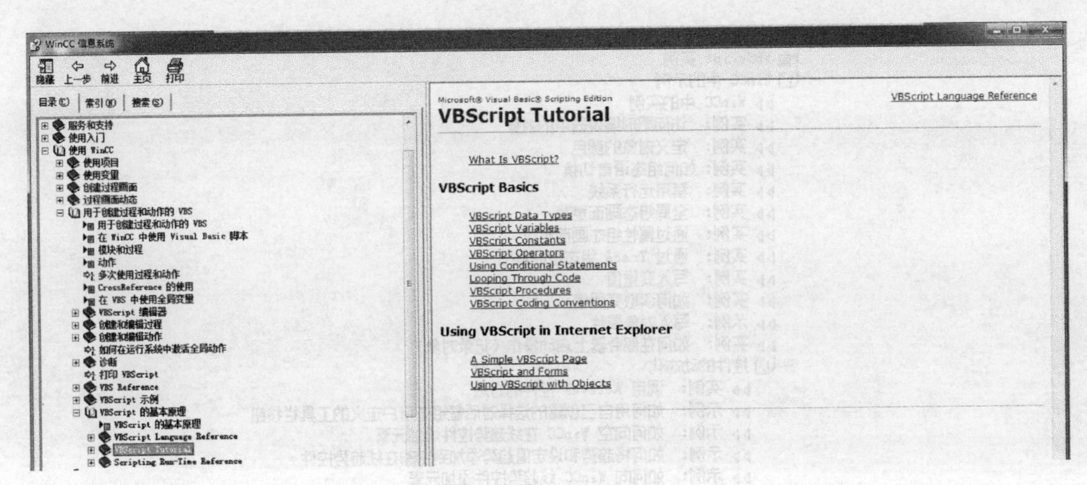

图 12-4　VBScript

在 V6.2 信息系统中的 VBS 章节，所有介绍还都是英文的，到了 V7.3 以后这部分章节已经翻译成了中文。但所嵌入的微软公司的文档仍然是英文的。其实从微软网站上已经很容易搜索到 VBScript 中文教程，见图 12-5。

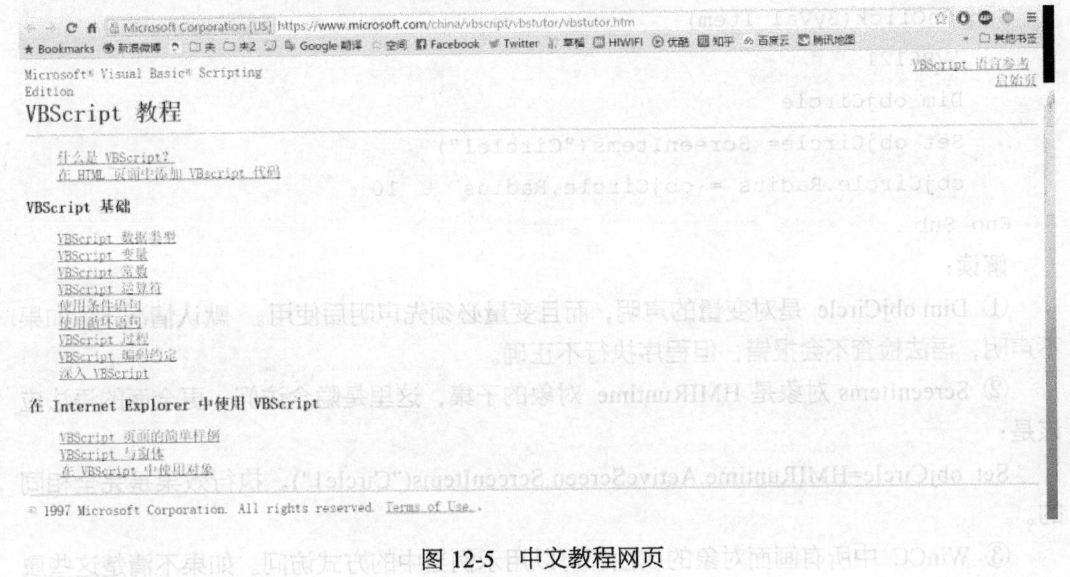

图 12-5　中文教程网页

所以建议：

- 基础环节、变量和语法等，从微软的 VBS 教程中学习；
- WinCC 脚本编辑器的使用，从 WinCC 信息系统中学习；
- 与 WinCC 画面和变量接口相关的学习，参考信息系统中的部分例程，见图 12-6。

（1）实例：访问图形编辑器中的对象的属性

步骤：

在画面中画一个圆，并取名字为 Circle1。

增加一个按钮，标题为+10，在鼠标事件中增加下面的代码，然后每次单击鼠标时运行系统中圆的半径都会增加 10。

⊟ VBScript 示例
- VBScript 实例
- ⊟ WinCC 中的示例
  - WinCC 中的实例
  - 实例：访问图形编辑器中的对象
  - 实例：定义对象的颜色
  - 实例：如何组态语言切换
  - 实例：禁用运行系统
  - 实例：全局组态画面更改
  - 实例：通过属性组态画面更改
  - 实例：通过 Trace 组态诊断输出
  - 实例：写入变量值
  - 实例：如何读取变量值
  - 示例：写入对象属性
  - 实例：如何在服务器上启动操作（记录对象）
- ⊟ 控件的动态化
  - 实例：调用 ActiveX 控件的方法
  - 示例：如何用自己创建的选择对话框组态用户定义的工具栏按钮
  - 示例：如何向空 WinCC 在线趋势控件添加元素
  - 示例：如何将趋势和设定值趋势添加到空的在线趋势控件。
  - 示例：如何向 WinCC 线趋势控件添加元素
  - 示例：WinCC 报警控件的脚本
- ⊟ 通用示例
  - VBScript 常规实例
  - 实例：通过 VBS 组态数据库连接
  - 实例：使用 MS 自动化接口
  - 实例：启动外部应用程序

图 12-6　帮助系统中的示例

```
Sub OnClick(ByVal Item)
    'VBS121
    Dim objCircle
    Set objCircle= ScreenItems("Circle1")
    objCircle.Radius = objCircle.Radius  +  10
End Sub
```

解读：

① Dim objCircle 是对变量的声明，而且变量必须先声明后使用。默认情况下，如果不声明，语法检查不会报错，但程序执行不正确。

② ScreenItems 对象是 HMIRuntime 对象的子集，这里是隐含访问，更全面的语法应该是：

Set objCircle=HMIRuntime.ActiveScreen.ScreenItems("Circle1")。执行效果是完全相同的。

③ WinCC 中所有画面对象的属性都可以用示例当中的方式访问。如果不清楚这些属性在程序中的名称，可以用鼠标右键调出快捷帮助，其中有属性在程序中的名称定义。

④ 因为圆的直径的属性属于可读可写，所以一个例子中同时实现了读写。

（2）实例：从主画面访问窗口中的子画面图形的对象

建立窗口画面 W1PIC.PDL，把圆复制其中，然后在主画面中建立窗口名为 W1，选择画面为 W1PIC，如图 12-7。主画面中建立按钮，脚本为：

```
Sub OnClick(ByVal Item)
    Dim objCircle
    Set objCircle=ScreenItems("W1").Screen.ScreenItems("Circle1")
    objCircle.Radius = objCircle.Radius  +  10
End Sub
```

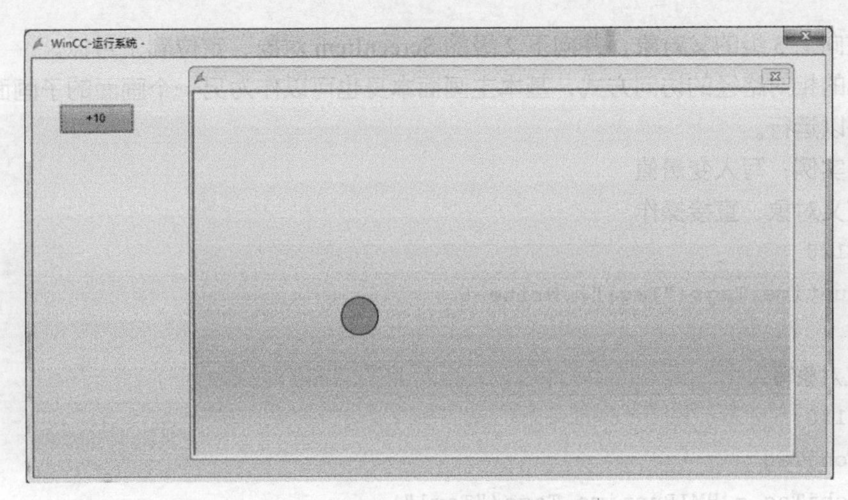

图 12-7 运行效果

（3）如果上例中的按钮在另一个子画面中

```
Sub OnClick(ByVal Item)
    Dim objCircle
    Set objCircle=Parent.Parent.ScreenItems("W1").Screen.ScreenItems("Circle1")
    objCircle.Radius = objCircle.Radius  +  10
End Sub
```

实现了同样的效果，见图 12-8。

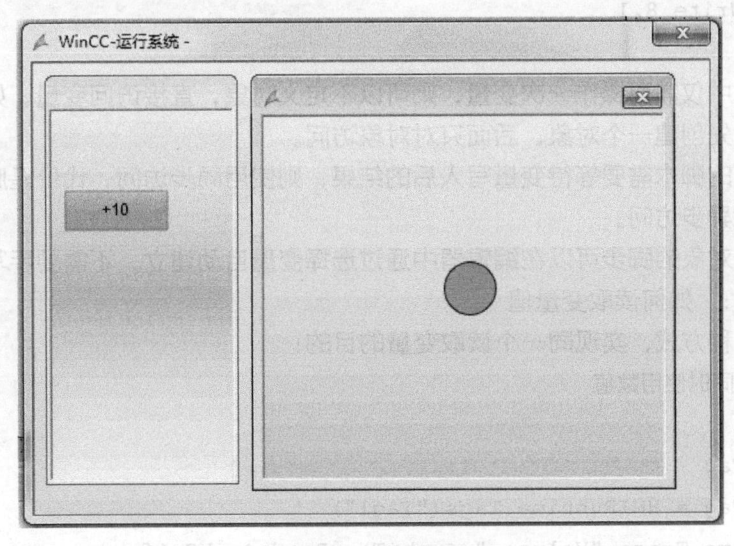

图 12-8 运行效果

解读：

这里的 Parent 是指的缺省的 ActiveScreen，如果从按钮控件 Item 的视角出发，脚本可以改为：

```
Set objCircle=Item.Parent.Parent.Parent.ScreenItems("W1")
.Screen.ScreenItems("Circle1")
```

经过向上 3 级的父对象，并向下 2 级的 ScreenItem 对象，定位到了目标。

这样的相对路径的访问方式，基本主画面本身也可以作为另一个画面的子画面，脚本也同样可以运行。

（4）实例：写入变量值

不定义对象，直接操作

```
'VBS128
HMIRuntime.Tags("Tag1").Write 6

'定义对象写入
'VBS130
Dim objTag
Set objTag = HMIRuntime.Tags("Tag1")
objTag.Read
objTag.Value = objTag.Value + 1
objTag.Write

'同步写入
'VBS131
Dim objTag
Set objTag = HMIRuntime.Tags("Tag1")
objTag.Write 8,1
```

解读：

如果脚本中仅需要操作一次变量，则可以不定义对象，直接访问变量。如果需要多次访问，则可以先创建一个对象，后面只对对象访问。

如果后面的脚本需要等待变量写入后的结果，则使用同步访问，代价是脚本运行时间变长；否则用异步访问。

建立变量对象的脚步可以在编辑器中通过选择变量自动建立，不需要手写全部脚本。

（5）实例： 如何读取变量值

有如下几种方式，实现同一个读取变量的目的：

```
'刷新读取同时使用数值
'VBS135
Dim objTag
Set objTag = HMIRuntime.Tags("Tag1")
HMIRuntime.Trace "Value: " & objTag.Read & vbCrLf

'先刷新读取后使用数值
'VBS136
Dim objTag
Set objTag = HMIRuntime.Tags("Tag1")
objTag.Read
```

```
objTag.Value = objTag.Value + 1
objTag.Write
```

同步读取

```
'VBS137
Dim objTag
Set objTag = HMIRuntime.Tags("Tag1")
HMIRuntime.Trace "Value: " & objTag.Read(1) & vbCrLf
```

解读：

读取变量和写入变量都是可以分直接读取和通过对象读取，也分同步和异步两种方式。与写变量时相同。

（6）实例：如何弹出对话框

简单弹出信息：

```
Msgbox("OK")
```

嵌入变量的信息：

```
Msgbox("Tag1=" & HMIRuntime.Tags("Tag1").Read)
```

对话框有确认和取消按钮，并判断用户的选择：

```
If vbOK=Msgbox("确认要启动设备?",vbOKCancel+vbQuestion) Then
   HMIRuntime.Tags("Tag1").Write 1
End If
```

解读：

更多用法，参考VBS的教程。包括用到的vbOKCancel等常数的定义，VBS教程中都有非常完整的介绍，这样的常数还有很多，实战中需要常备。

除了逻辑中正常使用外，对话框功能在实际一种调试工具，调试中还经常被用作可以用来检测脚本运行时的变数值状态。

12.3 WinCC脚本调试方法

作为一种编程工具，调试过程调试方法还是相当重要的，所以专门列一个章节来介绍。

但和通常遇到的高级语言相比，WinCC所提供的调试手段又特别简单，尤其C脚本，根本没有提供单步调试的工具，所以通常在使用中都会采用变通的方法来实现简单调试。

首先是使用MSGBOX对话框，不管是C脚本还是VBS脚本，都有MSGBOX对话框功能，前面的脚本示例中也都介绍过，在一些不能明确状态的位置，可以增加一条对话框语句，提示一下感兴趣的状态值。而且在提示期间，程序还会挂起，等待确认后才会继续执行，所以也有利于诊断期间的过程状态。

缺点是，需要调试的位置，需要增加脚本，而一旦调试完成，又要把脚本删掉或屏蔽，所以有些不便。而如果调试的脚本属于循环运行的脚本，那么对话框会不断循环跳出，调试中也会导致手忙脚乱。总体来说，不是主流的调试脚本程序的方式。

官方支持的主流调试方式，主要是两种：一种是通过在画面上增加一个GSC诊断窗口，通过程序脚本，把系统运行状态值输出到窗口中；第二种则需要下载一个微软的专用调试工具 Microsoft Script Debugger，可以实现类似于高级语言的单步调试功能，但仅限于 VBS 脚本，C 脚本并不支持。

官方有一个视频教程，详细介绍了这两种方法。教程如下。

WinCC 跟我做：《WinCC 脚本调试与诊断方法》；课程编号：V0742（网址见附录）。

本节此处，只是把第一种方法，即输出信息到 GSC 诊断窗口的方法步骤简要介绍。

首先，在画面中增加一个应用程序窗口，选择类型为 GSC 诊断窗口。

C 脚本语言，先建立一个项目函数，并定义 public 变量：

```
#pragma option(mbcs)
int i;
int A1( void )
{
#pragma code("kernel32.dll");
void GetLocalTime(SYSTEMTIME *lpst);
#pragma code();
SYSTEMTIME time;
GetLocalTime(&time);
i++;
printf("\r\n  %d-%02d-%02d  %02d:%02d:%02d  ;",time.wYear,time.wMonth,
time.wDay,time.wHour,time.wMinute,time.wSecond);
printf(" i=%d",i);
return 0;
}
```

然后创建一个全局动作，调用这个函数，运行周期为 5s，内容为：

```
#include "apdefap.h"

int gscAction( void )
{
#pragma option(mbcs)
A1();     //Return-Type: long int
return 0;
}
```

运行结果见图 12-9。

解读：

① 这里同时还演示了在 C 脚本中读取系统时间的方法。

② 第一行的 printf 语句前面的\r\n 代表的是回车换行，而后一行没有换行，所以两次输出的内容拼接到了同一行中。

③ 把 i 变量的定义放在函数外面，表明是个全局变量，全局动作范围内的全局变量。

VBS 脚本诊断程序：

先建立一个项目函数，并定义 public 变量：

```
全局脚本 - 诊断
2016-01-03 15:26:52 ; i=2
2016-01-03 15:26:57 ; i=3
2016-01-03 15:27:02 ; i=4
2016-01-03 15:27:07 ; i=5
2016-01-03 15:27:13 ; i=6
2016-01-03 15:27:18 ; i=7
2016-01-03 15:27:23 ; i=8
2016-01-03 15:27:28 ; i=9
2016-01-03 15:27:33 ; i=10
2016-01-03 15:27:38 ; i=11
2016-01-03 15:27:43 ; i=12
2016-01-03 15:27:48 ; i=13
03.01.16  15:30:43
```

图 12-9　诊断

```
Public j
Sub p0
End Sub
```

然后创建全局动作，周期 5s：

```
Option Explicit
Function action
    Call p0
    j=j+10
    HMIRuntime.Trace vbCRLF & NoW & "; "
    HMIRuntime.Trace "j=" & j
End Function
```

与 C 脚本的运行结果一起出现在 GSC 中，见图 12-10。

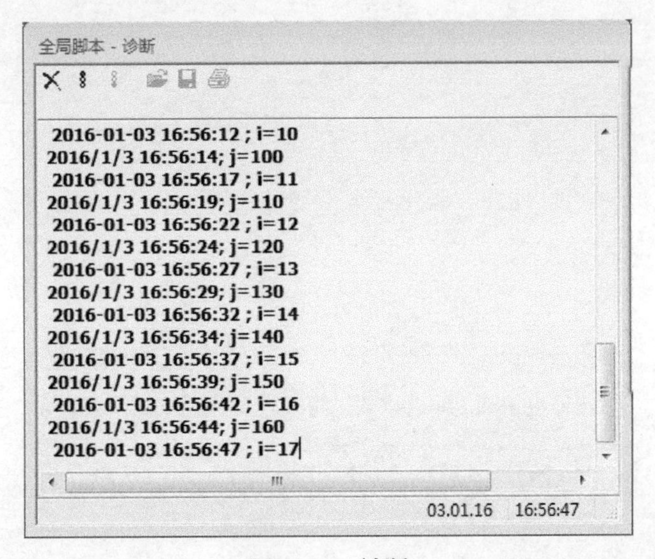
全局脚本 - 诊断
2016-01-03 16:56:12 ; i=10
2016/1/3 16:56:14; j=100
2016-01-03 16:56:17 ; i=11
2016/1/3 16:56:19; j=110
2016-01-03 16:56:22 ; i=12
2016/1/3 16:56:24; j=120
2016-01-03 16:56:27 ; i=13
2016/1/3 16:56:29; j=130
2016-01-03 16:56:32 ; i=14
2016/1/3 16:56:34; j=140
2016-01-03 16:56:37 ; i=15
2016/1/3 16:56:39; j=150
2016-01-03 16:56:42 ; i=16
2016/1/3 16:56:44; j=160
2016-01-03 16:56:47 ; i=17
03.01.16
16:56:47

图 12-10　诊断

解读：

① 这里同样演示了 VBS 脚本中全局变量的使用。在项目函数中定义了 public 变量，且同时定义了一个空函数。 全局动作中调用这个空函数，目的就是获得全局变量的声明，然后后面的脚本就可以正常引用这些全局变量了。其实正常函数中都会有些内容实现一部分功能，不会仅仅定义空函数，这里只是为了演示。

② VBS 语句里面的回车换行符号是使用常数 vbCRLF 实现的。

③ VBS 里面获取系统时间的方法比较简单，一个 NOW 即可。 NOW 的输出格式取决于 Windows 系统中设置的时间显示格式。

④ GSC 窗口控件可以设置为标题工具栏显示。可以用于停止接收新的诊断信息，以便于滚动查看历史信息；还可以另存为文本文件，打开编辑和检索。

【万泉河 TIPS】可以把 GSC 诊断窗口设计在主画面中，这样项目的所有程序调试只需要建立一个即可。因为只是调试中使用，而交付使用后应该删除不再显示。 所以可以设置为隐藏状态，通过一个特殊的变量，在需要的时候才控制放开显示。相关操作只需要程序设计者自己了解即可。

【万泉河 TIPS】不管是 C 脚本还是 VBS 脚本，定义的全局变量也不是完全的全局。画面脚本和全局动作分属于不同的进程空间，所以各自分享各自的全局变量列表。即便是同一个函数中所定义的全局变量，运行中数据值也是互相隔离的。

第 13 章

WinCC 画面设计进阶

13.1 CAD 图形导入

在初级篇中讲到了可以在 WinCC 画面中插入图形对象，图像格式有 bmp、jpg、gif（不支持动画）之外，还有 EMF、WMF 格式。这些图形类型里面，前三种和后两者其实是完全不同的类型，前者叫做位图，而后者叫做矢量图形。

本节主要谈的内容其实就是矢量图形，但由于工程中常用的矢量图形是 CAD，所以就取名为 CAD 图形了。而实际上矢量图形的作图软件，除了 AUTOCAD 之外，还有 EPLAN、CorelDraw、Illustrator、Freehand 等，我们要探讨的就是把这些图形导入到 WinCC 的 PDL 中的思路方法。

矢量图形的特点：

① 矢量图形与分辨率无关，可以无限放大及缩小，而不会有任何失真，不像 bmp 或 jpg 位图比例放大后而画质变粗糙导致的锯齿形。

② 矢量图形插入到画面后可以保持为透明，画面上的其他下层的图像都可以看得到。

③ 矢量图形可以导入的方式插入到画面中，可以分解成一根根单独的线段，如同在 WinCC 画面编辑器的图形元素一样，可以细微地编辑修改。

④ 矢量图形一般尺寸比较小，显示到画面上，占用的系统内存少得多。

所以综合来看，矢量图形比位图各方面都有优势。但可惜的是，这世间矢量图形的数量相对要少得多，而且大量的是有版权的。因为那都是设计者一笔一画画出来的。

积累一些矢量图形的素材，同时积累一些矢量图形的处理方法，对设计优美的 WinCC 画面有很大的帮助。

WinCC 能支持的矢量图形格式只有两种：WMF 和 EMF。所以要使用一些软件生成的图形，就需要找到办法，或者软件可以直接输出到 WMF/EMF，或者用其他的图形格式转换软件来实现。还好，矢量图形格式之间大都是相通的，所以即便软件不能直接输出，也总能找到一些小软件可以辅助实现转换。

比如在 AUTOCAD 2014 的导出数据选项中，就可以找到 wmf 格式，那么转换之后 WinCC 就可以直接使用了。而在低版本，比如 AUTOCAD 2006 的时候，没有这个导出选项，但有一个 BetterWMF 的小工具软件，可以辅助导出图形到 WMF，而且还支持设置线宽。

另外还有一些收费工具软件，比如 ABViewer，可以支持打开各种图形软件，并在互相之间进行转换，目标结果也支持 WMF 和 EMF，甚至可以和 WinCC 画面编辑器之间直接以 EMF 格式的复制和粘贴。

有一点非常遗憾，从 CAD 中复制导出的 WMF，进入到 WinCC 画面之后，其中的圆形并不是一个圆，而是一个多段线段圈出来的多边形。尽管有时可以让多边形边数足够多，但本质上它已经不再是圆，已经不具备矢量图形的属性了，放大之后就会有毛刺状，而且图形的尺寸也急剧增大，所以有时需要再次编辑完善，将其中圆形的部分删掉重画。

不过部分转换软件的部分功能中，比如 ABViewer 的转换另存，则可以完整转换圆的属性，而操作方法需要细心摸索。

WMF 和 EMF 文件进入 WinCC 画面的方法有三种：①在插入图形对象时选择文件，作为图形背景；②在状态显示中，作为动态的选项；③通过导入命令，直接进入画面成为零碎的一根根线段，与 WinCC 画的线段性质完全相同。

前两项在基础篇中已经介绍过，优势也在本章节讲了。

而第三种的导入，因为导入后图形被打散，所以可以进行微量编辑、调整布局等。而调整完成之后，画面编辑器还可以导出，导出类型可以选择为 EMF。换句话说，其实 WinCC 的图形编辑器本质上还是个不错的 EMF 编辑器呢。

如果作为图形背景或者动态图标的矢量图形有些瑕疵或不满意的话，可以使用图形编辑器本身进行部分修改。 而简单的符号等，则可以直接由图形编辑器来实现。

13.2 弹出式窗口动态化

使用窗口对象调用一个小尺寸的 PDL，并由程序控制其显示，在基础篇中已经介绍过了。实际应用中，更多的是一些标准化的窗口。比如对同一个类型的设备的控制面板，可以重复使用。 只不过在每一台设备实例中，所链接的变量随之切换而已。

比如 3.2 结构变量章节中演示的同一个布局的窗口，就可以实现链接动态化，以减少设计和维护工作量。有两种方法，分别是间接变量法和变量前缀法。

（1）间接变量法

其实实际中应用的很少，实现过程复杂，而且也有功能限制，所以这里只是泛泛的理论介绍，不做具体演示。

还记得在给画面对象绑定变量或者事件直接连接中经常见到的间接的字样吗？

看看图 13-1，每一个动态属性后面都有一个间接的可选框。

属性	静态	动态	更新周期	间接
域类型	输入/输			□
输出值	0.00000	U20.INT1	2 秒	□
数据格式	十进制			
输出格式	99999			□
填满时应用	否			□
退出时应用	是			□
输入时清除	否			□
无效输入时补	否			□
隐藏输入	否			□

图 13-1　属性中的间接

而直接连接，见图 13-2，只要来源和目标是变量的时候，间接的选择项就为可选。

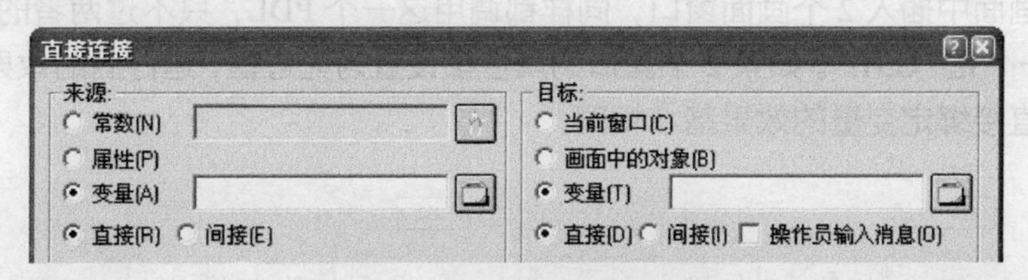

图 13-2　直接连接的间接选项

间接变量的本意就是，如果选择为间接模式，那么前面所指定的变量的内容，就不是原本的 PLC 的变量数据，而是存放了这个 PLC 变量的名字。 因而所指向的变量必然是个文本型的变量。

由此，通过程序脚本，控制修改间接变量的变量名，即可以实现窗口内容的动态化切换了。

常有人问，在脚本中怎么实现间接变量呢？ 其实很简单，在读取变量值的时候，变量名字的字符改为由变量动态实现就可以啦。

```
HMIRuntime.Tags("TagName").Write "NewTag"
HMIRuntime.Trace HMIRuntime.Tags (HMIRuntime.Tags ("TagName").Read).Read
```

如上程序中先把变量名送给了字符串型变量 TagName，而后面则把 NewTag 的值通过间接的方法读出来了。

（2）变量前缀法

画面的窗口对象都有一个变量前缀（TagPrefix）的属性，见图 13-3，观察一个结构变量的元素，U20.B1, U20.B2, U20.W1….可以把结构变量的相同部分，即 U20.作为前缀，设置给窗口对象的前缀属性中，而不相同的部分 B1, B2, W1….指定给子画面 PDL 中的具体每个元素。

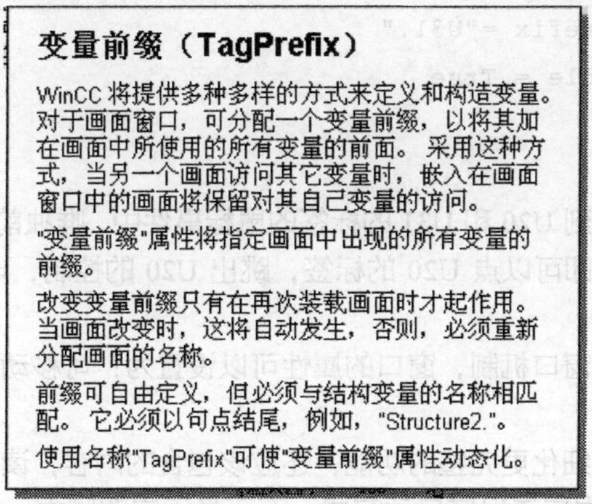

变量前缀（TagPrefix）

WinCC 将提供多种多样的方式来定义和构造变量。对于画面窗口，可分配一个变量前缀，以将其加在画面中所使用的所有变量的前面。采用这种方式，当另一个画面访问其它变量时，嵌入在画面窗口中的画面将保留对其自己变量的访问。

"变量前缀"属性将指定画面中出现的所有变量的前缀。

改变变量前缀只有在再次装载画面时才起作用。当画面改变时，这将自动发生，否则，必须重新分配画面的名称。

前缀可自由定义，但必须与结构变量的名称相匹配。它必须以句点结尾，例如，"Structure2."。

使用名称"TagPrefix"可使"变量前缀"属性动态化。

图 13-3　变量前缀

建立一个尺寸 300×400 的 PDL 子画面，把 3.2 节的面板拷入，链接的变量改为去掉前面的前缀，只要后面的自变量名字。

在修改确认的时候会提示系统无此变量，因为在变量前缀模式下，根本用不到这个变量，所以没有也不影响运行。但为避免以后每次调试时都被警告，不妨建立这样名字的内部变量，随便啥格式都可以。

然后在画面中插入 2 个画面窗口，同样都调用这一个 PDL，只不过两者的前缀一个是“U20.”，另一个是“U31.”。如果 2 个窗口的属性都设置为无边框，运行后的效果如图 13-4，与画面元素直接绑定变量的效果基本相同。

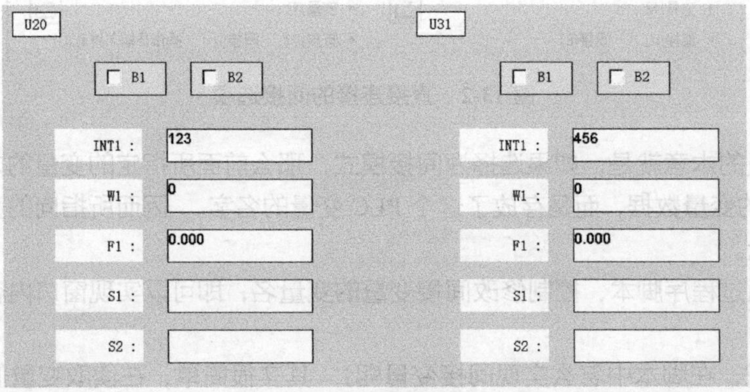

图 13-4　运行效果

这里的两个窗口同时并排显示，也是间接变量不能实现的功能。但平常用得多的还是窗口内容正常状态隐藏，只在需要的时候人工操作后弹出窗口。所以可以只用一个窗口，通过程序脚本切换更改变量前缀来实现。

按照上面截图中对变量前缀的介绍，步骤顺序是先更改变量前缀，后显示窗口画面，以实现一次画面的装载。如果画面原本显示中，则先隐藏后显示。用脚本实现的过程是：

```
Sub OnClick(ByVal Item)
    With ScreenItems("画面窗口 1")
        .Visible =False
        .TagPrefix ="U31."
        .Visible = True
    End With
End Sub
```

上述脚本分别添加到 U20 和 U31 的标签的鼠标事件中，唯独前者的脚本，其中的文本“U31.”改为“U20.”，即可以点 U20 的标签，跳出 U20 的控制，点 U31 的标签，则跳出 U31 的控制面板。

为适应这种弹出式窗口机制，窗口的属性可以设置为：可移动，带标题，可以关闭，随画面调整大小等。

程序脚本方面，更细化更完整的功能，还应该包含的内容，读者可以思考实现：

① 变量前缀的文本应该程序自动完成，而不是固定的脚本，这样整段程序应该是统一的一个函数来实现，而不是在画面上到处都有脚本，要修改维护的时候尽量减少工作量。

比如这里可以直接从标签的标题编程提取到了字符“U20”、“U30”作为前缀。只不过前缀中还需要点（.），所以需要再进行字符串处理，链接上点（.），以生成完整的前缀“U20.”、“U30.”。如果使用的变量不是来自结构变量，而是自定义名字格式的变量，那么前缀的分隔符通常不是点（.），而是另外的自定义字符，比如下划线（_），在这里也是稍微变通即可使用。

② 窗口的弹出位置应该随控件的位置自动调整，而且在电脑桌面的边缘部分，还要能自动适应桌面。

③ 如果希望多个模板同时显示，则可能需要预先放置多个窗口，运行中程序判断隐藏中未使用的窗口，选择后设置参数，然后进行显示。

④ 多种类型的设备混杂在画面中的时候，为了简化，不想放置太多窗口在画面上，则会需要一个弹出窗口，所有设备的控制实例公用，那么窗口所调用的 PDL 文件名也应该是自动通过程序切换，尺寸也应该自动调整。

13.3 脚本驱动的控件动态化

WinCC 支持 ActiveX 控件嵌入在画面上，这是其开放性的重要特征之一。

ActiveX 控件是微软的标准之一，所以不仅仅是 WinCC 自身提供的控件，还是已经包含在操作系统中的控件，都可以用在 WinCC 画面中。 甚至原本电脑上没有的控件，也可以先注册给系统，然后在 WinCC 中使用。

总的来说，WinCC 的画面是个兼容性不错的控件容器，与 VB 的画面以及浏览器的页面都差不多。

通常，从官方的渠道，很难直接得到这些第三方控件在 WinCC 中的脚本，但可以从已有的 VB 教程或者 ASP 的教程中，找到已有的应用样例，然后略加修改，用在 WinCC 中。

本节摘取几个常用的 ActiveX 控件的使用样例，而更多的控件的使用，还需要读者自己灵活掌握。

（1）控件：Microsoft Date and Time Picker Control 日期和时间选择控件

控件文件名 MSCOMCT2.OCX，存在于系统 SYSTEM32 文件夹中，可以直接使用。控件既可以作为日期选择，也可以作为时间选择，但不可以同时作为两者的选择。

插入到画面后，缺省为日期选择，可以双击后在属性窗口中调整格式 Format 改为时间选择，见图 13-5。

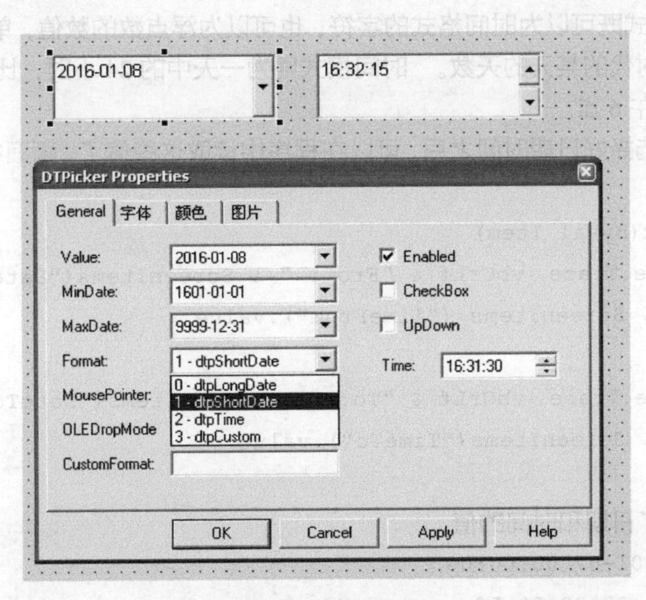

图 13-5　DTPicker

运行后，控件显示的会是系统当前时间，而通常，在进入查询界面输入日期时间之前，需要有一个初始值，比如开始时间为昨天的 0 点，结束时间为当天的 24 点，则在画面的打开事件中，输入这样的代码：

```
Sub OnOpen()
    ScreenItems("DateFrom").value=DateAdd("d", -1, Date)
    ScreenItems("TimeFrom").value=0.0
    ScreenItems("DateTo").value=Date
    ScreenItems("TimeTo").value="23:59:59"
End Sub
```

当画面运行打开时，初始的显示见图 13-6。

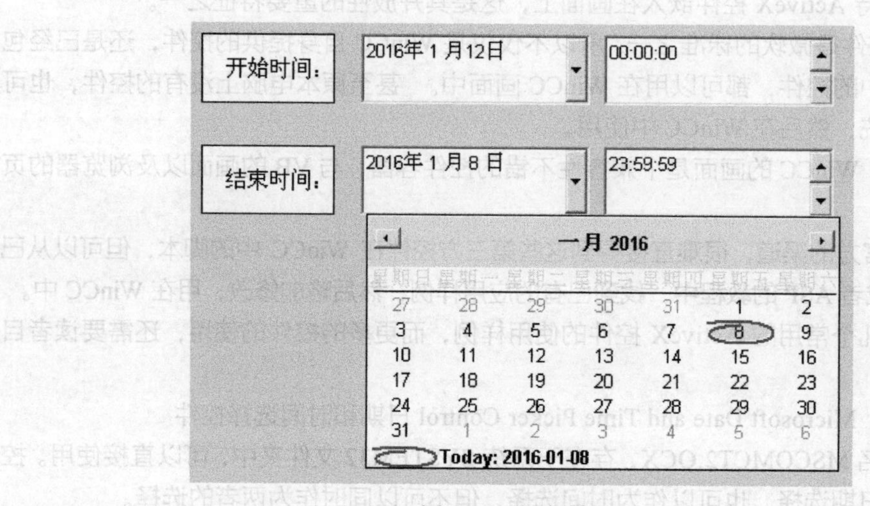

图 13-6 运行效果

解读：

value 值的格式既可以为时间格式的字符，也可以为浮点数的数值，单位为天。日期部分为离某个远古时代的某天的天数。 时间模式则为一天中的 24 小时，比如 0.5 为中午 12 点，而 0.25 为上午 6 点。

在人工操作选择好日期时间之后，可以在程序中读取这些值了。画面中加入一个按钮，编制如下的程序：

```
Sub OnClick(Byval Item)
  HMIRuntime.Trace  vbCrLf & "From: " & ScreenItems("DateFrom").value
    & " " & ScreenItems ("TimeFrom").value

  HMIRuntime.Trace  vbCrLf & "To: " & ScreenItems("DateTo").value
    & " " & ScreenItems("TimeTo").value
End Sub
```

则分别读出了日期和时间的值。

```
From: 2016-01-07 00:00:00
To: 2016-01-08 23:59:59
```

注意：这里得到的日期和时间的格式与 now 函数一样，取决于系统的区域和语言选项之中的设置。比如如果系统的语言选项为英语，则得到的结果为：

```
From:1/7/2016 12:00:00 AM
To:1/8/2016 11:59:59 PM
```

控件的属性除了 value 之外，还有 YEAR、MONTH、DAY 以及 HOUR、MINUTE、SECOND 各种单个属性，可以直接读取其中的年、月、日、时、分、秒数值。

【万泉河 TIPS】为什么要在这里对得到的日期格式貌似无意义的重复呢？因为在将来的数据库查询时对时期时间格式非常敏感，只要格式稍微差异，就会导致查询失败。

（2）控件：ComboBox 组合下拉框

控件所在的文件名 FM20.DLL，存在于系统 SYSTEM32 文件夹中，此一个文件内还包含其他数个控件。

在基础篇讲过，WinCC 自带的文本框也可以做出组合下拉框的样式，但它主要是用来绑定 PLC 变量的。很多基于文本的选择的场合，仍然是微软标准的组合下拉框更好用。

在画面上添加一个 ComboBox，取名为 LINE，画面的打开事件中添加脚本：

```
Sub OnOpen()
    Set ComboBox= ScreenItems("LINE")
    ComboBox.Clear
    ComboBox.AddItem       "车间 A"
    ComboBox.AddItem       "车间 B"
    ComboBox.AddItem       "车间 C"
    ComboBox.Value=        "车间 A"
End Sub
```

运行后，即显示图 13-7。

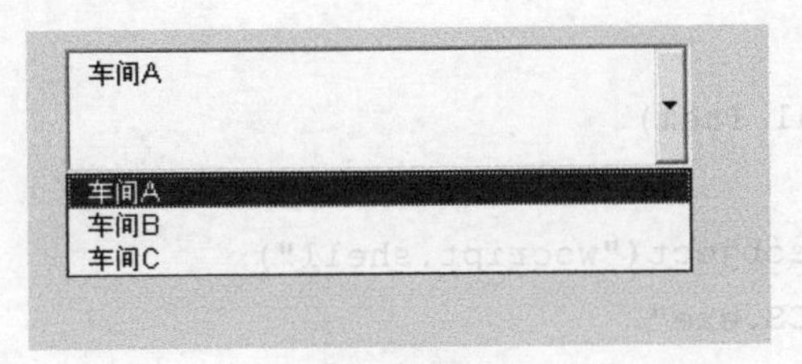

图 13-7　运行

因为文本的备选项是编程实现的，所以可以通过编程在运行中变化备选项。

而在按钮事件中加入代码：

```
HMIRuntime.Trace vbCrLf & ScreenItems("LINE").Value
```

就得到了运行中的所选值。

第 14 章

WinCC 进阶完成

在完成了前面进阶环节的学习后，读者应该基本上掌握了完成一个完整的 WinCC 项目的技能，并掌握了足够多的技术路线，足以完成很多复杂的技术应用要求。

本章则补充介绍一些相对不那么重要的细节，在有精力或有应用需求的情况下，可以学习了解并掌握。

14.1 运行中调用用户管理

在入门篇中只介绍了用户权限管理，那是在设计阶段做的工作。一般情况下建立好用户，分配好权限之后，运行期间就不要进行用户管理了。

而如果在运行阶段要进行用户权限的管理，在 WinCC V6.x 阶段，实现的方法是，通过 SHELL 的方式调用用户管理的 EXE 程序。

C 脚本：

```
ProgramExecute("PassCS.exe");
```

VBS 脚本：

```
Sub OnClick(ByVal Item)
    Dim ws
    Set ws=Createobject("wscript.shell")
    ws.run "PassCS.exe"
End Sub
```

只需要建立一个管理员权限的按钮，事件中编制上述的程序，即可以调出用户管理程序，并对用户进行权限管理。

在使用上述模式之前，系统应该已经如基础篇介绍的禁用了 Windows 功能键以及隐藏了开始菜单。否则操作者直接从资源管理器中调用 PassCS 就可以实现对 WinCC 用户管理，在画面上多做这些工作就没啥意义了。

而如果在禁用 Windows 功能键时禁用了 ALT+TAB，则窗口间的切换禁用，那么操作中就很容易出问题。因为一旦进程跑到后台，就无法再把其切换到前台了。

这里有一个小的悖论。

终于等到了 WinCC V7.3，这个问题总算有了更好的解决方案，WinCC 直接在 Active-X 控件列表中提供了用户管理的控件，所以只需要将控件插入在画面上见图 14-1，通过控制权限的按钮才能切入到包含用户管理功能的画面，就可以直接进行用户管理了，因而不会再出现上面的尴尬局面了。

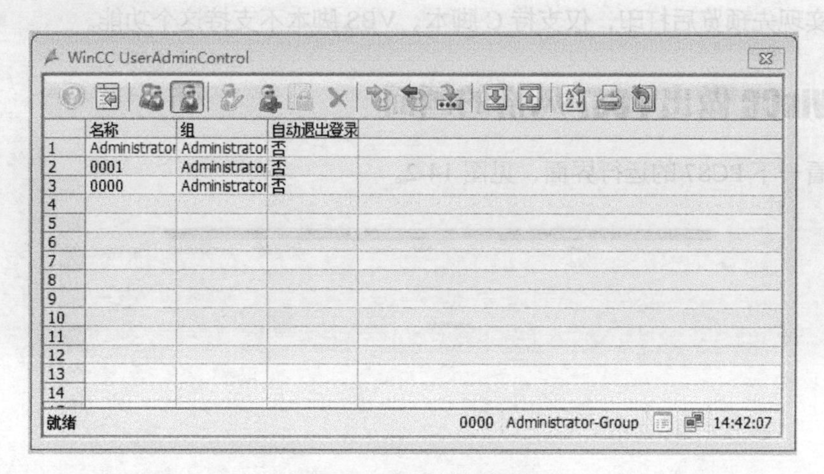

图 14-1　用户管理控件

14.2　WinCC 报表编辑器

报表编辑器的功能在于把系统运行的结果输出到打印机，以纸张的形式或存档，或用于分析。

这个功能在以前的工厂应用中很普遍，而随着计算机系统的发展普及，人们已经逐渐适应了无纸化办公，所以对这些功能要求相对少了。取而代之的是数据文件电子文档之类的输出结果，已经不是报表编辑器能做的内容了。

报表编辑器分两部分：首先是布局，即报表模板设计，包含静态内容和动态内容，包含纸张大小、方向、标题、页眉、页脚等信息；另一部分是打印作业，除了包含了所使用的模板外，还包含了打印时间、打印范围、打印机的设置等。打印作业可以设置为自动定时启动，也可以在需要打印的时候，调用打印作业完成打印任务。

通常来说，要打印的报表内容包含报警信息、趋势图、配方值以及运行画面实时状态等，前几项数据本身来自 WinCC 自身所提供的控件，而这些控件在设计时会有打印作业的选择，在运行时工具栏中会有打印的图标，可以直接操作打印。

WinCC 系统所提供的报表布局和打印作业有上百种，但这些大部分没什么用处。为啥这么多？原来是 WinCC 把设计阶段的打印也全糅合到打印任务来了。同时历史上它曾经设计过的众多的布局模板，也仍旧原封不动地打包来了。

其实，最好用的打印布局只推荐 2 个，分别是：

```
@CCCurveControlContents.RPL
@CCTableControlContents.RPL
```

前者，用于所有曲线趋势类的控件当前内容的输出，而后者用于所有表格类控件当前内容的输出。 当然了，系统模板本身还是西门子和 WinCC 的标志，可以根据需要将系统模板另存后修改替换掉其中的公司名称和 LOGO 等标识，打印作业也同样制作副本，然后在需要调用的控件中调用这些打印任务即可。

除了 WinCC 控件内容相关的报表，还有一些打印作业不依附于 WinCC 控件，则需要设计专用的按钮来进行打印，需要使用 C 脚本函数。

```
RPTJobPreview (LPCSTR pszJobName);    //Return-Type: BOOL
```

可以实现先预览后打印，仅支持 C 脚本。VBS 脚本不支持这个功能。

14.3 WinCC 做出 PCS7 风格的画面

先来看一下 PCS7 的运行界面，见图 14-2。

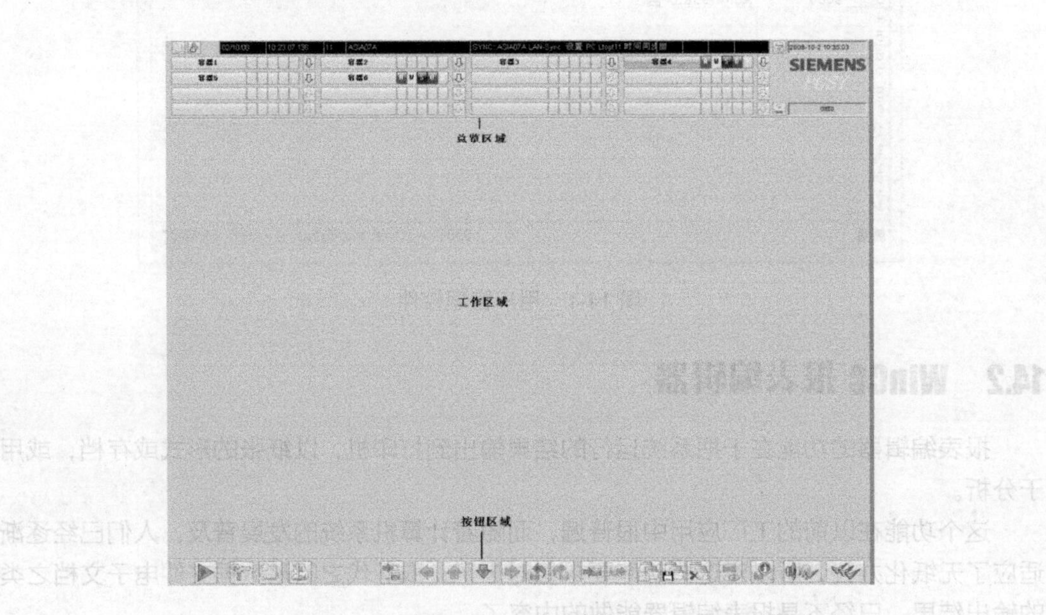

图 14-2 PCS7 布局

PCS7 是西门子自动化提供的 DCS 系统，硬件系统采用了 S7-400 CPU+PROFIBUS DP 网络架构，软件系统则使用了 STEP7 和 WinCC，分别作为对下位的控制器（称为 AS）和上位的工程师站（ES）和操作员站(OS)进行组态的工具。为了使组态的过程更为便捷，在 PCS7 中，除了 STEP7 和 WinCC 之外，还提供了众多的自动化组态的软件工具、模板等不下 30 种。

有一些 PCS7 中的软件工具和模板，西门子会觉得比较好用，在非 PCS7 的系统中也会喜欢，就经常把它们摘出来，改造后作为 WinCC 的附加选件，可以单独购买使用。甚至到后来可以免费使用，不需要单独再购买授权。基本过程控制选件 BPC 和高级过程选件 APC 便是。本节只涉及 BPC。

有了 BPC 这个模板，实现一个过程控制的组态会非常便捷，一些标准功能已经天然提供，碰过 PCS7 或其他 DCS 系统的操作人员，换个岗位，换个工艺系统也照样会用，不会因为系统框架的改变而需要重新学习。

当然，便捷同时带来的是灵活性的丧失。你只能依从这个模板做简单的设置，而没办法做到大范围的个人定制，很多特殊要求的更改就很难实现了。

由于这个组件是从 PCS7 中拆分出来的，所以到处还留着 PCS7 的影子。不管是操作界面还是使用习惯。甚至，在拆分的过程中，西门子都显得漫不经心。导致帮助文档中到处留着PCS7的印记不说，很多功能的运行前提必须是PCS7环境，在这种单纯的WinCC

的非 PCS7 环境中，根本不能使用。另外也没见到西门子有提供一个纯 WinCC 环境下实现 BPC 的样例程序，所以如果没有 PCS7 的基础，对此模块组件所能实现的功能，不能做过高预期。有很多帮助里面提到的，根本实现不了。但即便如此，把能实现的功能实现了也相当不错。

BPC 组件所提供的功能，在 WinCC 项目管理器列表树的最下面几个，见图 14-3，分别为：时间同步、报警器、画面树管理器、设备状态监视、OS 项目编辑器等。

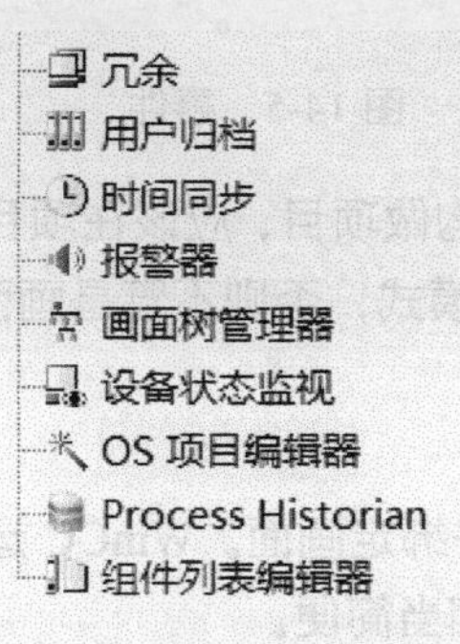

图 14-3　BPC 模块

本节只粗略介绍其中容易操作及实现的好用的功能。请结合帮助系统中的细节实现。

（1）OS 项目编辑器

见图 14-4，这是整个 BPC 功能的初始化环节。 简单使用时，只需要打开，选择好分辨率和监视器个数，然后按确定即可。

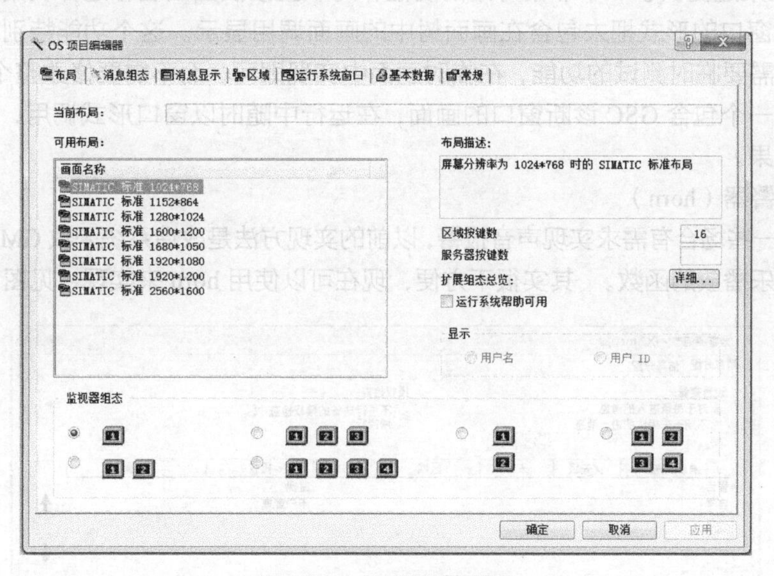

图 14-4　OS 项目管理器

确定之后，BPC 功能激活，系统自动在画面编辑器中生成了几十个以@开头的画面文件，系统的开机画面也被指定为了@screen.pdl。各个画面的尺寸和分割布局，都是依据上面的参数调整计算得来的。在去除了总览区域和按钮区域之后，中间的工作区域尺寸也自动得到。 可以通过打开 @1001.pdl 画面来看到，也可以在图形编辑器中新建图形，初始尺寸也即工作区域的尺寸。

在报警记录中，系统也按照 PCS7 的模式，重新定义了消息的类型和消息块。并生成了系统消息。如果在启动 BPC 功能之前定义了报警信息条目，会发现原来定义的消息文本的消息块变成了来源，而真正的消息文本错位到了“事件”，见图 14-5。

...	编号	类别	类型	优先级	消息变量	消息位	状态变量	状态位	来源	区域	事件	产品批名	操作	未用 1
	1	报警	报警上限	0		0		0	AAAAAAAAA					
	1000000	系统，不需要确	过程控制系统	0		0		0			WCCRT:@100			
	1000001	系统，不需要确	过程控制系统	0		0		0			WCCRT:@100			
	1000002	系统，不需要确	过程控制系统	0		0		0			WCCRT:@100			

图 14-5　事件

所以，如果要选择使用 BPC 架构做项目，应该在项目开始时便设置好，而不要设计工作都进行了一多半了才更换为 BPC 模式，否则不管是画面，还是报警记录，都会有差错，都会有返工。

（2）画面树管理器

打开画面树管理器，定义容器并绑定画面。WinCC 运行之后，就可以在总览区域操作这些功能按钮，进行画面切换了，相当简便。

除了画面切换、画面树组织方便之外，对于 WinCC 的通用功能，BPC 框架也大都自动做好了，包括：时钟、用户登录、用户管理、报警消息、报警记录、画面截屏等。

前面的 OS 项目编辑器中看到了有多屏功能。如果有需要多屏的时候，用 BPC 来实现是最简单的方法。如果实在不方便的话，至少也可以从这里来学习了解如何在 WinCC 中实现多屏。

BPC 框架还提供了一个非常好用的功能，可以直接按画面名称选择调用画面，最终以工作区或窗口的形式把未包含在画面树中的画面调用显示。这个功能特别适合于调试工作，一些需要临时测试的功能，在临时画面中实现即可，而不需要修改整个系统架构。也可以创建一个包含 GSC 诊断窗口的画面，在运行中随时以窗口形式调用，查看脚本的诊断运行结果。

（3）报警器（horn）

经常会一些场合有需求实现声音报警，以前的实现方法是改造系统函数 GMsg Function，增加调用音乐播放的函数。其实很不方便，现在可以使用 horn 来实现，见图 14-6。

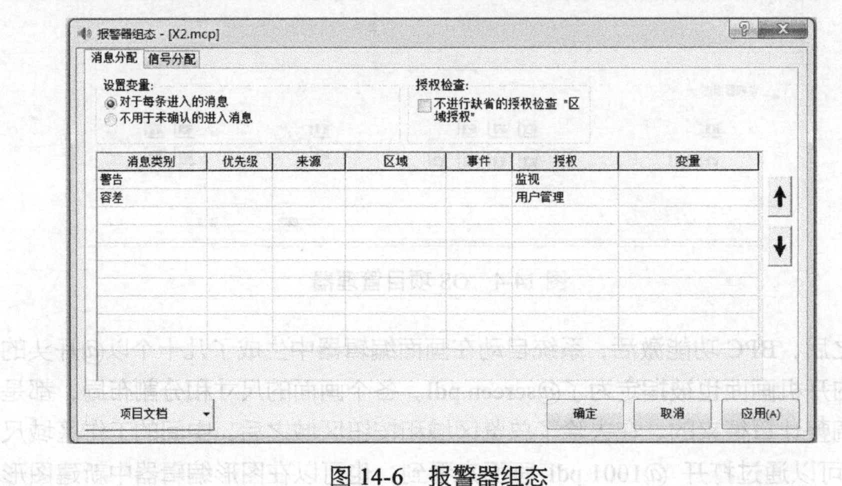

图 14-6　报警器组态

对指定的消息类型甚至具体的事件，指定不同的变量，然后在信号分配中为每个变量分配不同的音乐，就可以实现有选择的声音报警了。系统运行后BPC框架也有消音按钮提供，非常简便。

如果只需要用声音报警而不需要BPC框架，怎么来实现消音呢？方法是找到BPC内的消音按钮所在的原始PDL画面文件，把这个按钮复制借来用用即可。

BPC所提供的其他功能，如时间同步、设备状态监视等，如果需要可以参考帮助简单实现。而更多功能，则如前面所述，需要更深理解，摸索。有可能在非PCS7环境下不能实现。

【万泉河TIPS】如何知道WinCC一个画面元素所在的PDL画面文件呢？方法是键盘上同时按住CTRL+ALT+SHIFT三个键，然后鼠标指到每一个对象的时候，会有提示这个控件所在的画面和控件的名字。这对于解读别人的项目程序非常有用。

14.4 WinCC选件

为适应工业应用的需求，WinCC还提供了众多的选件功能，通过这些选件，可以实现一些高端的，复杂的应用需求，比如冗余、服务器客户端、WEB发布、工业数据桥等。这些选件大部分是收费的，即需要在基础软件包基础上，还需要另外花钱，才能得到这些应用。

对待WinCC选件，应该有这样一个态度：这些选件既然是收费的，其实是我们花钱购买了一个服务。虽然这些功能看起来很高大上，原理也非常复杂，但由于这些功能大都是工业应用的共性需求，在部署上差异性并不大，要相信西门子已经对软件的大部分功能尽可能做了完整的封装，所以我们要做的仅仅是严格按照官方提供的帮助文件，或者教程一步步学习实现部署即可。 这个过程既不高深，可个性化的地方也很少，所以本书基本上无意将这些部分作为重点关注的焦点。

这里也只是做一个简单的介绍。除了帮助系统之外，还可从西门子官方网站下载中心（网址见附录），如图14-7，获取下面列出的文档技术资料。

图14-7 官方网站

在下载中心中，直接搜索资料的名称，或者只搜索前面的文档编号，就可以得到这些学习资料的下载链接：

- WinCC 服务器/客户端

《A0457 WinCC C/S 结构快速入门》

- WinCC 冗余

《A0448 如何构建一个 WinCC 冗余项目》

- WinCC WEB 网络发布

《A0203 WinCC WebNavigator V6.0 中的常见问题》

- WinCC Data@Monitor

《A0212 如何使用 WinCC DataMonitor 基于 Web 发布浏览 Excel 报表文档》

- WinCC 用户归档

《A0296 使用用户归档实现报表简介》

注：用户归档的基本功能是实现配方管理，可以根据帮助系统简单实现。而由于用户归档其实是基于数据库的表，所以还可以用来做自定义的数据归档和报表，但这里用户归档只是个基本的数据平台，实现报表的过程自定义开发的属性更重，本书的精通篇中会有涉及。

以上这些只是以往经典的常用的选件，而随着 WinCC 版本的提高，西门子又陆续提供了更多集成度更高，功能更强大的选件包产品，需要随时关注学习了解。

精通篇

第 15 章

WinCC VBS 高级编程

15.1 VBS 访问文本文件

普通的 VBS 访问文本文件的程序，网上非常容易搜索到，而我们要做到的是在 WinCC 环境下进行文件的读写，通常网上搜索到的代码就不能直接使用了。

通常来说，文件都是作为一种方便配置的参数表，为方便整个 WinCC 项目将来的移植和维护，应当把文件尽量放在 WinCC 项目的文件夹中，比如建立一个专门的 TXT 子文件夹。

文本文件中，常见的格式为 CSV 文件，大部分情况下以逗号为分隔符。EXCEL 支持这种格式。所以如果文件来自 EXCEL，或者要输出的文件需要 EXCEL 格式的表格，都可以选择 CSV 格式。

比如用 EXCEL 建立一个文件，保存为 CSV 格式后得到：

```
步骤,重量1,重量2
1,10,20
2,20,20
3,30,20
4,40,20
```

文件名为 RECP.CSV。

读取这个文件的内容，并计算每步的数值求和，程序为：

```
on Error Resume Next
Dim sql
Dim filename
Const ForReading = 1, ForWriting = 2, ForAppending = 8
Const TristateUseDefault = -2, TristateTrue = -1, TristateFalse = 0
Dim fso, f, ts
Set fso = CreateObject("Scripting.FileSystemObject")
Dim FILE
FILE="RECP.CSV"
filename= HMIRuntime.ActiveProject.Path & "\TXT\" & FILE
```

```
HMIRuntime.Trace vbCrlf & filename
Set f = fso.OpenTextFile(filename, ForReading)
Dim sSql
sSql = f.ReadAll
f.close
Set f=Nothing
sql=Split(sSql,vbCrlf)
Dim i
Dim Tag
Dim list
Redim list(UBound(sql))
For i=0 To UBound(sql)-1
 Tag= Split(sql(i),",")
 list(i)=Tag
Next
HMIRuntime.Trace vbCrLf &  sql(0) & ", 总计"
For i=1 To UBound(sql)-1
    HMIRuntime.Trace vbCrLf &  "Step" & list(i)(0)
    HMIRuntime.Trace    ":" & list(i)(1)
    HMIRuntime.Trace    " + " & list(i)(2)
    HMIRuntime.Trace    " = " & CSng( list(i)(1)) +  CSng(list(i)(2))
Next
```

运行结果见图 15-1。

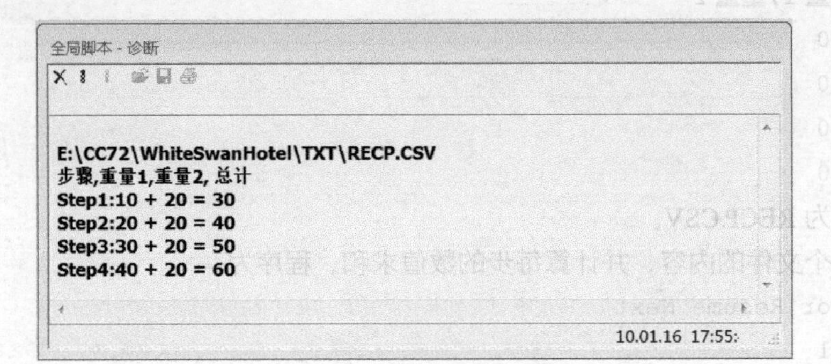

图 15-1　诊断

解读：

- HMIRuntime.ActiveProject.Path 读出了项目当前文件夹
- Split 函数可以将读到的整体文本分割为一个数组，数组的每个元素内容为一行文本。分隔符为 vbCrLf。再次分割时使用逗号，则得到了每一个元素。
- 数组 list 是一个二维数组，每一个元素对应文件中的每一个数据，格式为文本。
- 在需要进行数值计算的时候使用了 CSng，转换为浮点数。

然后再实现将结果输出到文件，在上述的代码最后插入程序：

```
'********************************************************************
FILE="OUT_" & Date & ".CSV"
filename= HMIRuntime.ActiveProject.Path & "\TXT\" & FILE
HMIRuntime.Trace vbCrlf & filename
Set fso = CreateObject("Scripting.FileSystemObject")
Set f = fso.OpenTextFile(filename, ForWriting,True)
f.write(sql(0) & ",总计")
For i=1 To UBound(sql)-1
    f.write vbCrLf &  "S" & list(i)(0)
    f.write   "," & list(i)(1)
    f.write   "," & list(i)(2)
    f.write   "," & CSng( list(i)(1)) +  CSng(list(i)(2))
Next
f.close
Set f=Nothing
Set fso=Nothing
```

输出结果用 EXCEL 打开，见图 15-2。

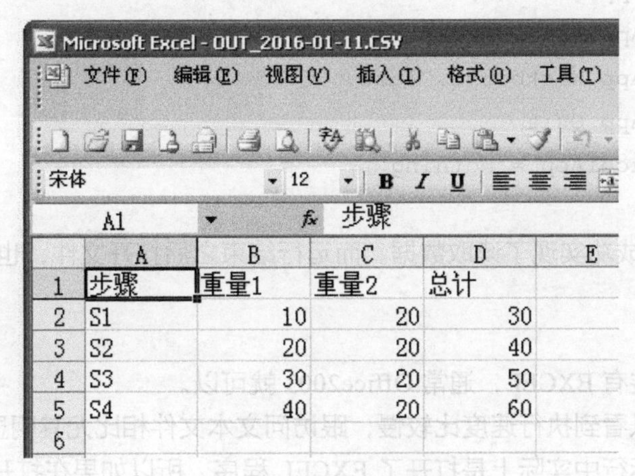

	A	B	C	D	E
1	步骤	重量1	重量2	总计	
2	S1	10	20	30	
3	S2	20	20	40	
4	S3	30	20	50	
5	S4	40	20	60	
6					

图 15-2　EXCEL 结果

解读：

● 生成了以当前日期为文件名的结果文件，仍然在 TXT 文件夹中。

● 如果按照 Windows 的操作习惯，可以用户自己选择目标文件夹，需要更多的 VBS 编程。但因为 IE 系统的升级，需要注意在 WinXP 和 Win7 中的 VBS 语法会有差异。另外文件对话框出现也会导致屏蔽系统功能键失效。

● 如果日期的格式为 dd/mm/yyyy，或者文件名还要使用当前时间，因为斜线号（/）、冒号（:）等不能作为文件名，就会产生错误。所以还要提前处理，用 replace 函数把斜线替换为下划线（_），冒号和空格替换为空字符（""），避免出现非法字符。

15.2 VBS 访问 EXCEL 文件

在很多工程项目中，有提出要求 WinCC 访问 EXCEL 的需求，从简单实现出发，脚本很简单，直接来自于帮助系统，稍加修改，就可以实现存放在 TXT 文件夹中的 EXCEL 版本的文件的读写：

```
Sub OnClick(ByVal Item)
    On Error Resume Next
    Dim filename
    Dim FILE
    FILE="RECP.xls"
    filename= HMIRuntime.ActiveProject.Path & "\TXT\" & FILE
    HMIRuntime.Trace vbCrLf & filename
    Dim objExcelApp
    Set objExcelApp = CreateObject("Excel.Application")
    objExcelApp.Visible = True
    objExcelApp.Workbooks.Open filename
    HMIRuntime.Trace vbCrLf & objExcelApp.Cells(2, 2).Value
    objExcelApp.Cells(6, 1).Value = Now
    objExcelApp.ActiveWorkbook.Save
    objExcelApp.Workbooks.Close
    objExcelApp.Quit
    Set objExcelApp = Nothing
End Sub
```

运行可以看到成功实现了读取数据。而运行结束之后打开文件，也同样看到修改已经完成。

解读：

● 系统需要装有 EXCEL，通常 Office2003 就可以。

● 运行中可以看到执行速度比较慢，跟访问文本文件相比尤其明显。

● 因为程序运行中实际上是打开了 EXCEL 程序，所以如果在打开之前 EXCEL 程序已经运行，或者在程序执行期间操作 EXCEL 编辑，还是会有很多问题。 工程应用中具体还有许多补丁工作要做。

● 程序中设置了 EXCEL 打开时进程显示。 如果不想显示，可以设置为 FALSE。

15.3 VBS 访问注册表及调用外部程序

很多时候，需要读取一些系统的配置参数值，它们往往存放在系统注册表中。下面的例子就实现了通过读取注册表，得到 EXCEL 应用程序的安装位置，并调用它，打开了一个现有的 XLS 文件。

```
Dim objWshShell
```

```
    Set objWshShell = CreateObject("Wscript.Shell")
    Dim EXCEL
    'EXCEL="C:\Program Files\Microsoft Office\OFFICE11\EXCEL.EXE"
    Dim APP
    APP="HKEY_LOCAL_MACHINE\Software\Microsoft\Windows\CurrentVersion\App
Paths\EXCEL.EXE\"
    EXCEL=objWshShell.RegRead(APP)
    Dim XlsFile
    XlsFile="C:\1.xls"
    Dim shell
    shell= Chr(34)& EXCEL & Chr(34) & "  " & Chr(34) & XlsFile  & Chr(34)
    HMIRuntime.Trace  vbCrLf & "SHELL=" & shell
    objWshShell.Run shell, 1
    Set objWshShell=Nothing
```

解读：

● 在 VBS 中操作注册表和调用外部程序，都是使用 Wscript.Shell 对象。此对象还有许多其他重要功能，可以了解掌握。

● RegRead 读取注册表相应的项，而如果是要写注册表，相应的函数是 RegWrite。

● 得到的应用程序和文件名通常长于 8 个字符，超出了 DOS 的 8.3 原则，所以指令中需要用双引号（"）分别把程序和文件框起来。 这样程序才合法。而在 ASSIIC 码表中，Chr（34）就是双引号。

第 16 章

WinCC C脚本高级编程

对现在版本的 WinCC 来说，不管是 10 年前的 V6.2 还是最新的 V7.3，C 脚本已经是古老的语言了。从官方资料发布的趋势就可以看出来，现在想找 C 脚本的编程资料，已经相当困难了。

所以对一般的学习者来说，了解一点基本的入门知识，看到现成的程序能读懂，能维护，就已经完全足够了。所以也完全没有理由进行这一步的更高层次的学习了。

本章只是针对某些特殊爱好的人群，或者有特殊功能需求，比如某些只能选择 C 脚本环境下编程实现的应用。

16.1 WinCC C 脚本例程资源

熟悉 C 语言的人们都知道，C 语言之所以强大，是因为它的库函数的概念。无数的先人积累的精华，以库函数的形式传承下来，后来者可以充分利用。

所以要深入了解 WinCC C 脚本编程，除了自身要足够精通 C 语言之外，其余的就是找到足够多的资源来参考利用。

首先是 WinCC 软件光盘提供了一个叫做 Global Script 的例程，对 C 环境下已有的各个函数做了使用演示，见图 16-1。

除此之外，更多的资源从哪里可以找得到呢？前面已经讲过了，在 V6 版本之前，WinCC 支持的脚本语言仅限于 C 脚本。那么最优秀的资源，就当然是出自更老版本的 V5.0 和 V6.0 时代了。而且由于 WinCC 的整体系统框架其实是基于 C 语言的，所以那些再古老的资料里面提供的程序，放在最新的 V7.3 中也仍然大都可以应用。

WinCC V5.0 和 V6.0 的正版软件，在发货的软件包装里面，提供了 4 ~ 5 张光盘，除了软件部分之外还有几张光盘，分别叫做“WinCC Comprehensive Support Knowledge Base SAMPLE CD”以及“WinCC Configuration & Communication Manuals”，在这些光盘里包含了大量 chm 格式的帮助文件，大量的功能实现是用的 C 脚本。而且很多章节，最后都是把完整的 WinCC 例子放在帮助其中可供下载。

其中有专门的关于 C 脚本的例程 Project_C_Course，运行效果如图 16-2。

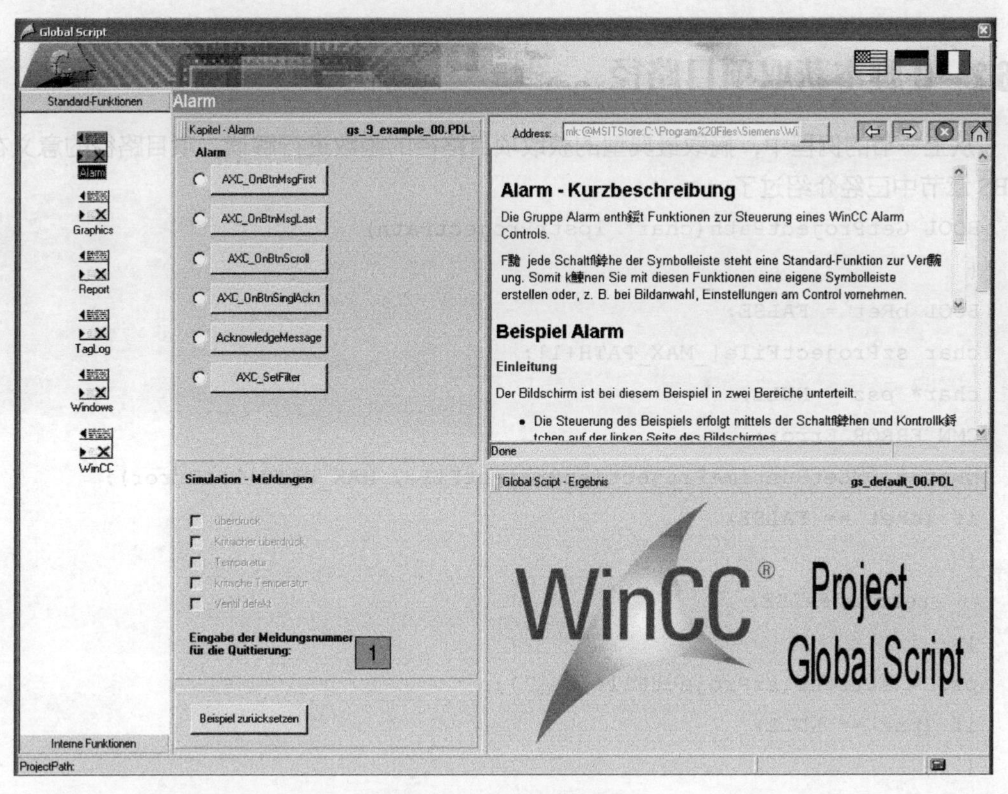

图 16-1　Global Script

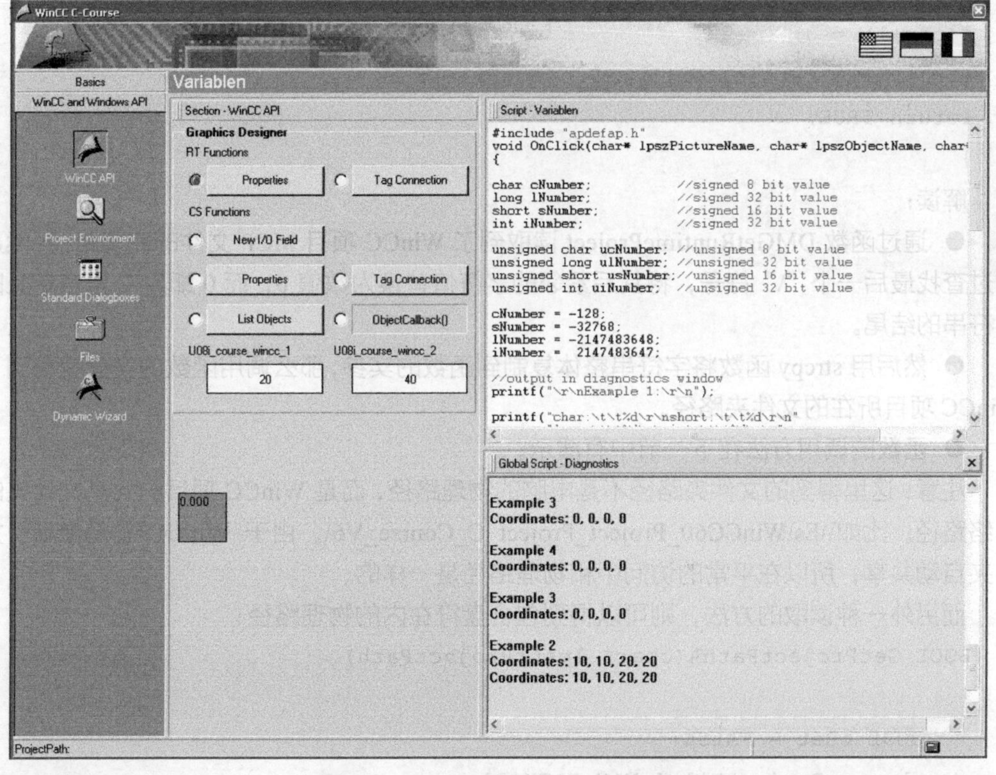

图 16-2　Project_C_Course 运行效果

16.2　C 脚本获取项目路径

从上一节的例程中，摘取最典型的获取项目路径的函数进行解读，项目路径的意义在 VBS 章节中已经介绍过了。

```
BOOL GetProjectPath(char* lpstrProjectPath)
{
BOOL bRet = FALSE;
char szProjectFile[_MAX_PATH+1];
char* psz = NULL;
CMN_ERROR Error;
bRet = DMGetRuntimeProject(szProjectFile,_MAX_PATH+1,&Error);
if (bRet == FALSE)
{
    return FALSE;
}
psz = strrchr(szProjectFile,'\\');
if (psz == NULL)
{
    return FALSE;
}
*(psz+1) = 0;
strcpy(lpstrProjectPath,szProjectFile);
return TRUE;
}
```

解读：

● 通过函数 DMGetRuntimeProject 读取到了 WinCC 项目 MCP 文件的完整路径，然后通过查找最后一个“\”符号，将其后紧邻的字符值替换为数值 0，而 0 即为 C 语言定义的字符串的结尾。

● 然后用 strcpy 函数将字符串整体复制到函数的实参，那么调用函数的实参就得到了 WinCC 项目所在的文件夹路径。

● 函数的调用方法在下一节中有演示。

注意：这里得到的文件夹路径不是电脑的物理路径，而是 WinCC 项目的共享文件夹的网络路径。比如\\Es\WinCC60_Project_Project_C_Course_V6\，由于 WinCC 总是把项目文件夹自动共享，所以在平常的访问中和物理路径是一样的。

而另外一种读取的方法，则可以得到包含盘符在内的物理路径：

```
BOOL GetProjectPathA(char* lpstrProjectPath)
{
    BOOL bRet = FALSE;
    char szProjectFile[_MAX_PATH+1];
```

```
  char* psz = NULL;
  CMN_ERROR Error;
  DM_DIRECTORY_INFO dmDirInfo;
  bRet = DMGetRuntimeProject(szProjectFile,_MAX_PATH+1,&Error);
  bRet = DMGetProjectDirectory("",szProjectFile, &dmDirInfo,&Error);
  printf( "szProjePath: %s\r\n" ,dmDirInfo.szProjectDir);
  strcpy(lpstrProjectPath,dmDirInfo.szProjectDir);
  return TRUE;
}
```

解读:

通过 DMGetProjectDirectory 函数，把项目信息读取到了一个 DM_DIRECTORY_ INFO 类型的结构里，结构的 szProjectDir 即项目的路径。

16.3 C 脚本读写文本文件

先是写文件:

```
#include "apdefap.h"
void  OnClick(char*  lpszPictureName,  char*  lpszObjectName,  char*
lpszPropertyName)
{
  FILE* pFile = NULL;
  char szFile[_MAX_PATH+10];
  int iData;
  float fData;
  //get project path
  if (GetProjectPath(szFile) == FALSE)
  {
    printf("\r\nError in GetProjectPath()\r\n");
    return;
  }
  //create file name
  strcat(szFile,"Data.txt");
  //open or create file to write
  pFile = fopen(szFile,"w+");
  //check return value of fopen()
  if (pFile == NULL)
  {
    printf("\r\nError in fopen()\r\n");
    return;
  }
```

```
    //get data to write
    iData   = GetTagSDWord("S32i_course_file_1");
    fData   = GetTagFloat("F32i_course_file_1");
    //write data
    fprintf(pFile,"%d\r\n%f\r\n",iData,fData);
    fclose(pFile);
    //output in diagnostics window
    printf("\r\nData written in file:\r\n\t%d\r\n\t%f\r\n",
           iData,fData);
}
```

解读：

这里读取TAG的值，并创建并写入Data.txt文件中。

再编程把文件的内容读回来：

```
#include "apdefap.h"
void OnClick(char* lpszPictureName, char* lpszObjectName, char* lpszPropertyName)
{
    FILE* pFile = NULL;
    char szFile[_MAX_PATH+10];
    int iData;
    float fData;
    //get project path
    if (GetProjectPath(szFile) == FALSE)
    {
      printf("\r\nError in GetProjectPath()\r\n");
      return;
    }
    //create file name
    strcat(szFile,"Data.txt");
    //open file to read
    pFile = fopen(szFile,"r+");
    //check return value of fopen()
    if (pFile == NULL)
    {
      printf("\r\nError in fopen()\r\n");
      return;
    }
    //read data
    fscanf(pFile,"%d\r\n%f\r\n",&iData,&fData);
    fclose(pFile);
    //set data
```

```
  SetTagSDWord("S32i_course_file_1",iData);
  SetTagFloat("F32i_course_file_1",fData);
  //output in diagnostics window
  printf("\r\nData read from file:\r\n\t%d\r\n\t%f\r\n",
        iData,fData);
}
```

解读：

这里的写入和读取的格式完全对应，可以打开文件，观察其文件内容和格式。

如果文件格式为 CSV，相对 VBS 来说，处理方式稍微复杂些，但网上有大批现成的资源可以参考。

第 17 章

WinCC 用户归档高级技巧

用户归档（User Archive，以下简称 UA），是 WinCC 提供的一个选件，在前面的章节中已经提到过，可以用于进行配方管理。而 WinCC 为啥未把它直接命名为配方选件呢？答案就在本章，因为它可以作为一个特殊的数据库工具，来实现一些标准的变量记录和报警信息系统不能实现的功能。比如以批次生产为特征的自定义数据类型、自定义数据结构的个性化的数据记录和报表。

17.1 使用用户归档实现数据记录

在开始之前，先在变量管理中增加 SYSTEM INFO 的驱动，然后在其中创建 2 个 8 位文本变量 ThisDate 和 ThisTime，参数分别为日期（DD-MM-YYYY）和时间（HH:MM:SS），见图 17-1。这两个变量运行中就一直显示为电脑系统的当前日期和当前时间，下面的归档记录中可以使用。

名称	类型	参数
ThisDate	文本变量 8 位字符集	F=0,2
ThisTime	文本变量 8 位字符集	F=5,0

图 17-1　system info

在用户归档中新建一个归档 U1，通信类型为“通过 WinCC 变量进行通信”。然后创建用于通信的 4 个控制变量：ID，指令，域和值，如果点“创建”按钮，系统自动生成名字带@UA 开头的内部变量，见图 17-2。

勾选标记：域-上一次修改。

然后添加域：日期、时间、设定重量、实际重量、设定温度、实际温度等，并指定到已有的 WinCC 变量，见图 17-3。

其中，日期的类型先设置为文本类型，完成指定文本变量之后，修改类型为日期/时间。

而另外的变量符合 WinCC 中变量的类型，比如浮点数。这些数值大都应该来自 PLC 的外部变量，记录的是实际的物理数值。

保存完成后，来到变量管理中，找到内部变量中系统自动创建的 4 个通信变量，其中的 ID 和 JOB，剪切移动到 PLC 外部变量中，并给分配地址，对应 DB 块中的 DINT 数据。而另外两个变量虽然这里未用到，也要在系统中保留。

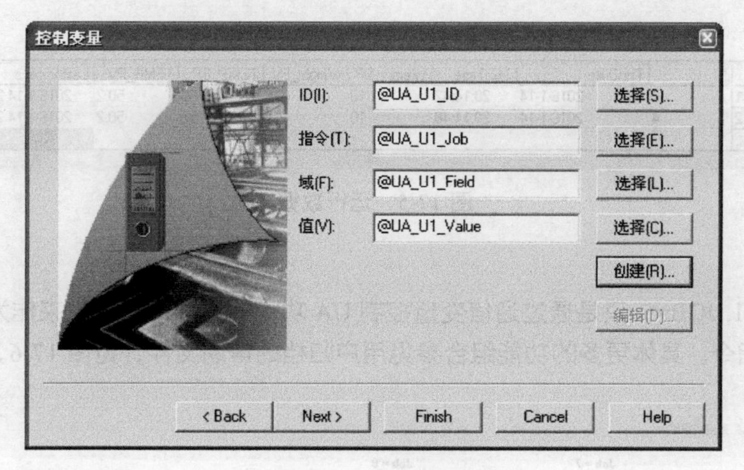

图 17-2　控制变量

名称	别名	类型	长度	设置	最小值	最...	起始值	变量名	读权限	写权限	标记	位置
TEMP_PV	实际温度	数(浮点)						TEMP_PV	0	0		6
TEMP_SP	设定温度	数(浮点)						TEMP_SP	0	0		5
ThisDate	日期	日期/时间						ThisDate	0	0		1
ThisTime	时间	字符串	10					ThisTime	0	0		2
Weight_PV	实际重量	数(浮点)						Weight_PV	0	0		4
Weight_SP	设定重量	数(浮点)						Weight_SP	0	0		3

图 17-3　添加域

然后在 PLC 中添加如图 17-4 所示的程序。

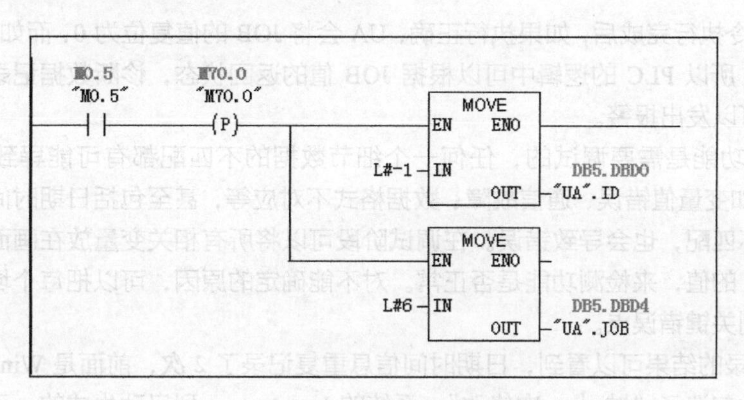

图 17-4　PLC 程序

意味着在 PLC 的工艺流程中，当一个批次生产完成，需要记录时，只需要将 M 变量置位，其上升沿就可以产生一条生产数据的记录。

检查如下启动条件：

● PLC 程序更新；

● WinCC 启动项中勾选用户归档；

● 启动 WinCC，与 PLC 通信正常；

上述所有通信变量和域变量都数据正常，格式正确，则每次信号触发，都会产生一条记录信息。

在用户归档编辑器中勾选“编辑\运行系统数据”，则下方会显示成功归档的数据列表，见图 17-5。

	ID	ThisDate	ThisTime	Weight_SP	Weight_PV	TEMP_SP	TEMP_PV	LastAccess
1	3	2016-1-14	20:14:42	10	11	50	50.2	2016-1-14 20:14:42
2	4	2016-1-14	20:14:48	10	11	50	50.2	2016-1-14 20:14:48
...								

图 17-5　运行数据

解读：

● ID=−1, JOB=6 只是通过通信变量控制 UA 功能的一种，这里拿来作为生成一条新记录数据的指令。具体更多的功能组合参见用户归档的帮助文件，见图 17-6。

控制变量 "ID" 和 "Job" 的更多值组合

ID	Job = 6	Job = 7	Job = 8
-1	添加数据记录	-	删除带最低 ID 的数据记录
-6	读取带最低 ID 的数据记录	写入带最低 ID 的数据记录	删除带最低 ID 的数据记录
-9	读取带最高 ID 的数据记录	写入带最高 ID 的数据记录	删除带最高 ID 的数据记录

控制变量提供了两种访问用户归档的方法：

1. 通过输入控制变量 "ID" 和 "Job"，可以写入或读取或删除数据记录中的目标值。
2. 可以使用控制变量 "Field" 和 "Value" 代替控制变量 "ID" 来搜索数据记录。 通过控制变量 "Job"，可以写入或读取或删除通过该方法选择的数据记录。 例如，如果必须将数据记录从表格中删除然后将其再添加到表格末尾，则可以使用该数据选择类型。 "值" 域必须唯一，否则将采用域中满足该条件值的第一条数据记录。

图 17-6　系统帮助

● 在指令执行完成后，如果执行正确，UA 会将 JOB 的值复位为 0，而如果执行出错，则会返回−1。所以 PLC 的逻辑中可以根据 JOB 值的返回状态，诊断数据记录的成功与失败，必要时可以发出报警。

● 这个功能是需要调试的，任何一个细节数据的不匹配都有可能导致返回错误的 JOB=−1，比如变量值错误、通信故障、数据格式不对应等，甚至包括日期时间格式如果和系统的格式不匹配，也会导致错误。在调试阶段可以将所有相关变量放在画面上，直接修改 ID 和 JOB 的值，来检测功能是否正常。对不能确定的原因，可以把每个域逐个删除测试，直到找到关键错误点。

● 从记录的结果可以看到，日期时间信息重复记录了 2 次，前面是 WinCC 变量生成的，后面因为勾选了"域-上一次修改"，系统的 LastAccess 列自动生成的，可以选择任何一种作为将来数据报表的一部分。

17.2　使用用户归档控件实现报表

画面编辑器中插入 UA 控件，链接到归档，并指定快速打印作业。

运行，可以看到在前面看到的记录结果，这里也完整显示在画面上了，见图 17-7。把 PLC 中的记录触发变量设置为定时自动触发，并运行一段时间，以多产生些数据。

同时，为了便于观察过滤效果，可以手动修改其中的一些数据。

可以看到，被篡改过的数据记录，它最后的 LastAccess 的时间也被更新了。意味着，如果选用后者做时间索引，那就如实地反映了数据的真实性。任何人为的修改都会被记录在案。

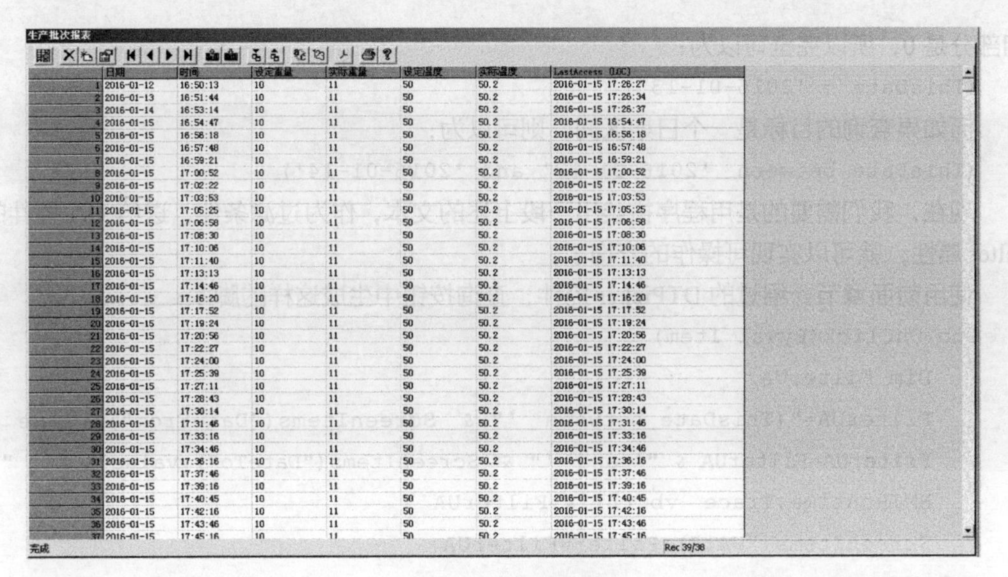

生产批次报表

	日期	时间	设定重量	实际重量	设定温度	实际温度	LastAccess (LOC)
1	2016-01-12	16:50:13	10	11	50	50.2	2016-01-15 17:26:27
2	2016-01-13	16:51:44	10	11	50	50.2	2016-01-15 17:26:34
3	2016-01-14	16:53:14	10	11	50	50.2	2016-01-15 17:26:37
4	2016-01-15	16:54:47	10	11	50	50.2	2016-01-15 16:54:47
5	2016-01-15	16:56:18	10	11	50	50.2	2016-01-15 16:56:18
6	2016-01-15	16:57:48	10	11	50	50.2	2016-01-15 16:57:48
7	2016-01-15	16:59:21	10	11	50	50.2	2016-01-15 16:59:21
8	2016-01-15	17:00:52	10	11	50	50.2	2016-01-15 17:00:52
9	2016-01-15	17:02:22	10	11	50	50.2	2016-01-15 17:02:22
10	2016-01-15	17:03:53	10	11	50	50.2	2016-01-15 17:03:53
11	2016-01-15	17:05:25	10	11	50	50.2	2016-01-15 17:05:25
12	2016-01-15	17:06:58	10	11	50	50.2	2016-01-15 17:06:58
13	2016-01-15	17:08:30	10	11	50	50.2	2016-01-15 17:08:30
14	2016-01-15	17:10:06	10	11	50	50.2	2016-01-15 17:10:06
15	2016-01-15	17:11:40	10	11	50	50.2	2016-01-15 17:11:40
16	2016-01-15	17:13:13	10	11	50	50.2	2016-01-15 17:13:13
17	2016-01-15	17:14:46	10	11	50	50.2	2016-01-15 17:14:46
18	2016-01-15	17:16:20	10	11	50	50.2	2016-01-15 17:16:20
19	2016-01-15	17:17:52	10	11	50	50.2	2016-01-15 17:17:52
20	2016-01-15	17:19:24	10	11	50	50.2	2016-01-15 17:19:24
21	2016-01-15	17:20:56	10	11	50	50.2	2016-01-15 17:20:56
22	2016-01-15	17:22:27	10	11	50	50.2	2016-01-15 17:22:27
23	2016-01-15	17:24:00	10	11	50	50.2	2016-01-15 17:24:00
24	2016-01-15	17:25:39	10	11	50	50.2	2016-01-15 17:25:39
25	2016-01-15	17:27:11	10	11	50	50.2	2016-01-15 17:27:11
26	2016-01-15	17:28:43	10	11	50	50.2	2016-01-15 17:28:43
27	2016-01-15	17:30:14	10	11	50	50.2	2016-01-15 17:30:14
28	2016-01-15	17:31:46	10	11	50	50.2	2016-01-15 17:31:46
29	2016-01-15	17:33:16	10	11	50	50.2	2016-01-15 17:33:16
30	2016-01-15	17:34:46	10	11	50	50.2	2016-01-15 17:34:46
31	2016-01-15	17:36:16	10	11	50	50.2	2016-01-15 17:36:16
32	2016-01-15	17:37:46	10	11	50	50.2	2016-01-15 17:37:46
33	2016-01-15	17:39:16	10	11	50	50.2	2016-01-15 17:39:16
34	2016-01-15	17:40:45	10	11	50	50.2	2016-01-15 17:40:45
35	2016-01-15	17:42:16	10	11	50	50.2	2016-01-15 17:42:16
36	2016-01-15	17:43:46	10	11	50	50.2	2016-01-15 17:43:46
37	2016-01-15	17:45:16	10	11	50	50.2	2016-01-15 17:45:16

完成 Rec 39/38

图 17-7　数据列表

现在点击工具栏上的“过滤条件”，见图 17-8，可以对结果进行过滤，比如通过日期选择，得到了某一天内的所有数据。

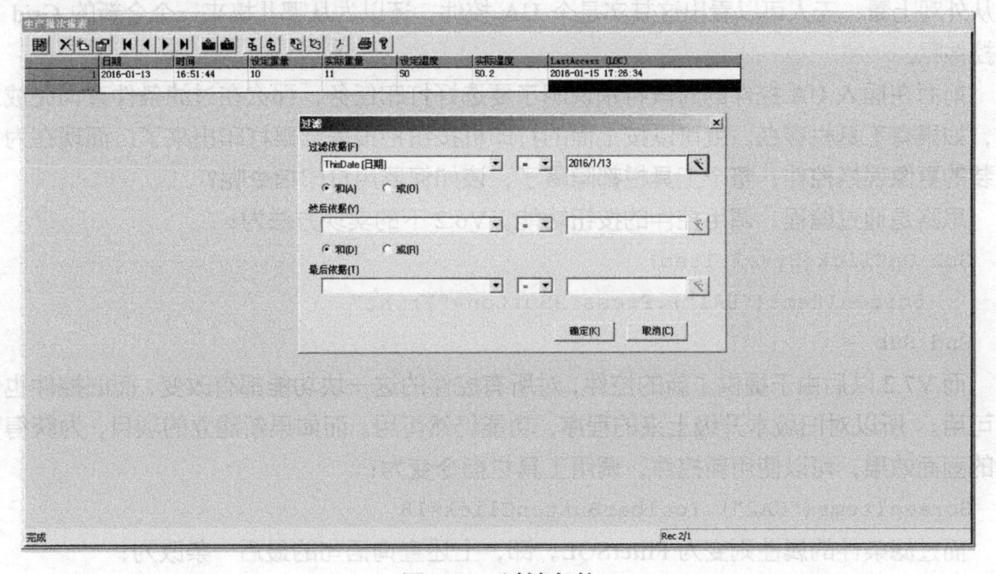

图 17-8　过滤条件

当然我们也可以尝试输入其他的列过滤条件，来产生查询结果。任何想要的过滤条件都可以。

但很快，我们会发现，这个过滤条件的界面实在很糟糕，要应用起来非常麻烦，是没办法交给用户来使用这个界面进行过滤查询的，而且其自动生成的条件文本也着实啰唆：

```
(ThisDate >= '2016-01-13 00:00:00.000' AND ThisDate <= '2016-01-13 00:00:00.999')
```

其实这种语法是符合 SQL 查询语法的，对于指定的日期，因为我们的日期数据列中时间部分是 0，所以完全可以为：

```
(ThisDate = '2016-01-13')
```

而如果查询的目标是一个日期区间，则可以为：

```
(ThisDate between  '2016-01-13' and '2016-01-14')
```

现在，我们需要的是用程序拼装出一段上述的文本，作为过滤条件，送给 UA 控件的 Filter 属性，就可以实现可操作的查询了。

使用前面章节介绍过的 DTPicker 控件，查询按钮中生成这样的脚本：

```
Sub OnClick(Byval Item)
    Dim FilterUA
    FilterUA="(ThisDate between  '" &  ScreenItems("DateFrom").value
    FilterUA=FilterUA & "' and  '" &  ScreenItems("DateTo").value & "') "
    HMIRuntime.Trace  vbCrLf & FilterUA
    ScreenItems("UA1").Filter=FilterUA
End Sub
```

就成功实现了查询，实现了基本的报表功能。

下面，对 UA 控件稍微调整一下，关闭工具栏，属性设置为只读，关闭不需要显示的列，显示的列数据格式规范，设定字体、表格颜色…最后呈现的结果就是一个标准的报表格式了。但从外观上看，无人可以看出这其实是个 UA 控件，还以为从哪儿搞来一个全新的 Grid 表格控件呢。

前面在插入 UA 控件的时候特别说明了要选好打印任务，那么在过滤条件查询完成之后，如果有工具栏存在，就可以按上面的打印机按钮把报表结果打印出来了。而现在为了伪装的更像表格控件，整个工具栏都隐藏了，该如何调用打印指令呢？

思路是通过编程，调用控件的按钮功能。V6.2 下的实现方法为：

```
Sub OnClick(ByVal Item)
    ScreenItems("UA1").PressTBButton="Print"
End Sub
```

而 V7.2 以后由于提供了新的控件，对所有控件的这一块功能都有改变，而旧控件也仍然可用。 所以对旧版本升级上来的程序，功能仍然可用。而如果新建立的项目，为获得更好的画面效果，可以使用新控件，调用工具栏指令变为：

```
ScreenItems("UA2").ToolbarButtonClick=18
```

而过滤条件的属性则变为 FilterSQL。即，上述查询语句的最后一条改为：

```
ScreenItems("UA1").FilterSQL=FilterUA
```

相关信息皆可从帮助信息系统中查到。

17.3 报表待完善功能

由上面两节的介绍看，使用 UA，实现了简单的自定义数据记录和报表功能。但稍等，好像还不够完美。是不是还缺点什么？

让我们来总结一下还有哪些不够完善的细节。

（1）数据统计

数据报表有了，但大部分情况下还会要求有对数据结果的统计数据，比如温度值需要平均值、最大值等统计，而重量值会有累加值的统计需求。这些功能在哪儿呢？如何实现？

很遗憾，没有！WinCC 一代一代的升级，都盼望能在 UA 中直接实现带统计功能的输出，那样直接通过组态就可以完成报表功能。但直到最新的 V7.3 也仍然未提供，所以还是只能用数据库的方法来实现。 下一章会讲到。

（2）复杂工艺

如果工艺稍微复杂些，比如两级工艺流程串联完成的生产任务，或者要求一个工艺的开始和结束时间都要求记录下来。该怎样实现呢？

这是一个思考题，有一定难度，请各位读者自行思考。

第 18 章

WinCC 与数据库

作为组态软件，因为要存储历史数据，必定要用到数据库。而作为设计者，要在 WinCC 中实现比较复杂的数据处理，必须懂得一些数据库的知识。所以本章的读者，要么是你已经拥有了一些数据库的基本知识，要么读完本章后，知道了自己应该补充些数据库的知识点。

18.1 SQL SERVER 数据库结构

在软件安装环节，我们已经知道了，WinCC V6.2 搭配的数据库软件是 MicroSoft SQL Server 2005，而 V7.2/V7.3 搭配的则是 2008，不过从我们的使用角度，略有差别，可以忽略不计。所以只需要介绍在 V6.2 下的 SQL SERVER 2005 的使用，V7.3 完全可以直接参考。

在 WinCC 项目运行的情况下，打开 Microsoft SQL Server Management Studio，见图 18-1。由于是微软的软件，所以在开始菜单单独的文件夹中。

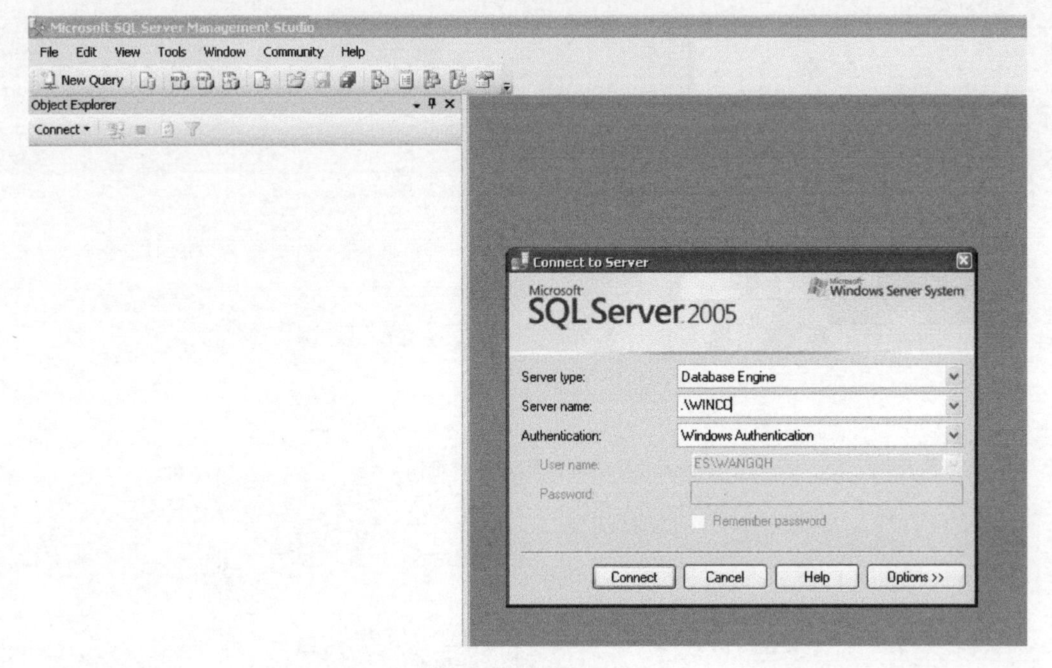

图 18-1 SQL Server

可以看到其中存在的数据库列表，见图 18-2。

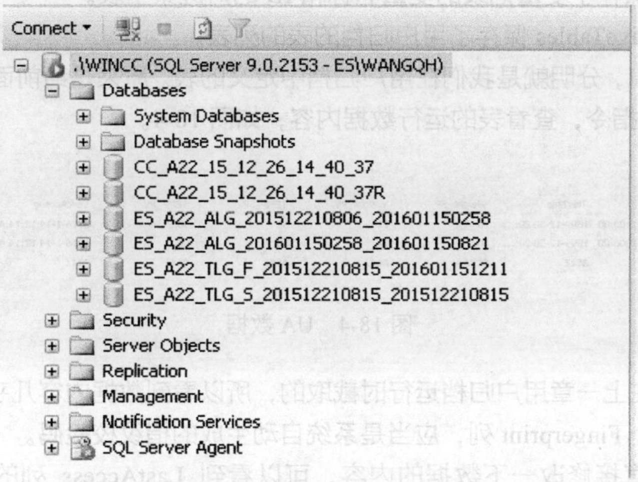

Connect ▾
\WINCC (SQL Server 9.0.2153 - ES\WANGQH)
Databases
System Databases
Database Snapshots
CC_A22_15_12_26_14_40_37
CC_A22_15_12_26_14_40_37R
ES_A22_ALG_201512210806_201601150258
ES_A22_ALG_201601150258_201601150821
ES_A22_TLG_F_201512210815_201601151211
ES_A22_TLG_S_201512210815_201512210815
Security
Server Objects
Replication
Management
Notification Services
SQL Server Agent

图 18-2　数据库列表

其中，以 CC 开头的两个数据库，它们的名字由 CC+项目名称+项目开始运行的时间格式命名，所以名字是不确定的。但同一台电脑一次运行后则不再改变。这两个数据库，前者是 WinCC 项目的组态信息，我们不需要了解。而后者多了一个 R 字符的，是包含了运行期间数据的库。这个数据库的名字，我们称之为 DSN 名字。

另外如图所示的还有数量不等的数据库存在，名称分别叫做：

电脑名_项目名_ALG_xxxxxx；

电脑名_项目名_TLG_F_xxxxxx；

电脑名_项目名_TLG_S_xxxxxx。

这些都是运行的历史数据，ALG 是报警信息；TLG_F 包含变量记录的快速归档；而 TLG_S 则是慢速归档。

这些归档会按照设定的归档分段规则，形成一个个数据库片段。后面的 xxxx_xxxx 即为分段的开始时间和结束时间。

现在展开 DSN 名字的数据库的 Table 列表，如图 18-3。

图 18-3　CC 运行数据库

其中的 dbo.AMT 表，里面保存的是历史数据库的分段索引。

dbo.Archive 保存了变量记录的变量名称和 ID 的对应索引表。

dbo.UserArchiveTables 保存了用户归档的表的列表。

而 dbo.UA#U1，分明就是我们在用户归档中定义的表。原来是给前面增加了 UA#的前缀。用 open table 指令，查看表的运行数据内容，如图 18-4。

Table - dbo.UA#U1

	ID	ThisDate	ThisTime	Weight_SP	Weight_PV	TEMP_SP	TEMP_PV	LastAccess	Fingerprint
	3	2016-1-14 0:00:00	1899-12-30 20:...	10	11	50	50.2	2016-1-14 12:14:42	011362b349aec3...
▶	[illegible]	2016-1-14 0:00:00	1899-12-30 20:...	10	11	50	50.2	2016-1-14 12:14:48	0130e30423a0e2...
*	NULL	NULL	NULL	NULL	NULL	NULL	NULL	NULL	NULL

图 18-4　UA 数据

由于截图是在上一章用户归档运行时截取的，所以看到数据内容几乎完全一样。唯一不同的是多了一个 Fingerprint 列，应当是系统自动生成的指纹校验码。

尝试在表中直接修改一下数据的内容，可以看到 LastAccess 列的内容并未改变，Fingerprint 也未变。

切换到 WinCC 运行画面看数据并未立即更新。 但如果切换画面再回到 UA 控件的显示画面，发现数据已经被成功刷新了。

说明，在数值显示时 Fingerprint 并未参与合法性校验。将来可以通过数据库接口，编辑数据的内容。

Studio 中，打开 SQL 查询窗口，增加过滤条件，如同在 UA 控件上曾经添加的一样：

```
SELECT  ID, ThisDate, ThisTime, Weight_SP, Weight_PV, TEMP_SP, TEMP_PV,
LastAccess, Fingerprint
FROM    UA#U1
WHERE  (ThisDate BETWEEN '2016-1-13' AND '2016-1-14')
```

可以看到和在运行中一样的查询效果。

这里的编辑 SQL 查询的方式比程序中更方便更自由，因而在调试较复杂的数据查询的时候更方便。

另外还可以通过 SQL 来实现更多查询结果，比如：

```
SELECT     MAX(LastAccess)
FROM       UA#U1
```

读取到了数据记录中的最新的时间标签。而且注意到，这里的时间是标准时区的 UTC 时间。

对 UA 表的访问完全可以和一个普通的 SQL 表一样，更多知识技能需要学习专门的 SQL 教程。

现在展开一个 TLG_F 快速归档的数据库，见图 18-5。

看到有 TagCompressed 和 TagUncompressed 两个 table，分别存放了压缩数据和非压缩数据，但对快速归档来说，只有前者有数据。 打开这个压缩数据的表，如图 18-6。

看到了数据的内容，分别是变量的 ID，数据片段的开始时间、结束时间和数值，为 binary data 压缩方式存储的数据。看不到具体数值，也无从读取和编辑。

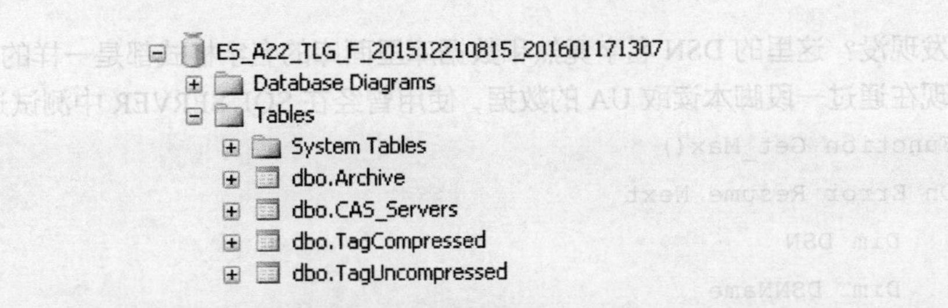

图 18-5 归档数据表

Table - dbo.TagCompressed | Summary

ValueID	Timebegin	Timeend	BinValues
1	2015-12-21 8:15:37	2015-12-21 8:15:37	<Binary data>
1	2015-12-25 1:32:54	2015-12-25 1:32:54	<Binary data>
1	2015-12-25 1:48:59	2015-12-25 1:48:59	<Binary data>
1	2015-12-25 8:56:44	2015-12-25 8:56:44	<Binary data>
1	2016-1-4 2:21:03	2016-1-4 2:21:03	<Binary data>
1	2016-1-5 13:15:58	2016-1-5 13:15:58	<Binary data>

图 18-6 压缩数据

所以和用户归档的数据不同，变量归档的数据根本无法在数据库的层面上直接访问，要实现访问，必须使用 WinCC 提供的数据连通包 connectivity pack 的方法。

18.2 查询用户归档数据库

由于 WinCC 使用的数据库是 SQL SERVER，所以自然支持 OLE-DB ADO 访问，同时也支持 ODBC 访问。

在控制面板中打开 ODBC 管理器，在 USER DSN 中，见图 18-7，可以看到，系统已经自动建立了一批 DSN，曾经打开过的 WinCC 项目，在这里都已经自动建立好了。

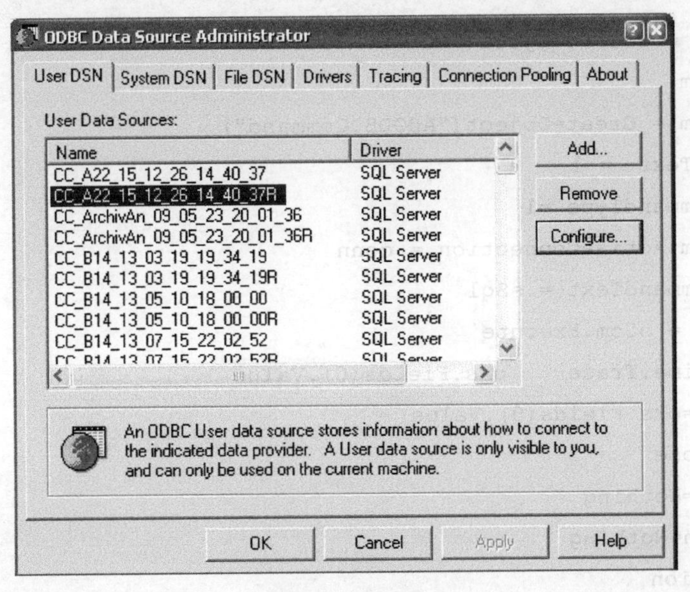

图 18-7 ODBC

发现没？这里的 DSN 名字竟然和数据库里面库的名字格式都是一样的。

现在通过一段脚本读取 UA 的数据，使用曾经在 SQL SERVER 中测试过的 SQL 语句。

```
Function Get_Max()
On Error Resume Next
   Dim DSN
   Dim  DSNName
   Set DSNName = HMIRuntime.Tags("@DatasourceNameRT")
   DSN = DSNName.Read
   Dim scon
'Method1: Directly use OLE-DB access SQL Server
   scon= "Provider=sqloledb;" & _
         "Data Source=" & ".\WinCC;" & _
         "Initial Catalog=" & DSN & _
         ";Integrated Security='SSPI'; "
'Method2:use ODBC access SQL Server, the Dsn was created by WinCC.
'    scon="DSN=" & DSN & ";UID=;PWD=;"
  Dim sql
  Dim conn
  Set conn = CreateObject("ADODB.Connection")
  conn.ConnectionString = sCon
  conn.CursorLocation = 3 'adUseClient
  conn.Open()
  Dim sSql
  sSql="SELECT   MAX(LastAccess)  FROM        UA#U1"
  Dim oRs
  Set oRs = CreateObject("ADODB.Recordset")
  Dim oCom
  Set oCom = CreateObject("ADODB.Command")
  ' adCmdText  = 1
  oCom.CommandType =1
  Set oCom.ActiveConnection = conn
  oCom.CommandText = sSql
  Set oRs = oCom.Execute
  HMIRuntime.Trace     oRs.Fields(0).Value
  Get_Max=oRs.Fields(0).Value
  conn.close
  Set ors=Nothing
  Set conn=Nothing
End Function
```

解读：

● 通过调用 SQL 语句读取到了 UTC 时间的最新时间值。

● 定义的两种 ADO 连接字符串的方式都可以使用，分别是 OLE-DB 直接访问 SQL SERVER，以及通过 ODBC 链接。

● 如果不使用用户归档，而是自己手动在数据库中建表，甚至建数据库，上述代码仍然可用，无非是更换连接字符串中的 DSN 和更改 SQL 语句中的表名。

18.3 ADO 查询数据库结果至控件

通常来说，对数据库查询的结果得到的是一个完整的表，或者说是一个二维矩阵。查询的目的就是将结果显示供浏览。 经常可以看到通过循环语句逐行逐列读取查询的 recordset 的内容，并填充到表格的单元格，或者是一个个的文本框。但这不是最优的方式。

在可以自由选择的情况下，应该尽量选择好用的表格控件。比如 VB 中提供的表格控件，可以直接兼容 ADO 查询。同时还提供了 ADO 查询的控件，只需要简单赋值，就可以查询数据库的内容然后绑定输出到表格控件。

在 VB 中这两个控件是配套提供的，分别叫做：

```
Microsoft ADO Data Control 6.0 (sp6)(OLEDB)；
Microsoft Hierarchical FlexGrid Control, Version 6.0(OLEDB)。
```

每个控件名字的最后都标注了其支持 OLEDB。

而查询的脚本函数为：

```
Function Refresh(sSql)
  Dim  DSName
  Set DSNName = HMIRuntime.Tags("@DatasourceNameRT")
  Dim Adodc1
  Set Adodc1 = ScreenItems("Adodc1")
  Adodc1.ConnectionString="DSN=" & DSNName.Read
  Adodc1.RecordSource=sSql
  Adodc1.Refresh
  Dim DataGrid1
  Set DataGrid1=ScreenItems("MSHFGD_1")
  Set DataGrid1.DataSource=Adodc1.RecordSet
End Function
```

只要拼装好 SQL 语句，就可以快捷地查询到结果并刷新到画面的表格控件中了。

如果电脑上安装了 office 2003 或更高的版本，系统的控件列表中会有 Microsoft Office Spreadsheet 11.0 或 9.0 版本。这个控件是属于 office 搭配自动安装的免费 OWC 组件的一部分，如果系统中无 office，可以单独下载安装 OWC 组件。

Spreadsheet 控件与 EXCEL 表格功能极大程度地相似，并且互相兼容，但与 EXCEL 不同的是可以嵌入在 WinCC 画面中。

而更大的优点在于，它还可以直接设置 ADO 链接和 SQL 查询，需要的编程内容更少了：

```
Sub OnOpen()
    Dim Spreadsheet1
    Set Spreadsheet1=ScreenItems("Spreadsheet1")
    Dim ssConstants
    Set ssConstants = Spreadsheet1.Constants
    Spreadsheet1.ActiveSheet.Protection.Enabled = False
    Spreadsheet1.ActiveSheet.ConnectionString = "DSN=" & HMIRuntime.Tags
("@DatasourceNameRT").Read
    Spreadsheet1.ActiveSheet.CommandText = "Select * from UA#U1"
End Sub
```

还想得到统计结果吗？修改 SQL 语句即可：

```
SELECT   NULL, N'统计结果', SUM(Weight_SP), SUM(Weight_PV), AVG(TEMP_SP),
AVG(TEMP_PV)
FROM    UA#U1
```

SQL 语句语法同样强大，可以实现数据分析、格式转换、更改列名称等各方面的功能。比如 LastAccess 列名可以重定义为“结束时间”了。

如果查询的 SQL 语句太长写在 VBS 中不方便怎么办？可以先写在 TXT 文件中，VBS 通过读取文本文件获得 SQL 语句。还可以在数据库中建立 VIEW，利用关系数据库功能提前得到统计结果。 程序查询时直接用 VIEW 中读取数值，也可以大大简化程序中 SQL 语句的长度。

SpreadSheet 控件的工具栏上面直接有 EXCEL 导出按钮，如果系统中安装有 EXCEL 软件，就直接将报表结果导出到 EXCEL 文件并打开。而如果没有安装 EXCEL，还可以通过脚本，把报表结果导出为 XLM 格式或者 HTML 格式的文件。 前者可以在有 EXCEL 的电脑打开，而后者可以用 IE 浏览器方式浏览报表。

脚本格式为：

```
Spreadsheet1.Export XMLNAME, ssConstants.ssExportActionOpenInExcel,_
    ssConstants.ssExportXMLSpreadsheet
```

更多的选项，可以在 SpreadSheet 的帮助文件中找到。

18.4 查询变量归档压缩数据

为实现对变量归档数据访问，WinCC 提供了选件连通性软件包，即 Connectivity Pack，简称 CP。CP 软件除提供了局域网访问的驱动之外，还提供了访问压缩数据的向导例程，以及帮助文件，即系统手册 connectivitypack.pdf。

也就是说，如果仅在 WinCC 电脑的本地使用，其实功能都完全可以运行，并不需要安装 CP 软件。但帮助资料和例程却来自 CP 软件，所以在学习和测试阶段，还是需要安装下 CP 软件，学习其中的语法和功能。

如图 18-8 所示的界面即 CP 软件光盘上的例程 OPConPack 的运行演示。

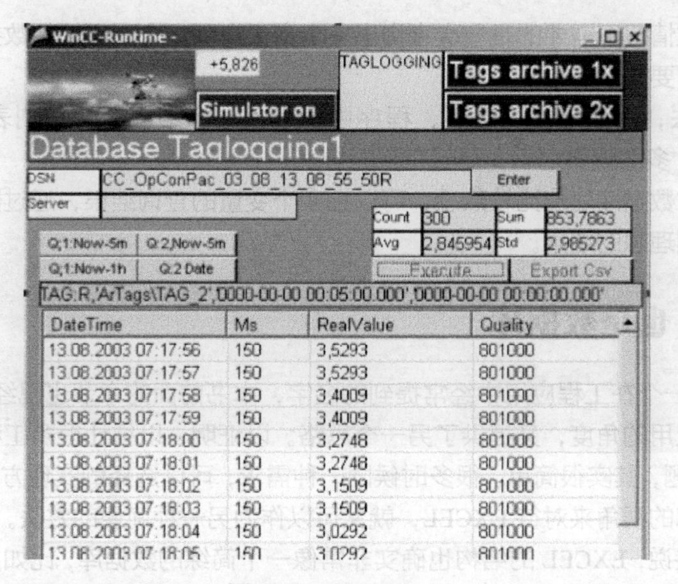

图 18-8　OPConPack

演示了各种查询数据的方法，并演示了数据导出到 CSV 的方法。

在安装了 CP Client 之后，画面编辑器菜单项多了一个 DataConnector 的项，从中可以运行 DataConnector Wizard，自动生成对归档数据的访问的脚本。具体过程参考 10.3 节实例：使用 DataConnector Wizard 组态对归档数据的访问。

运行中得到的界面见图 18-9。

ES\WINCC

CC_A22_15_12_26_14_40_37R

2016-01-19 00:00:00 UTC

2016-01-19 23:59:59 UTC　PVA1\B1

TagID	日期/时间	值	质量代码
1	2016-01-19 04:20:37.035000000	0	76
1	2016-01-19 07:47:36.563000000	0	76
1	2016-01-19 09:39:09.744000000	0	76

更新

图 18-9　运行

程序运行的原理与上一节讲到的一致，也是把 ADODC 查询的结果整体赋值给了 MSHFGRID 控件，但这里有一个小缺陷，一次查询只能得到一个变量的数值列表。而实际应用中，大多数情况下需要的是一次查询出多个变量在同一个时间轴的数据值，所以要达到实用，仍然需要较大的改进工作。

改进的方法，或者是通过循环，程序中读取每一个结果值填充到表格控件，比如 SpreasSheet 中，多次读取之后，得到完整的报表。

或者如果对数据库功能比较熟悉，可以把多个变量的查询结果，通过数据库手段进行格式变换，达到理想的结果。

18.5 EXCEL 也是数据库

EXCEL 是一个在工程应用中经常提到的名字，本书前面的章节也已经提到过多次了。本节从数据库应用的角度，又提供了另一个思路。以证明，以往让很多工程师头疼不已的 EXCEL 格式问题，其实很简单。很多时候同一种需求，可以选择的实现方法有很多种。比如这里用数据库的视角来对待 EXCEL，就又可以作为另一种简便的方法。

从各方面来说，EXCEL 的结构也确实非常像一个简练的数据库，比如文件名就可以作为一个数据库名，一个 Sheet 便对应了一个数据库的 Table，而表格内的一列列数据，可以对应表内的一个个域 Field，以第一行数据为表头，表头之下，一行一行的数据则对应了一条条的数据记录。

因而，在历来 Windows 系统的数据库驱动中，从来都不会缺少对 EXCEL 驱动的支持。比如在 ODBC 的数据源中，便包含 EXCEL 文件的驱动，见图 18-10。

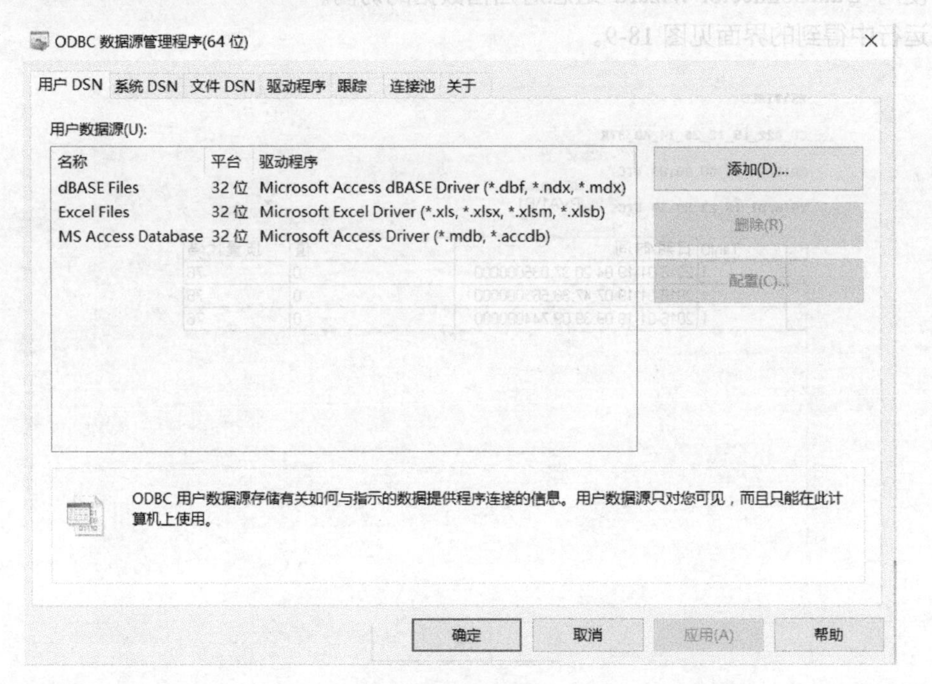

图 18-10　ODBC

然后可以添加一个用户 DSN，驱动类型为 EXCEL，指向一个具体的 EXCEL 文件，便可使用 ODBC 的方法对这个文件进行读写的操作。

如果使用 ADO 方式访问，比如 ADODC，则需要设置的连接符及 SQL 查询格式为：

```
xlsName = "c:\book.xls"    'EXCEL 文件名
SheetName = "sheet1"    'EXCEL 表名
Scon= "Provider=Microsoft.Jet.OLEDB.4.0;Persist Security Info=False;
Data Source=" & xlsName & ";Extended Properties='Excel 8.0;HDR=Yes'"
                                                        '连接 EXCEL 文件
sql = "select * from [" & SheetName & "$]"              '打开 EXCEL 表
```

在 SQL SERVER 中，则可以通过 OPENDATASOURCE 函数，直接调用 EXCEL 驱动。除了可以读取数据之外，还可以把查询数据输出给 EXCEL 文件。

比如把 SELECT 的查询结果输出到 EXCEL 文件中，在执行 SQL 语句之前，先建好模板文件 c:\book1.xls，为每一列查询结果准备一个列的表头，表头可以有多行，字符名称也可以自由定义。因而可以做出符合客户要求的丰富多样的报表模板文件，如图 18-11。

	A	B	C	D	E	F	G	H	I
1	序号	日期	时间	设定重量	实际重量	设定温度	实际温度	最后修改	指纹
2	ID	ThisDate	ThisTime	Weight_SP	Weight_PV	TEMP_SP	TEMP_PV	LastAccess	Fingerprint
3									
4									
5									
6									
7									
8									
9									

图 18-11　EXCEL 模板

SQL 中执行语句：

```
INSERT INTO OPENDATASOURCE('MICROSOFT.JET.OLEDB.4.0',
'Excel 5.0;DATABASE=c:\book1.xls' )...[Sheet1$]
SELECT  ID, ThisDate, ThisTime, Weight_SP, Weight_PV, TEMP_SP, TEMP_PV,
LastAccess, Fingerprint
FROM       UA#U1
WHERE     (ThisDate BETWEEN '2016-1-13' AND '2016-1-14')
```

成功查询之后，数据结果即写入到了 EXCEL 文件中，见图 18-12。

	A	B	C	D	E	F	G	H	I
1	序号	日期	时间	设定重量	实际重量	设定温度	实际温度	最后修改	指纹
2	ID	ThisDate	ThisTime	Weight_SP	Weight_PV	TEMP_SP	TEMP_PV	LastAccess	Fingerprint
6	1	Jan 2 2016 12:00AM	12:00	23	44	80	90	Mar 23 2016 1:52PM	01e5156949f6f
7	1	Jan 2 2016 12:00AM	12:00	23	44	80	90	Mar 23 2016 1:52PM	01e5156949f6f
8	1	Jan 2 2016 12:00AM	12:00	23	44	80	90	Mar 23 2016 1:52PM	01e5156949f6f
9									
10									
11									
12									
13									

图 18-12　EXCEL 输出

在实际的工程应用中，上述的 SQL 语句应该是动态生成的，因为每次查询的时间过滤条件都不同，而且每一次查询生成的结果也会生成不同的文件名字，所以需要先把模板文件以复制方式生成新的文件，然后再生成并调用上面的 SQL 指令查询输出。

比如：

```
Dim YM
YM="2016-01-01"
```

```
Dim SourceFile , DestFile
Dim SQL_Path
SQL_Path=HMIRuntime.ActiveProject.Path & "\SQL\" & HMIRuntime.Language & "\"
SourceFile=SQL_Path & "报表模板.XLS"
Set oShell = CreateObject("wscript.Shell")
DestFile= oShell.ExpandEnvironmentStrings("%USERPROFILE%") & "\My Documents\
prt_out\" & YM & ".XLS"
Dim fso, MyFile
Set fso = CreateObject("Scripting.FileSystemObject")
fso.CopyFile SourceFile , DestFile
```

解读：

● 模板文件放在项目文件夹 SQL 目录下的语言代码的子文件夹下。如中文繁体则为 1028，中文简体，则为 2051，英语则为 1033。由此可以为多语言准备不同的表格模板。

● 复制文件位置在“我的文档”的 prt_out 子文件夹中，所以需要事先把文件夹建立好。

第 19 章

WinCC 与全集成自动化

19.1 TIA 概念

全集成自动化（TIA，即 Totally Integrated Automation）是西门子在 20 世纪 90 年代便提出的概念。现在的人们提到 TIA 更多想到的是最新的 TIA Portal 平台。而实际上这种理念不仅早就提出来，而且也已经贯彻得比较好了。它的架构基础和优势，在一张官方的宣传图中就可以看得非常清楚了，见图 19-1。

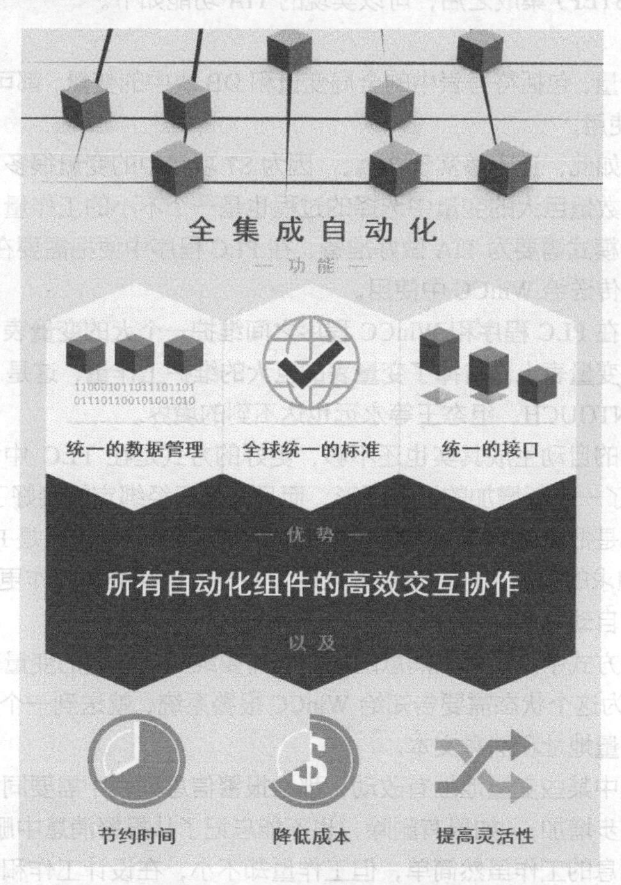

图 19-1 TIA 全集成自动化

理念宣传得很好，但看过了以后仍然不知道怎么做，能做什么。WinCC 作为西门子自动化产品的重要一环，自然也是 TIA 架构中的重要组成部分。我们就从 WinCC 的角度，来探讨它如何实现 TIA，有哪些优点，哪些方面能让我们的设计工作更便捷。

首先，要实现集成工程组态，WinCC 要安装与 STEP7 集成的组件，在 WinCC 软件包里面提供有 AS-OS 组件。安装之后，就可以在 STEP7 站中插入一个 OS，完成之后，一个新的 WinCC 项目便被嵌入在 STEP7 项目中了。WinCC 项目嵌入之后，其实是在 STEP7 项目文件夹中新建的一个 wincproj 的目录中。

插入 OS 的情况仅是在只有简单的 WinCC 单站的情况下。如果 WinCC 站的数目比较多，网络结构比较复杂，或者 PLC 为 S7-400H 的冗余 CPU，组态项目的工程师站 ES 和最终运行项目的 OS 站是不同的电脑，WinCC 是以 PC 站的方式插入到 STEP7 项目中，WinCC 作为 PC 站的一个 APPLICATION 组件。ES 和 OS 上面都需要安装相应版本的 SIMATIC NET 软件，将来 WinCC 项目从 ES 传到 OS 的时候，也可以与下载 PLC 程序一样，通过下载按钮来实现。这是 PCS7 的组态模式，可以参考官方文档《WinCC ES OS 80921449.pdf》来实现。

在 PCS7 中，WinCC 与 STEP7 也是同样集成的，而且集成度更高，我们可以认为 PCS7 就是 TIA 的标杆，我们这里实现的所有 TIA 的目的，无非是在一个非 PCS7 的环境下实现了尽量多的 TIA 功能。

在 WinCC 与 STEP7 集成之后，可以实现的 TIA 功能如下。

（1）变量共享

STEP7 中的变量，包括符号表中的全局变量和 DB 块中的变量，都可以从 WinCC 中直接访问、选择、使用。

不过如果仅仅如此，还不够实现 TIA。因为 S7 项目中的变量很多，如果不加过滤地任由选择使用，从数量巨大的变量中选择的过程也是一个不小的工作量。更好的方法是，PLC 中的程序设计模式需要为 TIA 做好准备，在 PLC 程序中便把需要在 WinCC 中使用的变量规划好，自动传送给 WinCC 中使用。

从此以后不必在 PLC 程序和 WinCC 程序之间维护一个大的变量表，稍微的改动都需要落实修改内容到变量表上。省掉了变量表的巨大的维护工作量，这是 TIA 的优势，也是用其他组态软件 INTOUCH、组态王等永远也达不到的境界。

仅仅实现变量的自动生成其实也还不够，更好的方式是在 PLC 中添加一个设备，在 OS 中就自动对应了一个新增加的设备图形，而且变量已经绑定链接好了。在 WinCC 中需要做的工作仅仅是把设备的图标放置到相应的工艺位置即可。这是 PCS7 的工作模式，也是我们做 TIA 追求的更高目标。我们要实现，需要的前期准备工作更多，难度也更高。

（2）报警消息自动生成

在传统的组态方式中，报警和消息的组态也需要维护一个大的变量表，PLC 控制程序中，每做一步，认为这个状态需要告知给 WinCC 报警系统，就送到一个特定的变量中，并在变量表中记录变量地址和消息文本。

如果调试过程中某些变量地址有改动，那么报警信息列表中需要同步修改；如果程序功能有增加，要同步增加；如果有删除，也不能忘记了从报警消息中删除……

总之，报警消息的工作虽然简单，但工作量却不小，在设计工作和维护工作中要耗费大量的时间和精力，而且往往还非常容易造成错误和疏漏，返工的工作量通常也比较大。

而在 TIA 模式下，报警消息由下位的 PLC 程序中触发，在需要 WinCC 产生报警消息的场合即调用相应的功能实现，包括消息文本也就地完成，可以说相当方便。WinCC 中需要的工作量几乎变成零了！这工作效率够高吧？够值得期待吧！

（3）变量记录自动完成

可以在 PLC 编程阶段，便选定需要记录趋势的变量，自动在 WinCC 变量记录中生成归档。

通常来说 PLC 系统的模拟量不会太多，所以看起来貌似用处不大。而实际上最终形成的效果是，跟随变量的数值显示，变量趋势自动绑定了，所以最终在上位组态中不再需要关心单独为每个曲线设计窗口，还是会节省一些精力的。

由于本章涉及的技术环节很多，限于篇幅限制，不会对具体涉及的技术做详尽讲解，而只是做出功能性的描述，具体的实现过程，推荐了可以参考的技术文档资料，附带了网址，可以自行从网上下载得到。西门子的官方资料都会有个 ID 号，如果链接不便于输入，那么从官方网站的下载中心搜索引擎中填入这些 ID 号，也可以搜索到这些内容。

19.2 S7-300 模块化编程

读者看了上面对 TIA 可实现的功能的介绍，是否兴奋异常，蠢蠢欲动了呢？本节就介绍实现 TIA 需要的最重要的基础知识，使用 FB 实现的模块化编程。

模块化编程的思路，就是把系统中的一个个设备全部都抽象化为一个个的对象，如电机、阀、模拟量、PID 等。

一个设备种类，就对应一个对象模板，对应地设计一个专用的 FB，即一个 FB 就相当于一种设备类型的模板。在系统中有多少个同种类型的设备，就调用这个 FB 几次，每次调用 FB 时的背景数据块 DB，就相当于模板的一个个实例。

（1）FB 块的建立

设备的输入输出接口，通过 FB 的引脚，作为实参送入到 FB 内部供逻辑调用，包括对物理状态的输出和反馈，已经对 HMI 的指令和状态显示，都作为输入输出接口的引脚来实现。与物理的 I/Q 变量不同的是 HMI 引脚处不需要分配变量，留空即可。HMI（WinCC）中直接对背景数据块的相应地址进行读写操作，即可实现操作命令的输入和运行状态的读取。

需要对每一个设备类型都设计 FB 模板，包括一些单独的不属于其他设备的输入输出，比如一个接近开关，也要用单独的 DI FB 来实现，一个特殊的不隶属于任何已有设备的 WinCC 界面上设定参数输入，也要设计单独的 FB，即便这个 FB 只调用一次。

一些设备比如电机类，从类型来说是同一个类型，但细节接口和逻辑上又有所不同，那么在设计 FB 的时候应该尽量多包容更多接口和功能，尽量用一个 FB 来实现一个类型。如果实在不能实现了，再考虑新建立一个 FB 模板，以适应新的类型。

但无论是何种类型的设备，这些模板 FB 块都应该是脱离于项目的，因而应该提前开发，提前储备。等到真正项目用到的时候可以快速实现应用。随着做的项目越来越多，自己定义的模板库也会越来越齐全，越来越完整。

对于需要定义 HMI 功能的引脚，简单来说就是给引脚的属性中增加一个 S7_m_c:= true 的特殊属性。如图 19-2。

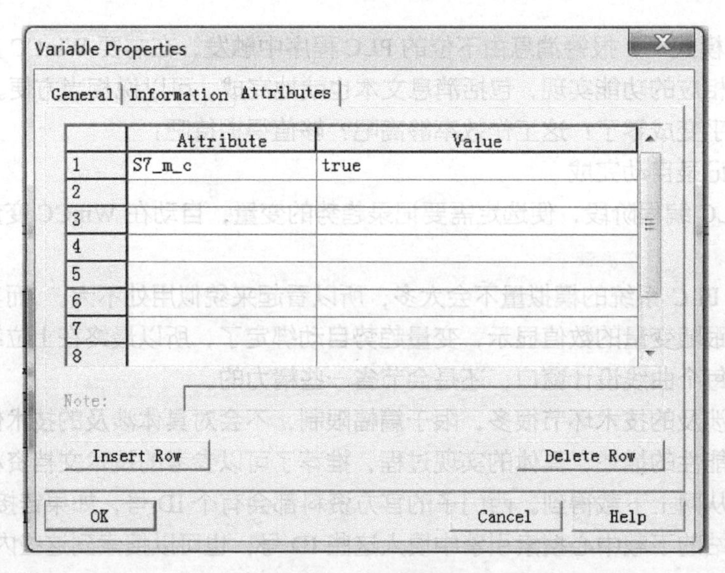

图 19-2 变量属性

这个属性属于 PCS7 类的属性，具体的使用可以参见各种官方文档：

●《2936808 如何给自定义的功能块分配特殊的 PCS 7 属性？》

●《22062395 如何组态 PLC 块，使其连接能在 OS 系统（WinCC）中使用？》

●《78908608 如何组态 PLC 块中的结构变量，使其连接能在 OS 系统（WinCC）中使用？》

FB 块建立之后，调用之后产生的背景 DB 块相应的变量处也会有同样的 S7_M_C 的属性被设置，标志是插了一个绿色小旗子。

（2）FB 块产生报警信息

当设备逻辑产生重要消息或报警时，可以直接设置到上位机产生报警消息。其本质是调用系统的 SFC 17、SFC18、SFC107、SFC108、SFB35 等，直接通过 ALARM_S 通道，将消息传给了 WinCC 或触摸屏。

对于 S7-400 CPU 来说，可以使用 SFB35，一个调用可以产生 8 个报警，而对于 S7-300 来说，则只能使用 SFC17、SFC18 或 SFC107、SFC108 每次调用只能产生一个报警，如果需要产生多个报警，则需要多次调用。所以对 S7-300 的编程来说更复杂些，这是本节定位于 S7-300 FB 编程的原因。编制的 FB 可以兼容于 S7-400 中同样适用。

由于消息产生机制对 WinCC 和 WinCC FLEXIBLE 的触摸屏同样有效，所以下面的文档可以同样参考：

●《71705634 组态来自于 PLC 的编号消息》

●《24013249 如何在 WinCC Flexible 操作面板上显示附带过程值（所谓关联值）的 Alarm_S 和 Alarm_D 消息？》

（3）FB 块产生变量归档

其实只是在 FB 上做上记号，当对 OS 进行编译的时候，把设定的引脚的变量添加到变量记录的归档中。

有 2 个参数需要设置：

S7_archive，定义了模拟量归档的库；

S7_unit，定义了模拟量的单位，将来在 WinCC 中生成文本参考类型的变量，直接赋值了变量的单位，便于画面调用。

通过上述三部分的内容结合，就可以生成符合功能的设备 FB 块了。

19.3 S7-CFC 编程

读者可以参考上面章节提供的文档，用 LAD 或 STL 的方式来实现 FB 的调用和 TIA 数据编译传送，但其实还有更好的编程方式，就是 S7-CFC 功能图标的编程语言，见图 19-3。

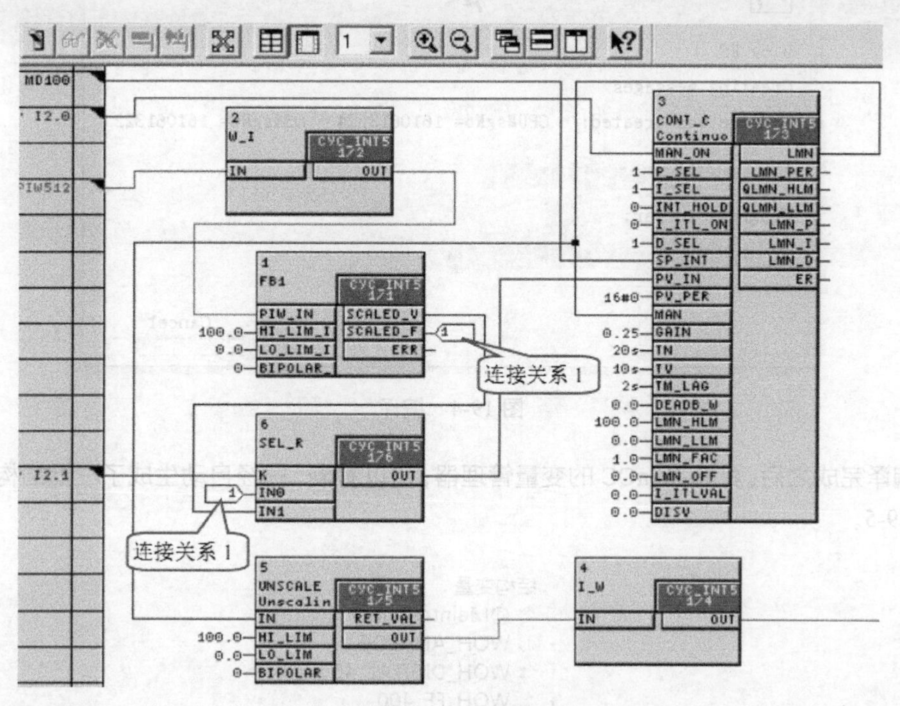

图 19-3　CFC 编程

相对于普通的 LAD 和 STL 的编程方式，CFC 编程语言非常直观友好，程序结构一目了然。而且因为逻辑之间直接用搭线的方式，省却了使用 M 中间量来传递状态，因而不需要记忆变量地址。编程工作量大为减轻。

从 TIA 的角度，又有一些优异的特性：

① 可以实现接近于符号寻址。编程时不需要考虑数据块的分配以及在 WinCC 中数据块的地址对应。 所有变量自动按照块的名称来对应。

② 块的注释文本等特殊数据可以编译传送到 OS，作为报警信息文本等使用。

这其实就是 PCS7 的编程方式，所以使用 CFC 编程，从外观界面来说，就又向 PCS7 接近了一步。

CFC 编程语言的文档见：

《A0252 S7-CFC 编程》

19.4 WinCC 集成

在完成 PLC 程序编程，或者对 PLC 程序更改后，需要对 OS 进行编译，才可以将程序中设定的与 WinCC 有关的信息传送到 WinCC 中。如果使用 CFC 编程语言，在 OS 编程之前，还需要先对 CFC 进行编译，如图 19-4。

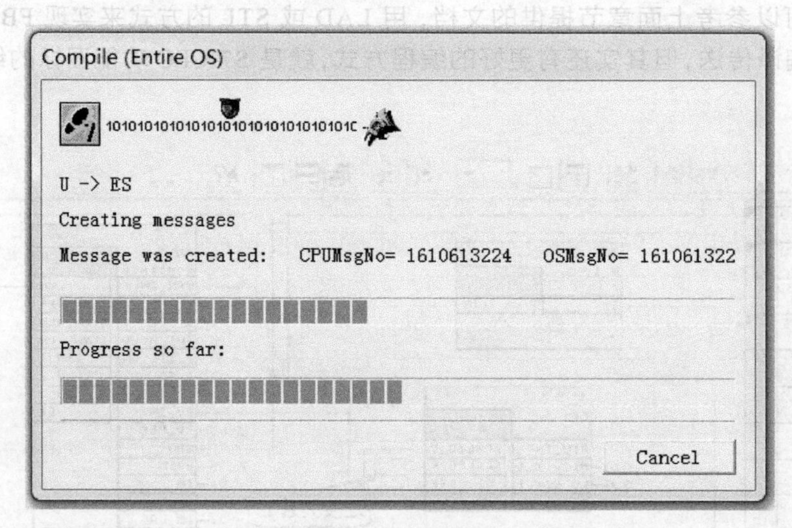

图 19-4 编译

编译完成之后，打开 WinCC 的变量管理器，可以看到，已经自动生成了一批结构变量，如图 19-5。

图 19-5 结构变量

每个结构变量类型对应了 PLC 程序中的一个 FB 块。查看这些结构变量的属性，从图 19-6 可以看到，在 FB 中所定义了 O&C 属性的引脚都自动传上来了，偏移量自动对应了 FB 中引脚的地址。

驱动通道也自动建立，变量自动生成，变量名称中包含了 PLC 程序和 CFC 的目录，即块名称，见图 19-7。

可以看到系统生成变量名都很长，包含了 S7 程序的完整名称，所以为使变量名称尽量简短，建议应该修改 S7 程序的名称尽量简短到 1～2 个字符，而不是使用缺省的 S7 Program。

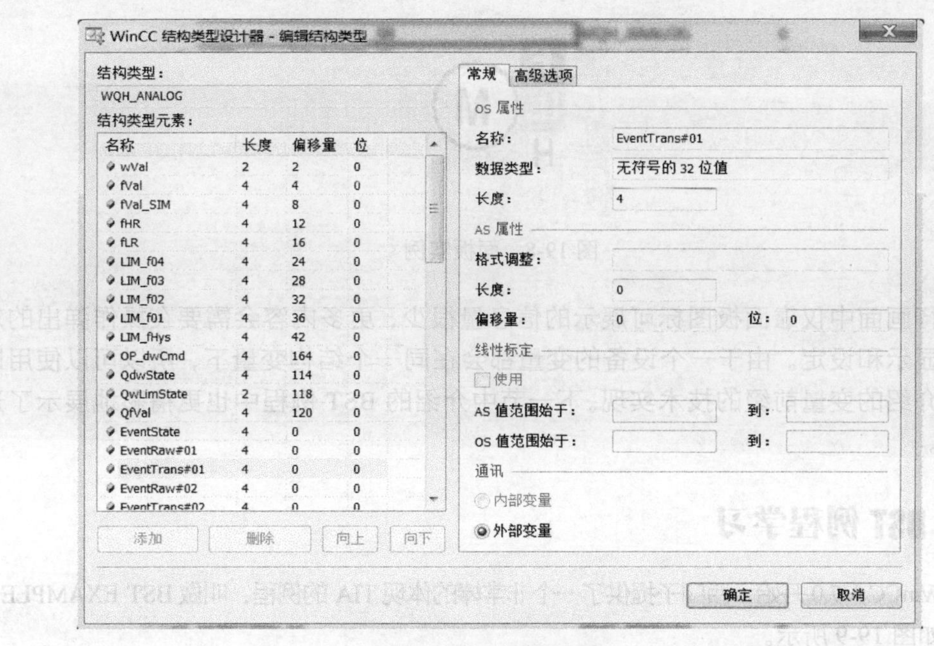

图 19-6 结构变量属性

	名称	数据类型	长度	格式调整	连接	组
3504	S7$Program(6)/V/EMV_01.EventTrans#13	无符号的 32 位值	4	DwordToUnsignedD	S7$Program(6)	
3505	S7$Program(6)/V/EMV_01.EventTrans#14	无符号的 32 位值	4	DwordToUnsignedD	S7$Program(6)	
3506	S7$Program(6)/V/EMV_01.EventTrans#15	无符号的 32 位值	4	DwordToUnsignedD	S7$Program(6)	
3507	S7$Program(6)/V/EMV_01.EventTrans#16	无符号的 32 位值	4	DwordToUnsignedD	S7$Program(6)	
3508	S7$Program(6)/V/EMV_01.MON_T	浮点数 32 位 IEEE 754	4	FloatToFloat	S7$Program(6)	
3509	S7$Program(6)/V/EMV_01.OP_dwCmd	无符号的 32 位值	4	DwordToUnsignedD	S7$Program(6)	
3510	S7$Program(6)/V/EMV_01.QdwState	无符号的 32 位值	4	DwordToUnsignedD	S7$Program(6)	
3511	S7$Program(6)/V/EMV_01.QMON_T	浮点数 32 位 IEEE 754	4	FloatToFloat	S7$Program(6)	
3512	S7$Program(6)/V/EMV_02.#areaname	文本参考	4		内部变量	
3513	S7$Program(6)/V/EMV_02.#blocktype	文本参考	4		内部变量	
3514	S7$Program(6)/V/EMV_02.#comment	文本参考	4		内部变量	
3515	S7$Program(6)/V/EMV_02.EventRaw#01	无符号的 32 位值	4	DwordToUnsignedD	S7$Program(6)	
3516	S7$Program(6)/V/EMV_02.EventRaw#02	无符号的 32 位值	4	DwordToUnsignedD	S7$Program(6)	
3517	S7$Program(6)/V/EMV_02.EventRaw#03	无符号的 32 位值	4	DwordToUnsignedD	S7$Program(6)	
3518	S7$Program(6)/V/EMV_02.EventRaw#04	无符号的 32 位值	4	DwordToUnsignedD	S7$Program(6)	
3519	S7$Program(6)/V/EMV_02.EventRaw#05	无符号的 32 位值	4	DwordToUnsignedD	S7$Program(6)	
3520	S7$Program(6)/V/EMV_02.EventRaw#06	无符号的 32 位值	4	DwordToUnsignedD	S7$Program(6)	
3521	S7$Program(6)/V/EMV_02.EventRaw#07	无符号的 32 位值	4	DwordToUnsignedD	S7$Program(6)	
3522	S7$Program(6)/V/EMV_02.EventRaw#08	无符号的 32 位值	4	DwordToUnsignedD	S7$Program(6)	
3523	S7$Program(6)/V/EMV_02.EventRaw#09	无符号的 32 位值	4	DwordToUnsignedD	S7$Program(6)	
3524	S7$Program(6)/V/EMV_02.EventRaw#10	无符号的 32 位值	4	DwordToUnsignedD	S7$Program(6)	
3525	S7$Program(6)/V/EMV_02.EventRaw#11	无符号的 32 位值	4	DwordToUnsignedD	S7$Program(6)	
3526	S7$Program(6)/V/EMV_02.EventRaw#12	无符号的 32 位值	4	DwordToUnsignedD	S7$Program(6)	

图 19-7 变量表

TIA 比较好的一点是，如果变量已经生成，并已经在画面中使用，则在修改后重新编译的过程中，变量名称修改后也会自动将画面中程序中使用的变量名修改。当然，前提是所有编程调用变量要符合 WinCC 的规范，要能被交叉索引搜索到，如本书前文所述。

然后是画面设计，每一个设备会在画面上显示为一个动态的图标。在 WinCC V6.2 之前只能使用自定义对象，而到 V7.2 之后应该尽量使用面板（FacePlate）。面板即画面模板，这样 PLC 程序中的每个设备类型为一个程序模板，对应一个画面模板，而调用之后在画面上的每个设备对应一个面板实例，如图 19-8。

面板实例与自定义对象相比的优点是，如果已经使用的设备面板需要修改，则只需要修改面板的模板文件.fpt 即可。修改一次之后，所有使用了面板实例的画面都自动更新。而老版本的自定义对象，如果要修改，则每个自定义对象都需要逐个修改。

图 19-8　面板实例

运行画面中仅靠面板图标可展示的信息量很少，更多内容会需要在操作弹出的对话框中显示和设定。由于一个设备的变量都会在同一个结构变量下，所以可以使用以前章节介绍的变量前缀的技术实现。下一节中介绍的 BST 例程中也更精彩地展示了这种应用。

19.5　BST 例程学习

从 WinCC V7.0 开始，西门子提供了一个非常棒的体现 TIA 的例程，叫做 BST EXAMPLE，其文档如图 19-9 所示。

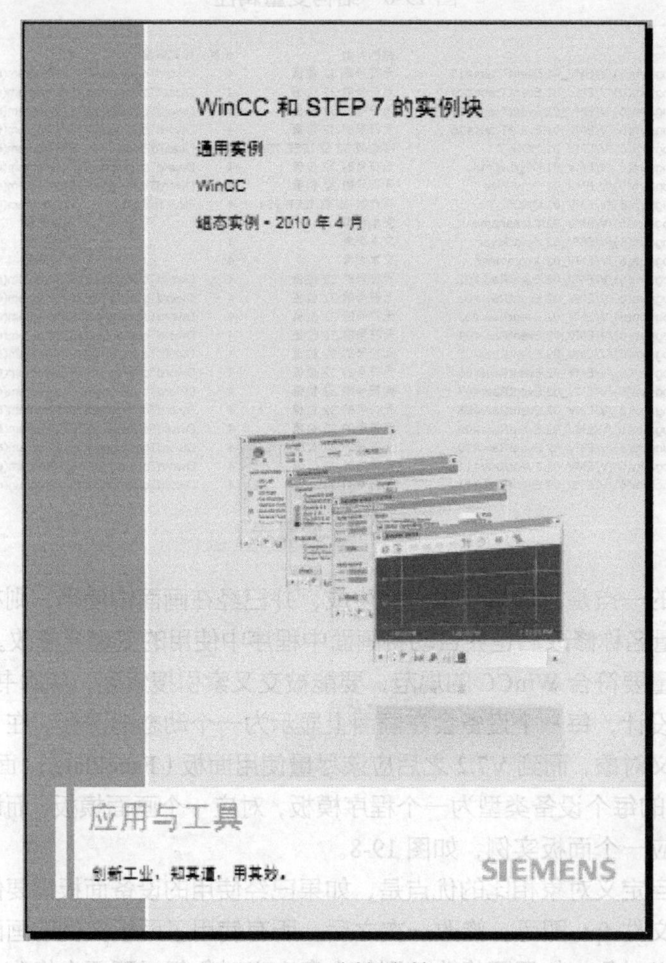

图 19-9　例程文档

文档号为 31624179 或 68679830，分别对应了 STEP7 V5 和 STEP7 Portal V13 下的 WinCC TIA 实现。

例程提供了详尽的文档和源程序，演示了本章所介绍的 WinCC 全集成自动化的理念。

例程提供了工业应用中常见的设备块，见图 19-10 和图 19-11。

块	编号	说明
BST_DIGITAL	FB650	数字量信号的可视化和操作员控制
BST_ANALOG	FB640	模拟量信号的可视化和操作员控制
BST_COUNT	FB654	数值矩形积分器，例如，用于仿真灌充液位（不带面板）
BST_FF	FB653	触发器的可视化和操作员控制
BST_ILOCK	FB651	带 8 个输入的逻辑“与/或”门的可视化和操作员控制
BST_VALVE	FB630	数字阀的可视化和操作员控制
BST_MOTOR	FB620	固定转速和旋转方向的电机的可视化和操作员控制

图 19-10　设备块列表 1

BST_SIMODIR	FB611	作为直接启动器的电机管理系统 SIMOCODE Pro 的可视化和控制
BST_SIMOREV	FB610	作为可逆启动器的电机管理系统 SIMOCODE Pro 的可视化和控制
BST_MM4	FB681	变频器 MICROMASTER 440 的可视化和控制
BST_SINAG120	FB680	变频器 SINAMICS G120 的可视化和控制
BST_PIDCTRL	FB670	软件实现的 PID 控制器（用于通过连续输入和输出值来调节工艺参数）的可视化和操作员控制
BST_LAG	FB656	仿真被控制的系统（不带面板）
BST_SPLITR	FB657	为具有相反功能（如加热和冷却）的两个执行器分离一个控制信号（不带面板）
BST_SIPART	FB690	定位器 SIPART PS2 PA 的可视化和控制

图 19-11　设备块列表 2

并提供了每个设备的 WinCC 面板，以一个工艺项目的形式体现，见图 19-12。

每一个设备类型，都精心设计了对话框弹出画面，见图 19-13。

学习者通过学习这个例程，一方面可以理解 TIA 全集成自动化的设计方法，另一方面可以消化吸收，把例程中提供的模板积累，作为自己将来工程应用的素材。

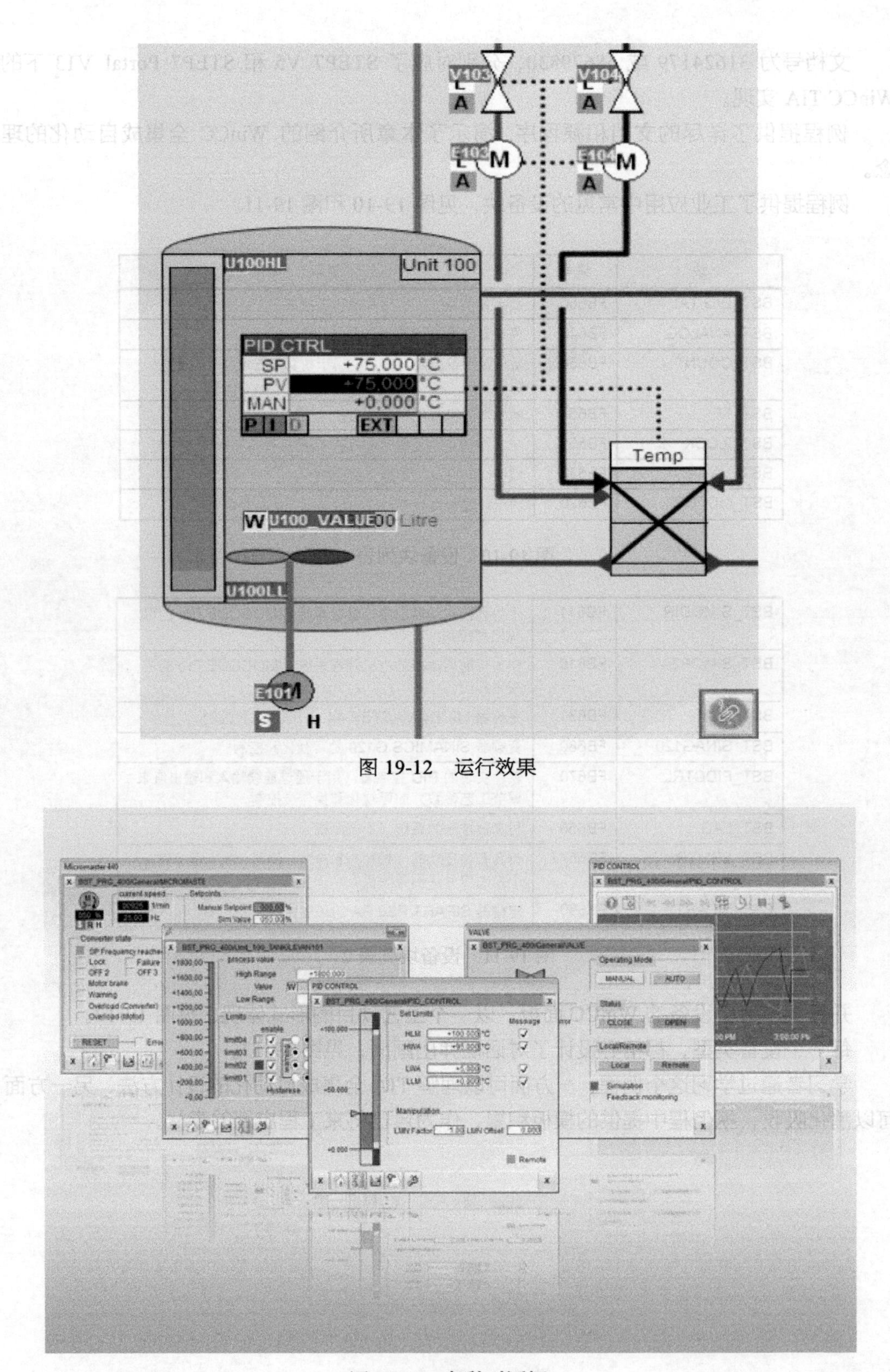

图 19-12　运行效果

图 19-13　各种对话框

第 20 章

WinCC 数据统计与报表例程

通过前面多个章节的讲解，WinCC 的功能与开放性已经基本介绍了。可以看出来，更高深的功能技术要求，很多时候已经不是单纯的 WinCC 的功能了。而更多的是需要多个 IT 技术相互配合来实现。

本章介绍几个在售的万泉河 WinCC 完美系列例程，所使用的技术方法，大多已经渗透在前面章节中了。读者如果对前面的技术细节都有了充分的了解，要实现这些例程所展示的功能，应该不是什么难事。但如果自己对这些技术细节的综合应用还不熟练，或者要更快速地掌握这些技术，以应用到工程实践中，则可以联系笔者，直接购买相应例程。

所有例程可以兼容 WinCC V6.2 到最新的 V7.3 的各版本。

20.1 WinCC 完美报表例程 V2.0

使用用户归档 UA 实现，功能介绍：

- 定时抄表功能；
- 基于批次统计的日报表、月报表功能；
- WinCC 打印功能；
- EXCEL 导出及打印功能；
- 增加的自动倒班管理功能；
- 增加的嵌入式 EXCEL 报表功能，支持任何复杂形式的报表需求，并可 EXCEL 输出。

适用于各种生产性质行业，用于对生产数据进行统计归档报表的需求，特别是称重、制药及相近行业应用需要比较复杂的报表形式的场合。

工程应用示例见图 20-1。

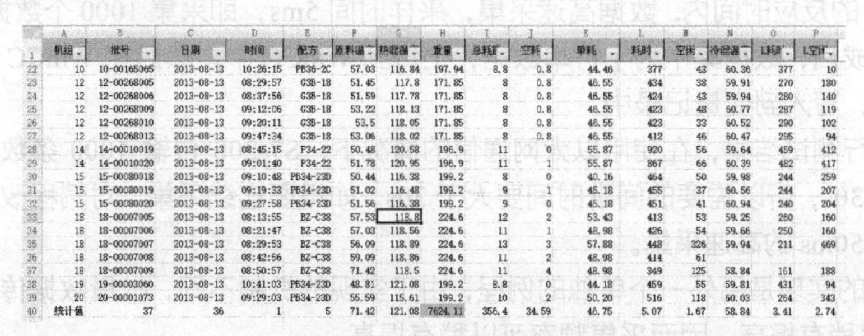

1	机组	批号	日期	时间	配方	原料温	热混温	重量	总耗	空耗	单耗	耗时	空闲	冷混温	L耗	L空
22	10	10-00165065	2013-08-13	10:26:15	PB36-2C	57.03	116.84	197.94	8.8	0.8	44.46	377	43	60.36	377	10
23	12	12-00268005	2013-08-13	08:29:57	G3B-18	51.45	117.8	171.85	8	0.8	46.55	434	38	59.91	270	180
24	12	12-00268006	2013-08-13	08:37:56	G3B-18	51.59	117.78	171.85	8	0.8	46.55	424	43	59.94	280	140
25	12	12-00268009	2013-08-13	09:12:06	G3B-18	53.22	118.13	171.85	8	0.8	46.55	423	48	60.77	287	119
26	12	12-00268010	2013-08-13	09:20:11	G3B-18	53.5	118.05	171.85	8	0.8	46.55	423	33	60.52	290	102
27	12	12-00268013	2013-08-13	09:47:34	G3B-18	53.06	118.02	171.85	8	0.8	46.55	412	46	60.47	295	94
28	14	14-00010019	2013-08-13	08:45:15	P34-22	50.48	120.58	196.9	11	0	55.87	920	56	59.64	459	412
29	14	14-00010020	2013-08-13	09:01:40	P34-22	51.78	120.95	196.9	11	1	55.87	867	66	60.39	482	417
30	15	15-00080018	2013-08-13	09:10:48	PB34-23D	50.44	116.38	199.2	8	0	40.16	464	50	59.98	244	259
31	15	15-00080019	2013-08-13	09:19:33	PB34-23D	51.02	116.48	199.2	9	1	45.18	455	37	60.56	244	207
32	15	15-00080020	2013-08-13	09:27:58	PB34-23D	51.56	116.38	199.2	9	0	45.18	451	41	60.94	240	204
33	18	18-00007005	2013-08-13	08:13:55	BZ-C38	57.53	118.8	224.6	12	2	53.43	413	53	59.25	260	160
34	18	18-00007006	2013-08-13	08:21:47	BZ-C38	57.03	118.56	224.6	11	1	48.98	426	54	59.66	250	160
35	18	18-00007007	2013-08-13	08:29:53	BZ-C38	56.09	118.89	224.6	13	3	57.88	448	326	59.94	211	469
36	18	18-00007008	2013-08-13	08:42:56	BZ-C38	59.09	118.86	224.6	11	2	48.98	414	61			
37	18	18-00007009	2013-08-13	08:50:57	BZ-C38	71.42	118.5	224.6	11	4	48.98	349	125	58.84	161	188
38	19	19-00003060	2013-08-13	10:41:03	PB34-23D	48.81	121.08	199.2	8.8	0	44.18	459	55	59.81	431	94
39	20	20-00001073	2013-08-13	09:29:03	PB34-23D	55.59	115.61	199.2	10	2	50.20	516	118	60.03	264	343
40	统计值	37	36	1	5	71.42	121.08	7624.11	356.4	34.59	46.75	5.07	1.67	58.84	3.41	2.74

图 20-1　完美报表 V2.0

20.2 WinCC 完美报表之日报表月报表专用版 V1.04

直接读取变量记录的数值，进行筛选与统计，实现工厂抄表应用中经常需要的每日月报表和分时日报表。

适用于污水处理、脱硫、电力等需要对现场监控模拟量数据进行记录报表的场合。

运行效果见图 20-2。

日期	脱硫系统连续监测小时平均日报表													
2012-02-09	1#循环泵	2#循环泵		增压风机	入口烟尘	入口流量	风机风门	按结负荷	石灰浆加量	1#电表读数	1#电表耗电	2#电表读数	2#电表耗电	备注
时间	A	A		A	mg/m3	m3/h	%	%	T	KWH	KWH	KWH	KWH	
00'01	13.85	28.25		28.33	13.89	28	13.89	28.33	77501.90	48451.89	4996.86	8214.00	360.00	
01'02	15.39	31.40		31.38	15.38	31	15.38	31.38	85832.93	54076.02	5624.13	8574.00	360.00	
02'03	15.88	32.40		32.48	15.92	32	15.92	32.48	88844.89	59736.63	5660.61	8934.00	360.00	
03'04	13.96	28.46		28.47	13.96	28	13.96	28.47	77886.64	64741.09	5004.46	9294.00	360.00	
04'05	14.78	30.15		30.18	14.79	30	14.79	30.18	82554.01	70074.31	5333.22	9654.00	360.00	
05'06	13.83	28.22		28.31	13.88	28	13.88	28.31	77424.96	75072.52	4998.21	10014.00	360.00	
06'07	15.50	31.62		31.58	15.48	32	15.48	31.58	86508.10	80733.29	5660.77	10374.00	360.00	
07'08	15.84	32.31		32.34	15.85	32	15.85	32.34	88470.96	86359.13	5625.84	10734.00	360.00	
08'09	13.93	28.42		28.39	13.92	28	13.92	28.39	77665.28	91356.54	4997.41	11094.00	360.00	
09'10	16.31	33.27		33.27	16.31	33	16.31	33.27	70225.54	95729.75	4373.21	92627.00	81533.00	
10'11	14.59	29.77		29.77	14.59	30	14.59	29.77	80552.11	101052.69	5322.94	92987.00	360.00	
11'12	12.37	25.24		25.24	12.37	25	12.37	25.24	433.09	101149.04	96.35	92993.00	6.00	
12'13														
13'14														
14'15														
15'16	15.58	31.79		31.79	15.58	32	15.58	31.79	67071.14	105493.37	4344.33	101428.00	8435.00	
16'17	20.98	42.80		42.84	21.00	43	21.00	42.84	17722.53	106487.86	994.49	105542.00	4114.00	
17'18														
18'19														
19'20														
20'21														
21'22														
22'23														
23'24														
									累加					
平均值	15.20	31.01		31.03	15.21	31	15.21	31.03	978694.09		63032.82	40890.21	97688.00	
最大值	20.98	42.80	0.00	42.84	21.00	43	21.00	42.84	88844.89		106487.86	105542.00	105542.00	
最小值	12.37	25.24	0.00	25.24	12.37	25	12.37	25.24	433.09		43455.04	8214.00	7854.00	
上报单位：（盖章）				负责人：						报告日期：2011-04-02 07:34:25				

图 20-2　完美报表专用版

报表的灰色部分为记录的电表数值和电表累计值的差值统计，而空白列为示意可以留空白的不参与报表的列。

报表空白表格部分为无运行数据。

20.3 S7-200/S7-300 +WinCC 实现高速数据采集例程

例程实现的高速数据采集，不是全时的，而只能是间歇的。需要根据实际应用，规划好数据采样时间和数据生成数量。

比如 5s 的反应时间内，数据高速采集，采样时间 5ms，即采集 1000 个数据。

采集完成后，数据集中为字符串数据，上传到 WinCC 中，然后在 WinCC 中将数据打上时间标签，写入到变量记录中。

实际运行测试结果，在使用以太网通信的情况下，S7-200 传输 1000 条数据量需要的时间大概为 30s，所以需要的间歇时间要大于 30s。如果要连续采集，对例程改造后可以实现每条数据 50ms 的高速采集。

S7-300 的实现是另外一个单独的例程，由于实现的机制不同，批量数据传输可以使用 rawdata,效率稍有提高，因而采集频率可以稍有提高。

20.4 WinCC 完美设定值曲线例程

功能介绍：

- 图形化地设计设定值曲线；
- 预存多条工艺曲线功能；
- 目标曲线预显示，实际运行曲线跟踪拟合；
- 历史曲线可选择调取并显示；
- 同步配套 PLC 程序；
- PLC 程序中设置模拟功能，通过模拟 PV 值实现曲线模拟运行。

典型应用于加热炉等需要变化设定值的控制。

运行效果见图 20-3。

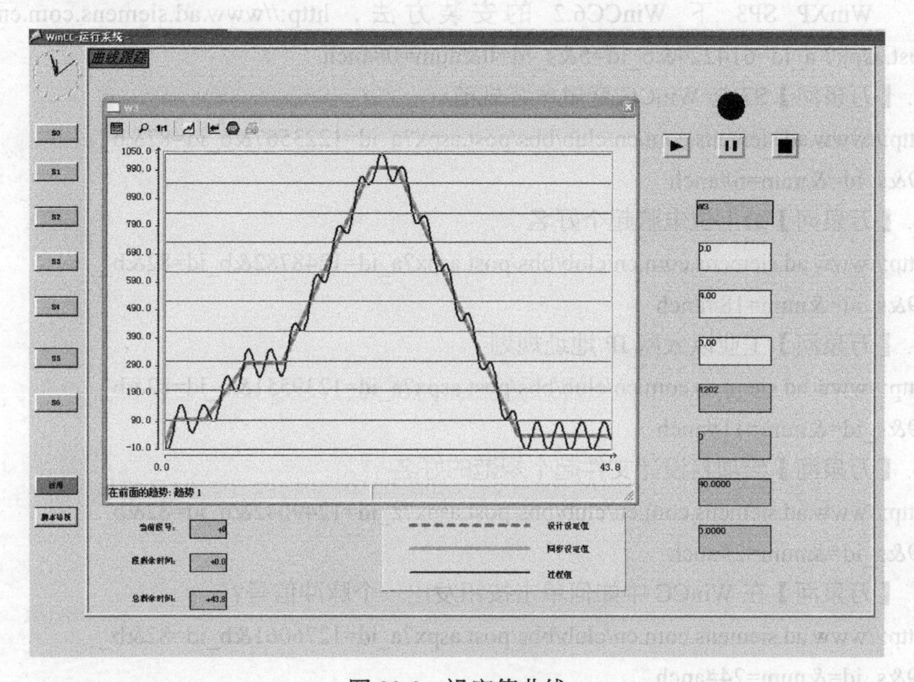

图 20-3　设定值曲线

附 录

相 关 网 址

1. 软件兼容性列表, https://support.industry.siemens.com/kompatool/pages/ main/index.jsf

2． WinXP SP3 下 WinCC6.2 的安装方法， http://www.ad.siemens.com.cn/club/bbs/post.aspx? a_id=614224&b_id=5&s_id=0&num=0#anch

3.【万泉河】S7 与 WinCC 变量命名规范

http://www.ad.siemens.com.cn/club/bbs/post.aspx?a_id=1223567&b_id=82&b_sid=19&s_id=&num=6#anch

4.【万泉河】给上位电脑起个好名

http://www.ad.siemens.com.cn/club/bbs/post.aspx?a_id=1248782&b_id=82&b_sid=19&s_id=&num=18#anch

5.【万泉河】工业以太网 IP 地址规划

http://www.ad.siemens.com.cn/club/bbs/post.aspx?a_id=1239551&b_id=82&b_sid=19&s_id=&num=11#anch

6.【万泉河】给项目设计文件起个规范的好名

http://www.ad.siemens.com.cn/club/bbs/post.aspx?a_id=1249042&b_id=82&b_sid=19&s_id=&num=2#anch

7.【万泉河】在 WinCC 中如何单击按钮发出一个脉冲信号？

http://www.ad.siemens.com.cn/club/bbs/post.aspx?a_id=1276061&b_id=82&b_sid=19&s_id=&num=24#anch

8.【万泉河】WinCC 7.2 中文版--真的中文版

http://www.ad.siemens.com.cn/club/bbs/post.aspx?a_id=1173908&b_id=82&b_sid=19&s_id=&num=12#anch

9.【万泉河】WinCC 通过 PC ACCESS OPC 与 S7-200（SMART 200）通讯

http://www.ad.siemens.com.cn/club/bbs/post.aspx?a_id=1264549&b_id=82&b_sid=19&s_id=&num=3#anch

10.【万泉河】你的设计资料安全备份了吗？你有过啥样惨痛的经历？

http://www.ad.siemens.com.cn/club/bbs/post.aspx?a_id=1173856&b_id=82&b_sid=19&s_id=&num=18#anch

11.【万泉河】WinCC PCS7/BPC 里面如何指定起始页面到自定义的主页面？

http://www.ad.siemens.com.cn/club/bbs/post.aspx?a_id=1173830&b_id=82&b_

sid=19&s_id=&num=9#anch

12.【万泉河】WinCC 中如何用 VBS 操作读写 INI 文件?

http://user.qzone.qq.com/178616417/blog/1381758000

13.【万泉河】两个 WinCC 项目合并的方法

http://user.qzone.qq.com/178616417/blog/1340940303

14.《WinCC 脚本调试与诊断方法》课程编号：V0742

http://www.ad.siemens.com.cn/service/elearning/cn/Course.aspx?CourseID=859

15.《2936808 如何给自定义的功能块分配特殊的 PCS 7 属性》

https://support.industry.siemens.com/cs/ww/de/view/2936808/zh

16.《22062395 如何组态 PLC 块，使其连接能在 OS 系统（WinCC）中使用》

http://www.ad.siemens.com.cn/download/docMessage.aspx?Id=1043

17.《78908608 如何组态 PLC 块中的结构变量，使其连接能在 OS 系统（WinCC）中使用》

https://support.industry.siemens.com/cs/cn/zh/view/78908608

18.《71705634 组态来自于 PLC 的编号消息》

https://support.industry.siemens.com/cs/cn/zh/view/71705634

19.《24013249 如何在 WinCC Flexible 操作面板上显示附带过程值（所谓关联值）的 Alarm_S 和 Alarm_D 消息》

http://www.ad.siemens.com.cn/download/docMessage.aspx?Id=3816

20.《A0252 S7-CFC 编程》

http://www.ad.siemens.com.cn/download/docMessage.aspx?Id=3066

21. Example blocks for WinCC V7 and STEP 7 V13 (TIA Portal) for S7-1200 and S7-1500 in SCL

https://support.industry.siemens.com/cs/ww/en/view/31624179

22. Example Blocks for WinCC V7 and STEP 7 V5 (for S7-300 with SCL and S7-400 with CFC, SCL) https://support.industry.siemens.com/cs/ww/en/view/68679830

23.【万泉河】例程列表，http://user.qzone.qq.com/178616417/blog/1382269350

24.《WinCC 完美报表例程 V2.0》

http://user.qzone.qq.com/178616417/blog/1330396986

25.《WinCC 完美报表之日报表月报表专用版 V1.04》

http://user.qzone.qq.com/178616417/blog/1329120254

26.《S7-200 / S7-300 +WinCC 实现高速数据采集例程》

http://user.qzone.qq.com/178616417/blog/1330413012

27.《WinCC 完美设定值曲线例程》

http://user.qzone.qq.com/178616417/blog/13479358231

28. 西门子中国工业支持网站下载中心，http://www.ad.siemens.com.cn/download/Default.aspx

参考文献

[1] 西门子公司. WinCC 信息系统 V6.2（中文）

[2] 西门子公司. WinCC 信息系统 V7.3（中文）.

[3] 张树兵等. VISUAL BISIC 6. 0 中文版. 北京：清华大学出版社，1999.

[4] 苏啸. 数据库原理与 SQL SERVER 2000 教程. 北京：北京工业大学出版社，2002.

[5] 李春葆等. 数据库原理与应用——基于 SQL SERVER 2005. 北京：清华大学出版社,2009.

[6] 谭浩强. C 程序设计. 北京：清华大学出版社，1991.

[7] 苏昆哲. 深入浅出西门子 WinCC V6. 北京：北京航空航天大学出版社，2004.